Kurt Wais

Frühe Epik Westeuropas und die Vorgeschichte des Nibelungenliedes

Erster Band

Herstellung: Ferd. Oechelhäusersche Buchdruckerei Kempten / Allgäu

BEIHEFTE

ZUR

ZEITSCHRIFT FÜR ROMANISCHE PHILOLOGIE

BEGRÜNDET VON PROF. DR. GUSTAV GRÖBER †

FORTGEFÜHRT UND HERAUSGEGEBEN

VON

DR. WALTHER VON WARTBURG

PROFESSOR AN DER UNIVERSITÄT BASEL

—

95. HEFT

KURT WAIS

FRÜHE EPIK WESTEUROPAS UND DIE VORGESCHICHTE DES NIBELUNGENLIEDES

ERSTER BAND

DIE LIEDER UM KRIMHILD, BRÜNHILD, DIETRICH UND IHRE FRÜHEN AUSSERDEUTSCHEN BEZIEHUNGEN

MIT EINEM BEITRAG VON

HUGO KUHN

BRUNHILD UND DAS KRIMHILDLIED

MAX NIEMEYER VERLAG / TÜBINGEN 1953

FRÜHE EPIK WESTEUROPAS UND DIE VORGESCHICHTE DES NIBELUNGENLIEDES

VON

KURT WAIS

ERSTER BAND

DIE LIEDER UM KRIMHILD, BRÜNHILD, DIETRICH UND IHRE FRÜHEN AUSSERDEUTSCHEN BEZIEHUNGEN

MIT EINEM BEITRAG VON

HUGO KUHN

BRUNHILD UND DAS KRIMHILDLIED

MAX NIEMEYER VERLAG / TÜBINGEN 1953

Inhalt

HUGO KUHN

BRUNHILD UND DAS KRIMHILDLIED *

Seit Heusler gibt es, trotz vieler Widersprüche und Modifikationen im Einzelnen, eine communis opinio in der neueren „Nibelungenfrage". Zwei Lieder stehen für Heusler unverbunden am Anfang der Entwicklung, wurden so in den Norden aufgenommen und weitergebildet, wirken so auch in Deutschland noch in die beiden Teile des Nibelungenliedes (NL) hinein. Erster Teil: ein (jüngeres) Lied von Sigfrids Tod, z. T. mit dem Personal des zweiten, bildet die direkte Vorstufe. Zweiter Teil: über das Epos von *der Nibelunge not* geht ein (älteres) Lied vom Burgunden-Untergang, inzwischen aus der Atli-Fabel zur Kriemhild-Fabel umgebildet, in das NL ein. Die Zusammenfügung gehört dem Dichter des Nibelungenliedes, vor allem die Kunst, mit der Kriemhild vom liebenden jungen Weib des ersten Teils (und seiner Quelle) hinübergeführt wird zur *valandinne* des zweiten (und seiner Quelle)[1].

Es gibt wie gesagt Widerspruch gegen Einzelnes und Modifikationen genug[2]. Eine von Grund auf andere Konzeption hat nur Friedrich Panzer dagegengestellt[3]: die literarische Abhängigkeit von französischen chansons de geste des 12. Jahrhunderts. Er hat damit manchen Beifall gefunden, bei den Fachgenossen allerdings hauptsächlich Ablehnung — zu Recht gegenüber dem Endziel seines Versuchs, zu Unrecht für manche Kritik an Heuslers Schema.

---

* Daß mein Beitrag, der nur eine Einzelstelle der weiten Nibelungengeschichte betrifft, hier präludierend zu den weiten Studien von Kurt Wais erscheinen darf, verdankt er nicht so sehr der Gemeinsamkeit der Arbeit oder der Fragestellung, sondern einem noch selteneren Ineinandergreifen der Ergebnisse. Als wir unsere unabhängigen Arbeiten kennenlernten, ergab sich, daß mein kurzer Versuch an eine bestimmte Stelle seiner Untersuchung paßte, wie umgekehrt die bei mir liegengebliebenen Fäden sich dort fortsetzten und verflochten. So brauchten wir nichts gegenseitig anzupassen und nur durch gelegentliche Verweise die Verbindung sichtbar zu machen.

[1] Andreas Heusler, Nibelungensage und Nibelungenlied, 1921, [4]1944.

[2] Ich nenne das im Folgenden Verwendete: Hermann Schneider, Germanische Heldensage I, 1928; Georg Baesecke, Vor- und Frühgeschichte des deutschen Schrifttums I, 1940, S. 212—288; Dietrich von Kralik, Die Sigfrid-Trilogie im NL und in der Thidrekssaga, 1941, dazu die Besprechungen von Herm. Schneider AfdA. 60, S. 59ff. und Wolfgang Mohr, Euphorion 42, S. 83—123; Hans Kuhn, Brunhilds und Kriemhilds Tod, ZfdA. 82, 1950, S. 191—199; Hugo Kuhn, Über nordische und deutsche Szenenregie in der Nibelungendichtung, Festschrift Felix Genzmer, 1952, S. 279—306.

[3] Friedrich Panzer, Studien zum NL, 1945.

Um es gleich vorwegzunehmen: ich möchte hier nicht an den Grundlagen für den zweiten Teil rütteln (s. u. Kurt Wais: Guntherlied). Untergang der Burgunden unter Gundicarius durch Hunnen in einer Vernichtungsschlacht 437 (Prosper Aquitanus), Tod Attilas durch einen Blutsturz 453 (Priscus, Jordanes): das sind die geschichtlichen Zeugnisse. Attila stirbt an der Seite einer germanischen Kebse Ildico (Priscus, Jordanes) — durch die Rache dieser „-hild" (Comes Marcellinus, Poeta Saxo) — Rache als Schwester des Königs Gunther und seiner „Brüder" (Namen im Katalog der lex Burgundiorum) für den Untergang der Burgunden — den Attila selbst betrieb — so nach Heusler der Weg einer Sagenbildung, die an ihrem Ende einen Dichter noch germanischen Heldenlied-Stils fand: Sein Lied erhält uns, wenn auch umgestaltet, die *Atlakvida* der Edda (*Akv*). Und von ihm (und anderen Ansätzen) aus führt dann ein langer Weg schließlich über die „ältere *not*" ins NL.

Anders die Sigfrid-Fabel. Ob hier der Mythen- oder Märchenheld vorangeht oder der tragische, ob die Drachen-, die Hort- und gar die Erweckungs-Fabel oder der Sigfrid-Tod — die dichterische Knüpfung will sich ebensowenig fügen wie die historische Anknüpfung. Der Theorien sind denn auch viele. Nach der üblichen Rekonstruktion[1] des eddischen *brot af Sigurdarkvidu* stellt sich jedenfalls auf dieser für uns ältesten, aber bereits späten Stufe die Fabel so dar: Sigfrid (der Landfremde?), durch Blutseide den Königen des Burgundenuntergangs verschworen, hilft Gunther durch Betrug die Königin Brünhild gewinnen — er hat beim Beilager Gunthers Stelle inne — und erhält selbst Gunthers Schwester (hier Gudrun, im NL Kriemhild genannt); Brünhild erfährt später von dem Betrug und stiftet die Könige zur Ermordung Sigfrids an, was zu ihrem anfänglichen Triumph, zu Gudruns Leid gelingt; am Schluß Selbstmord Brünhilds. Woher kommt jedoch Sigfrid? Ist er Märchenheld, landfremder Condottiere, oder Prinz und König? Vor allem: Was rächen die Burgunden? Den Ehe-Betrug selbst — den Gunther doch veranlaßte, den auch Brünhild als Motiv immer ignoriert? Einen Bruch nur des Schweigeeids durch Sigfrid, also bloß die öffentliche „Ehre" — eine fürs germanische Heldenlied reichlich gewundene sekundäre Motivierung? Oder Sigfrids Herrschaftsanspruch — wozu dann die ganzen Ehegeschichten? Ist das Grundmotiv die tragische Liebe der letzten Heroin Brünhild zum letzten Heroen Sigfrid — also Hebbels Drama? Wollen die Könige nur Ruhe im Haus? Oder wollen sie Sigfrids Gold? Ist das Ganze eine Brünhild-Tragödie[2] oder die Tragödie Gunthers[3]? Eine Sigfrid-Tragödie, scheint es, nur am Rande; am wenigsten offenbar Tragödie der Kriemhild?

[1] Vgl. die Kritik dazu von Hugo Kuhn, a. a. O. S. 295ff.; Hans Kuhn a. a. O. S. 192.

[2] So Heusler a. a. O.

[3] So Wolfgang Mohr a. a. O.

Überall, wo man nachgräbt, in jeder der verschiedenen Fassungen und Darstellungsformen der Fabel, bleibt der motivierende Zusammenhang unbestimmt und — befreit man sich nur einmal vom altgewohnten Schema — im Grunde auch leer, da ja Brünhild überall, fast ängstlich bewußt, auf das einzig in der Handlung selbst angelegte Motiv, das ihrer gekränkten oder verlorenen Ehre, verzichtet, die anderen Motive aber nirgends ausgebaut werden und sich gegenseitig nur stören. Und auch historisch ist ein Zusammenhang nicht zu fassen. Wohl weist der Name Brunhild auf die Merowingerkönigin um 600 — aber näherem Zupacken zerfließt er wieder im Nebel[1]. Wohl kann es für Sigfrids Stellung am Hof historische Analoga geben[2] — aber sie reichen nicht aus bis in die Motivierung hinein. Es bleibt der Eindruck merowingischer Mord- und Frauenzimmer-Atmosphäre, aber er läßt sich nicht ins Konkrete verdichten.[3]

Mir scheint heute, es gibt einen Zusammenhang, der vom Heldenlied konkret in diese Merowingergeschichte, in die Geschichte der fränkischen Königin Brunhild zurückführt. Von Gottsched bis Gudmund Schütte[4] hat man sich zwar schon damit versucht, ohne rechten Erfolg, weil, wie Schneider mit Recht sagt, an Stelle eines triftigen Nachweises zu viele da sind, die sich gegenseitig entwerten (GHS. 187). So versündigt man sich fast am Geist und an den Ergebnissen unserer Heldensagen-Forschung, wenn man wieder diesen mit Mißerfolgen gepflasterten Weg aufsucht. In der Tat: wer in das Gestrüpp der Namens- und Handlungsteilchen bei Gregor von Tours und Fredegar gerät, wer andrerseits ohne klare Linie in die Wirrnis der Nibelungen-Traditionen greift wie z. B. Gudmund Schütte, der verschüttet alles. Und doch scheint es mir möglich, den Tatsachen, dem Stil und der Linie der historischen wie der dichtungsgeschichtlichen Entwicklung zugleich gerecht zu werden.

Wenn man die bei Gregor von Tours und Fredegar[5] unter vielen anderen berichteten Tatsachen zusammenzieht — zugegeben: zum Zweck des Vergleichs — so ergibt sich Folgendes: Eine junge, schöne (westgotische) Prinzessin, Brunhild, wird 565 — nach berühmter Werbung, die als bewußter Gegensatz gegen die sonstigen Frauengeschichten der Merowinger Aufsehen erregt — die Gattin des (fränkischen) Teilkönigs Sigibert (Enkel Chlodwigs, Sohn Chlothars I.). Er beherrscht zusammen mit drei, später zwei Brüdern das in Teilreiche aufgeteilte Reich Chlodwigs und Chlothars I.

[1] Für Baesecke ist Brünhild rein mythisch: a. a. O. S. 51 ff., 225 ff.

[2] Helmut de Boor, Hat Sigfried gelebt? Beitr. 63, 1939, S. 250 ff

[3] So das Urteil Schneiders, GHS. I. S. 187.

[4] S. Schneider, GHS. I, S. 189; Gudmund Schütte, Siegfried und Brunhild. Ein als Mythus verkannter historischer Roman aus der Merowingerzeit, 1935.

[5] Gregor von Tours: MGH. Scr. r. Merov. I, ²1950 (Register S. 544: Brunechildis); Übs.: Gesch. d. dt. Vorz. 8. 9, ⁴1911, ⁴1913 (Register S. 189 Sigibert, S. 191 Brunichilde, S. 192 Chilperich, S. 197 Fredegunde). Fredegar: MGH. Scr. r. Merov. II, 1888. Übs.: Gesch. d. dt. Vorz. 11, ³1888 (Register S. 177 Brunechilde).

Sigibert und noch mehr Brunhild werden 566 durch den einen Bruder oder, persönlicher motiviert, durch dessen frühere Kebse und spätere Frau, tödlich beleidigt. (Chilperich hatte, nach Sigiberts Vorbild, Brunhilds Schwester Gailswinth geheiratet, dann aber sie umbringen lassen, um seine frühere Konkubine Fredegund zu seiner Frau zu machen — alles durchaus nach merowingischem Brauch, von dem sich Sigiberts und Brunhilds Ehe bewußt unterschied!) Nach zehn Jahren, als Sigibert im (üblichen) merowingischen Bruderkrieg auf der Höhe des Erfolgs steht, unmittelbar vor dem letzten Schlag gegen Reich und Leben dieses Bruders (Belagerung Chilperichs in Tournay 575), wird er durch Söldlinge der Fredegund ermordet. —

Brunhild gerät jahrelang in Bedrängnis, mehr aber durch die aufstrebenden austrasischen Adligen im Teilreich ihres Sohnes als durch Chilperich und Fredegund selbst (die mit Mordanschlägen allerdings auch nicht sparen). — Soweit Gregor von Tours. Nun folgt Fredegar. — Später, 599, vertreibt der hohe Adel Austrasiens Brunhild (nach dem Tod auch ihres Sohnes Childebert II.) von Metz nach Burgund, aus dem Teilreich ihres Enkels Theodebert II. in das des andern Enkels Theoderich II. Dieser Enkel, der König von Burgund, kämpft (auf Brunhilds Veranlassung — so Fredegar! — zur Rache an ihren Vertreibern?) gegen den anderen, König in Austrasien, der Burgunder siegt 612, der gefangene Bruder wird mit seiner ganzen Familie umgebracht (wieder nur einer unter den vielen merowingischen Brudermorden). —

Beim anschließenden Kampf jedoch gegen den dritten fränkischen Reichsteil (gegen Chlothar II., den Sohn Chilperichs, der aber zuerst zur Besiegung Theodeberts II. geholfen hatte!) erfüllt sich Brunhilds Schicksal. Auch Theoderich II. war inzwischen gestorben und sie regierte jetzt selbst in beiden Teilreichen für ihren Urenkel Sigibert II. Da wird Brunhild vom austrasischen Adel (Arnulf von Metz und Pippin dem Älteren) wieder vertrieben (von Worms, das hier, Fredegar IV 20 zum Jahre 613, zuerst als Residenz erwähnt ist). Auch der burgundische Adel läßt sie bei Châlons im Stich, sie wird von Chlothar II. gefangen genommen und gräßlich getötet. —

Es kann leicht nachgeprüft werden, ob die geschichtlichen Tatsachen hier zum Zwecke umgefärbt sind: sicher nicht[1]. Und doch lassen sie Zusammenhänge mit den beiden NL-Fabeln mit Händen greifen. Man hat das auch früher schon gesehen — aber man scheiterte, weil trotz naher Berührung doch nichts stimmen wollte.

Da ist wie im NL (1. Teil) die strahlende junge Prinzessin und Königin. Sie und ihre Schwägerin, eine frühere Konkubine (des Schwagers), geraten

[1] Vgl. etwa die jüngste knappe Darstellung von Eugen Ewig, in: Deutsche Geschichte im Überblick, hrsg. v. Peter Rassow, 1952, S. 53ff., deren Lektüre ich die Anregung zu meiner Hypothese verdanke.

in tödlichen Haß gegeneinander. Ihr Mann wird schließlich auf Betreiben der ominösen Schwägerin ermordet. Aber diese historische Brunhild heißt im Lied — Kriemhild; die Gegnerin (historisch Fredegund) ist sogar im Lied — „Brünhild"!

Da ist weiter wie im NL (2. Teil) die Witwe mit ihrem Söhnchen, von dem sie jedoch gleich getrennt wird. Zuerst in Not, kommt sie zuletzt in einem anderen Reich (dies freilich das fränkische Burgund!) zur Herrschaft. Über Jahrzehnte hinweg pflegt sie die Rache — Rache jedoch mehr an den verhaßten Großen Austrasiens als am Schwager — wie im NL mehr an Hagen als an Gunther. Sie hetzt deshalb — so konnten die Austrasier es sehen — schließlich ihre nächsten Verwandten (allerdings die eigenen Enkel) gegeneinander, bis zum Untergang des einen mit all den Seinen. Dieses Ereignis, nur einer unter den vielen merowingischen Verwandtenkriegen und -morden, konnte leicht wie im NL in andere, direktere Verwandtschaftsverhältnisse übertragen werden. Aber — sie heißt im NL wieder Kriemhild; „Brünhild" ist da längst (seit B 1100) in der Versenkung verschwunden — wie die historische Fredegund seit ihrem Tod 597!

Da ist schließlich das Ende dieser Königin, von einem in der Verwandten-Katastrophe zunächst Außenstehenden vollstreckt, der vorher sogar zu ihrer Hilfe eingegriffen hatte (historisch: Chlothar II., der Sohn der Fredegund) — wie Dietrich von Bern oder Hildebrand im NL. Ihn hat zwar der Streit über die Belohnung und der alte Haß zu Brunhilds Vernichtung veranlaßt, nicht die impulsive moralische Gegen-Rache des NL. Doch auch das war durch einfachste epische Raffung ins Lied umzubilden, der Name des Gotenkönigs konnte zusammen mit dem Personal der Katastrophe eintreten. Aber wieder heißt die Trägerin dieser Rolle der historischen Brunhild im NL — Kriemhild!

Das bringt uns auf die Lösung des Rätsels, die ich vorschlagen möchte. Die Parallelen zwischen dem NL und der Geschichte der historischen Brunhild beruhen weder hier noch dort auf künstlich zurechtgemachten Abstraktionen. Diese Parallelen können uns sogar vieles im NL und seiner Vorgeschichte präzise erhellen, was bisher dunkel und unscharf blieb, wie gleich noch zu zeigen sein wird. Aber sie stimmen nur, wenn die Rolle der historischen Brunhild im Lied Kriemhild trägt, wenn die „Brünhild" des Liedes sogar der ominösen historischen Gegnerin, Fredegund, entspricht!

Das ist sicher sowohl historisch wie im Rahmen der Dichtung selbst schwer vorzustellen. Bevor wir jedoch darauf eingehen, zuerst noch einige Einzelzüge, die, z. T. schon berührt, unter dieser Voraussetzung erst in klares Licht treten; nicht nur als Zusammenhang der dichterischen Fabel mit der Merowingergeschichte um 600, sondern auch im Zusammenhang des Epos von 1200.

Das Sichere in allen Fassungen und Darstellungsformen der Sigfrid-Fabel (vom eddischen *brot* bis zum 1. Teil des NL) ist einzig der Streit der

Königinnen mit dem Kebsenvorwurf gegen „Brünhild" und als sein Ergebnis die Ermordung Sigfrids. Da steht auch die alte liedepische Szenenfolge fest: Streit der Königinnen (*senna*), Mordreizung (*hvöt*) durch „Brünhild", Mordrat, Mord, Schlußreden der beiden Königinnen[1]. Die Motivation aber bleibt wie schon gesagt vage, molluskenhaft vom Anfang bis zum Ende der Tradition, vom eddischen *brot* bis gar zum „Hürnen Seyfrid". Obwohl ein Betrug, ein Ehe-Betrug sogar, ein Konkubinat, überall als auslösender Vorwurf in der *senna* erscheint. Da wäre dann, in noch zu erörternder Weise, das historische Konkubinat der Fredegund liedhaft zum Anlaß des Streits benutzt? Das Kernstück selber enthält jedenfalls nichts als die historische Konstellation: Mord am strahlenden Gatten (Sigibert = Sigfrid) der strahlenden Königin (Brunhild = Kriemhild) auf Anstiften der ominösen Schwägerin (Fredegund = „Brünhild", der „Kebse")! Freilich ist auch hier mehr sogar vertauscht als nur die Namen. Kriemhild ist zwar auch eine „-hild", wie die Ildico des Attilatods und zugleich die historische Brunhild. (Woher nur Grîm-hild oder Crêm-hild?[2]) Aber die „Brünhild" des Liedes, in der Fredegund-Rolle, hat ebenfalls Manches von der historischen Brunhild an sich. Sie ist ja hier die reiche Fürstin aus der Fremde; sie ist weiter nach allen Fassungen ebenso tief beleidigt wie Kriemhild, vielleicht tiefer — wenn ihre Unschuld am „Konkubinat" (mit — Sigfrid!?) von vornherein festgehalten war! (Darüber unten mehr.) Und sie ist in der Dichtung auch sonst, wie als Abglanz von der historischen Brunhild, immer „irgendwie" mit Sigfrid verbunden, obwohl gerade dieses „irgendwie" überall verschieden erscheint: als Vorbegegnung, Vorverlobung, Walküren-Erweckung mit Waberlohe usw. usw., wie dann noch im endgültigen (spielmännisch verfärbten[3]) Werbungs-Betrug des NL. Bezeichnend bleibt aber, daß all diese Erzählungen um die „Brünhild" der Fabel (ihr Herkommen und Leben, Werbung, Eheschließungsbetrug, Brautnächte usw.) sich durch die Widersprüche der verschiedenen Texte gegeneinander als reine Stoff-Aufschüttung um den „ominösen" Grundzug der Schwägerin herum erweisen — wenn er gelegentlich auch ein „numinöser" zu sein scheint.

Ganz anders bei Kriemhild — sowie man sie in der Rolle der historischen Brunhild sieht! Fast bedenklich, wie sogar Züge, die bislang für spätes episches oder Minnesang-Klischee gelten mußten, zur Merowingergeschichte stimmen: das Bild der strahlenden Prinzessin (allerdings nun einer heimischen, der die Schwägerin als die „Fremde" gegenübersteht), die Werbung und die Hochzeit mit dem strahlenden König (auch er hier ein „Fremder"), die neun Jahre bis zur Katastrophe (NL B 715: ins zehnte Jahr, allerdings zwischen Hochzeit und Beleidigung, nicht wie historisch zwischen Be-

---

[1] Vgl. Hugo Kuhn, a. a. O.

[2] S. unten Kurt Wais S. 37, 67 u. ö.

[3] Mohr a. a. O. S. 116ff.; Hugo Kuhn a. a. O. S. 292.

leidigung und Mord), vielleicht gar der Sachsenkrieg. Aber auch die Motivations-Verflechtung stimmt hier. An der ersten Katastrophe wird jedenfalls auch die historische Königin Brunhild „kaum" mitschuldig: nur durch den Bruderkrieg ihres Gatten, d. h. — wie die Kriemhild des Liedes — durch den Machtkonflikt (im NL von Kriemhild *[senna]* und Hagen *[hvöt]* ausgespielt) mit den Schwägern (= Brüdern im NL). Tragisch mitschuldig, denn die Beleidigung durch die „Kebse" (Fredegund = „Brünhild") gab ihr moralisch und menschlich Recht, verstrickte sie dabei aber in das allgemeine Merowingergeschick.

Schwierig bleibt die Rolle Sigfrids. Wohl wären gegenseitiger (Bruder-) Neid und Machtkämpfe (zur Mitbeleidigung Sigiberts an seiner Schwägerin Gailswinth durch die Kebse Fredegund hinzu) wie historisch so auch in der Fabel die natürlichste Motivierung, darum vielleicht auch die ursprünglichste. Und der Eindruck, den man aus Gregor von Tours von Sigibert gewinnt, paßt zum strahlenden und doch skrupellosen Sigfrid. Wie natürlich folgt dort alles aus der exzeptionellen Werbung um die Westgotenprinzessin! Aber woher dann in allen Traditionen Sigfrids ungeklärte Stellung zum und am fränkisch-„burgundischen" Könighof, vom *man* des NL bis zum *vallari* der Thidreksaga und dem Schmiedejungen, auch sonst im NL die seltsame Mischung von Prinz und Naturbursche, dazu die Jugend-Fabeln, schließlich und vor allem sein Eintritt in die Kebsenschaft Fredegunds = „Brünhilds"? Die Lösung Sigfrids aus dem merowingischen Familienverband wird sich uns leicht aus der Fabel des Burgunden-Untergangs erklären, wo (Brunhild —) Kriemhild Schwester der Könige werden mußte — da konnte (Sigibert =) Sigfrid nicht mehr deren Bruder sein. Und daran mochte sich dann alles weitere, das „Fremde", das Märchenhafte, auch der Vater Sigmund, sogar die Kebsenschaft mit „Brünhild" anschließen.

Klar ist der Zusammenhang zwischen historischem Brunhild-Schicksal und Kriemhild-Fabel im zweiten Teil des NL, gerade in ihrem Unterschied zur *Akv*. Sogar das mitleidlose Sohnesopfer Kriemhilds (nach dem der Gudrun in *Akv!*) hätte z. B. in Brunhilds „Preisgabe" des eigenen Enkels für ihre Rache an den Großen Austrasiens seine Parallele. Denn auch dies, daß die Rache Kriemhilds sich im Grunde eben gegen Hagen richtet, nicht gegen Gunther, läßt sich der *Akv* gegenüber nicht aus der inneren Neu-Motivierung des NL bzw. seiner Vorlagen erklären. Gewiß ist Hagen im NL Gegenspieler Kriemhilds von Anfang an, hält das sogar mit bewußter tragischer Ironie fest bis zum Schluß: Er warnte schon zuerst, er führte den Stoß auf Sigfrid, versenkte seinen Hort, trug sein Schwert usw. Aber zu dieser Rolle kam er, der Außenstehende, kaum in direkter Fortbildung des abmahnenden Bruders oder Halbbruders der Attila-Fabel, der *Akv*. Ein Anlaß für solche Aufwertung (der Handlungs-Funktion!) könnte höchstens in einer vorhergegangenen Abwertung des Königs Gunther gesucht werden. Und woher diese im festen Gefüge des alten Liedes vom Burgunden-Untergang, woher andererseits im Wirrwarr der Sigfrid-Traditionen? Im Waltharius ist diese Konstellation wohl schon da: ein im Unrecht schwächlicher Gunther, Hagen trotz Gewissenskonflikt sein Retter. Aber gerade sie setzt die Konstellation von Sigfrids Tod schon voraus: den im Unrecht befindlichen Gunther, der doch, merkwürdig schwächlich, seine Tat nicht allein vertreten kann. Und wenn sogar ursprünglich einmal Gunther diese Tat selbst vertreten hätte, wenn sie ein für ihn tragisches Unrecht gewesen wäre (wieviele Tragiken soll denn aber das Sigfrid-Lied enthalten haben?) — welch andere Tragik wäre das, die zum Todschlag eines Dritten führte, als beim Gunther der *Akv*, der seinen eigenen Untergang herausforderte! Kurz — auch diese gegenseitige „Umbildung" der Hagen- und Gunther-Rolle läßt sich weder im Sigfrid-Tod noch im Burgunden-Untergang ohne äußeren Anlaß erklären. Und der ist geschichtlich gegeben, wenn der Haß der historischen Brunhild, westgotisch monarchisch erzogen und im romanisierteren Burgund dann auch so regierend, gegen die fränkischen Adligen (gegen Arnulf von Metz und Pippin den Älteren, die Hauptschuldigen an Brunhilds letzter Niederlage?) — wenn diese historische Gegnerschaft von Anfang an Pate stand für die Hagenrolle des Sigfrid-Teils und dann auch des umgestalteten Burgunden-Untergangs. Wobei dann doch auch Gunthers Rolle beim Sigfrid-Tod der von Fredegunds Gatten Chilperich genau entspricht — nur tritt eben Hagen schon hier in die Ausführung von Fredegund = „Brünhilds" *hvöt* und damit sogar in die Mörderrolle ein. Merkwürdiger Gedanke, diese Verbindung in Hagen zwischen den Mördern Sigiberts (epische Raffung des Personals!) und — dem Karlsgeschlecht! (Einfluß „französischer" Epik?) Hagen wäre hier begründetermaßen nicht mehr Bruder oder Halbbruder der Könige — was er wohl im ursprünglichen Lied vom Burgundenuntergang war (woher da jedoch Name und Rolle des nicht stabenden Bruders? Trägt die *Akv* schon Rückwirkungen vom Sigfrid-Tod mit?).

Wieder stimmt schließlich auch die im Epos fast lächerliche Zeitdehnung der Kriemhildrolle so eng zur späteren Geschichte der fränkischen Brunhild wie die gesamte Motivierung, die Vernichtung der Blutsverwandten zur Rache vor allem am mächtigen Adligen der Gefolgschaft. Den personellen und sachlichen Rahmen der Fabel — Etzel als Kriemhilds zweiter Gatte, die Brüder als Gegner, die Horterfragung als Endgipfel — das darf man freilich nicht aus der merowingischen Geschichte erklären wollen. Es ist der Rahmen der älteren Dichtungs-Fabel, der *Akv* bzw. ihrer Vorstufe. Erst deren Umbildung zur Vorstufe des NL, zur Kriemhild-Fabel im ganzen Verlauf des NL, bringt die historischen Parallelen hinein!

Es bleibt also noch ein letzter Schritt: zu erklären, wieso es zur Verbindung der historischen Brunhild mit der schon vorhandenen dichterischen Fabel vom Burgunden-Untergang kam, weiter zur Übernahme ihres Personals in die neugebildete Sigfrid-Fabel, wie schließlich dieser Merowingerstoff in seiner ersten dichterischen Fassung ausgesehen haben mag.

Man darf sich den Vorgang so denken. Für Publikum und Dichter, die sich mühten, die schrecklichen Ereignisse im Leben der fränkischen Brunhild zu deuten, wird die schon vorhandene Fabel vom Burgunden-Untergang zum fast mythischen dichterischen Gefäß dieser ungeheuerlichen geschichtlichen Ereignisse. Ungeheuerlich nicht nur im engeren historischen Inhalt! Der faßt sogar nur typische Merowingerpolitik typisch zusammen, erhält seinen besonderen Akzent nur durch Sigiberts und Brunhilds Herausragen, Herauswollen und tragischerweise nicht Herauskönnen aus dieser Sphäre, wie es gerade Gregor von Tours zum Tenor seiner moralisierenden Darstellung machte. Aber hier handelt es sich doch zugleich um die Schicksale des für Gegenwart und Zukunft wichtigsten Reiches in der damaligen weströmischen und germanischen Welt. Die Franken beherrschten um 540 unter dem Chlodwigsohn Theudebert I. und um 560 unter Chlothar I., dem letzten Sohn Chlodwigs, fast ganz Europa, von den Pyrenäen bis Kärnten und von da bis zum Atlantik. Das mußte überall aufhorchen machen auf die schrecklichen Schicksale, die typischen wie die individuellen, die sich wenige Jahrzehnte später gerade um und durch Brunhild abspielten — jene überragende, auch moralisch zuerst so strahlende und dann doch in typisches Merowingerschicksal gestürzte Westgotin (wie sie auch die Brunhildstraßen und der *lectulus Brunhildis* in westliche und östliche Volksüberlieferung aufgenommen zeigen![1].) Nicht anders machte 100 Jahre zuvor gerade das End-Schicksal der italienischen Ostgotenherrschaft überall aufhorchen, wenige Jahre nach der dreißigjährigen Friedensherrschaft des mächtigen Theoderich. Auch hier spiegelt sich die Beleuchtung der Folgezeit in einer tiefgreifenden Umbildung des Theoderich-Schicksals im Heldenlied, Umbildung sogar bis zum Gegenteil seiner geschichtlichen Rolle (vom Eroberer Italiens zum Exilierten Italiens) — nicht Umkehrung fast nur der Namen wie bei Brunhild = Kriemhild und Fredegund = „Brünhild".

Was bot die Fabel vom Burgunden-Untergang diesem Publikum und diesem Dichter? Eine burgundische Verwandtenmörderin (Name vielleicht auch Ildico = -hild, sicher nicht von Anfang an Gudrun wie in *Akv* und danach im *brot*); unfreiwillig schuldig am Tod ihrer Brüder (die ihr Gatte Attila aus Goldgier in die Falle gelockt hatte); freiwillig schuldig am rächenden Mord (an dem eigenen Gatten und den Söhnen); selbst am Ende vom Schicksal zerrieben. In ihre Rolle konnte die westgotisch-fränkisch-„burgundische" Brun-hild wohl gefaßt werden als Grîm-hild (vielleicht doch zur „Grimmhild" übersteigert?). Auch sie zuerst ganz unfreiwillig schuldig am Tod des Nächsten (des Gatten Sigibert); dann aber freiwillig schuldig am Untergang eigenen Blutes (des Enkels zum mindesten); auch sie selbst am Schluß gräßlich vernichtet. Aber sie ist nicht mehr die tragisch „reine"

---

[1] S. das Material bei Baesecke a. a. O. S. 51ff. u. u. Kurt Wais passim.

Mörderin der *Akv*. Sie hetzt — so mußte es ein Teil schon der Mitwelt sehen — am Ende selbst Blut gegen Blut. Im Lied zwar nicht mehr historisch Enkel gegen Enkel, aber, als typisches Merowingerschicksal und zugleich im Rahmen des alten Liedgerüstes, nur mit vertauschten Rollen: den Mann (Etzel) gegen die eigenen Brüder (die Burgundenkönige). Die historische Gegnerschaft gegen „Hagen" (= Arnulf und Pippin?) kommt als durchgehende Neumotivierung hinzu. Ihre dichterischen Ansätze sind in der alten Horterfragung gegeben.

Hier fassen wir, denke ich, die Umbildung der alten Burgunden-Fabel *(Akv)* zur neuen (2. Teil des NL), an der auch Heusler so sehr herumrätselte, an der Wurzel. Nicht irgendwann und irgendwo ging sie vor sich (die Meinungen gehen auseinander) und nicht vom Attilabild aus[1]. Sondern von konkretem geschichtlichem Anlaß (Frankenreich und Brunhilds Schicksal) und — in konkreter geschichtlicher Situation. Die Männer, die Sänger der fränkisch-burgundischen Adligen mochten Brunhild, die historische Königin, schließlich so sehen, als Weib zwischen Engel und Teufel, mochten sie wohl gar zur eigenen Rechtfertigung, zur Rechtfertigung des „Abfalls" von Brunhild in entscheidender Stunde in den Rahmen der burgundischen Erinnerungsdichtung von Gunther und Attila hineinzwängen, indem sie die Mörderrolle Attilas mit der Brunhilds = Kriemhilds vertauschten. Nicht lange nach Brunhilds Tod 613 konnte ein Dichter schon diesen heroischen, fast mythischen Rahmen für sie gefunden und gestaltet haben, das Grauen zu bannen.

Dieses Verfahren — Benutzung „literarischer" Motive zu neuer oder neugestalteter historisch-heroischer Fabel — zeigt uns im gleichen Umkreis ja auch der Waltharius-Stoff! Auch hier wird Personal des Burgunden-Untergangs zu neuer Handlung gebraucht; freilich viel weniger passend, nicht oder nur noch sehr vage aus dem Historischen gedrängt — Attila-Reich, Geiselflucht, Brautraub? —, mit depravierender Senkung Gunthers (gegenüber Walther!) und Hebung Hagens in den (späteren?) Rüdiger-Konflikt. Und so nicht nur erheblich später, sondern sicher auch schon abhängig von dem auf die historische Brunhild umgestalteten Burgundenlied und vom neuen Sigfrid-Tod.

Denn: je stärker Grauen und womöglich Selbstrechtfertigung der fränkisch-burgundischen Großen angesichts Brunhilds Ende mitsprachen beim Umbilden des Attila-Burgundenlieds (*Akv* oder Vorstufe) zur Kriemhild-Fabel (NL 2. Teil), um so mehr hatte der Dichter Anlaß, in den Rahmen dieser neuen Burgunden-Fabel auch die Jugend der historischen Brunhild einzubeziehen: die strahlende Brunhild von 565, Gattin Sigiberts, dann die durch Fredegund tief beleidigte und durch Sigiberts Ermordung 575 tödlich getroffene. Erst die „notwendige" Wandlung auch der strahlendsten

[1] Zum Einzelnen der Umbildung — vor allem Attilas und Dietrichs neuen Rollen — und zur bisherigen Forschung s. u. Kurt Wais S. 60ff., 85ff. u. ö.

Königin ihrer Zeit zur *valandinne* von 613 erklärte dieses Ende, entledigte sich dichterisch des Grauens der Merowingerzeit überhaupt, begründete auch dichterisch-politisch den Abfall der Großen durch diese Verwandlung Brunhilds. So kam der historische Tod des Gatten als Vorgeschichte (NL 1. Teil) zur Kriemhild-Fabel (NL 2. Teil) hinzu — und damit auch das burgundische Personal des alten Liedes (2. Teil) in den Sigfrid-Tod (1. Teil). Die historische Brunhild war da aber, vom Ende her, schon als Schwester der untergehenden Könige festgelegt (auch schon Grîmhild oder Crêmhild genannt?). So kann es nun denkbar erscheinen, daß die historische Fredegund in der Fabel des 1. Teils zur — „Brünhild" wurde: in ihrer entscheidenden Rolle durchaus nicht zur Brunhild gemacht, aber Brunhild genannt und dann auch mit historischen Zügen kontaminiert! Ob darin eine bewußte Verteufelung des Namens vom historischen Ende her lag? Sehr ungewiß, und daß diese „Brünhild" vielleicht sogar aufbessernde Züge von der echten, der historischen Brunhild mitbekommt, spricht eher dagegen. Möglich wäre sogar auch eine echte Verwechslung von Namen und Rollen — dann freilich nur in größerer zeitlicher oder räumlicher Entfernung. Die Verwendung des Brunhild-Namens zur Fredegund-Rolle bleibt die crux unserer Auffassung. Aber sie ist sagengeschichtlich möglich.

War aber auch das Konkubinat der Fredegund mit Chilperich — das bei Gregor von Tours historisch alle Ereignisse in Gang bringt, „Betrug" und Beleidigung Brunhilds und Sigiberts durch die Ermordung der Gailswinth und daraus alles Folgende — schon hier zum „unschuldigen" Konkubinat einer mythisierten „Brünhild" mit — Sigfrid geworden? Als auch für sie tragische Verwicklung? An dieser Frage müssen sich die Auffassungen vom historischen oder mythischen Sigfrid scheiden. Die Tragik für Sigfrid und vor allem für Kriemhild wird durch einen mythischen Sigfrid in Verbindung zu Brünhild empfindlich geschwächt. Die Tragik einer mythischen Brünhild mit Verbindung zu Sigfrid landet unweigerlich bei — Hebbel! Der Machtkonflikt der beiden Könige (historisch Brüder und Schwäger!) und, als auslösendes Moment der *senna*, der historisch echte Kebsenvorwurf gegen „Brünhild" (= Fredegund) als Antwort auf ihre „Beleidigung" — diese Tragik ist viel stärker im Sinne älterer germanischer Liedtragik! Die Verkebsung Brünhilds mit Sigfrid (und dazu die Dienstbarkeit Sigfrids) wird in allen Fassungen nie recht entwirrt und durch sekundäre Handlungsauffüllung nur immer komplizierter. Könnte dieses Motiv dann jedoch schon auf einer Vorstufe aller überlieferten Fassungen eingedrungen sein? Wenn in der ältesten *senna* nicht mehr stand, als daß (Brunhild =) Kriemhild einfach und historisch zutreffend zur „Königin" (Fredegund =) „Brünhild" sagte: Du bist ja (nur) eine Kebse — dann mochte die Rückbeziehung ihrer Kebsenschaft auf Sigfrid, der hier Fremden auf den hier auch Fremden (ein Novellenmotiv!), als „Kurzschluß" leicht in einer frühen Umbildung schon eindringen (bestärkt durch Erinnerungen an die historische Brunhild) — um eben auch Brünhild dichterisch zu „retten" — und dann die je anders beantwortete Komplikation, all die verschiedenen Vorgeschichten und Werbungen und Täuschungen hervorrufen[1].

Doch kommt es auf diese Einzelheit hier nicht an. Sie wäre aus der dichterischen Überlieferung Deutschlands und des Nordens sorgfältig zu klären. Der historische Zusammenhang von Machtstreben zwischen königlichen Verwandten und Kebsenvorwurf als Auslösung des Mordes bleibt so oder so entscheidend.

Das merowingisch-burgundische „Kriemhild-Lied", die ursprüngliche Fabel von Kriemhild-Sigfrid-Brünhild-Gunther-Hagen (ich nenne sie nach Kriemhild, sie entspricht unten bei Kurt Wais: Brünhild-Lied I, Kriemhild-Lied III) wäre also schon — die des NL! Des ganzen NL: der Weg der jungen, strahlenden Westgoten-Prinzessin und fränkischen Königin (die vom Ende her eine „burgundische" wurde) bis zur grauenvollen und grauenvoll endenden Verwandtenmörderin! Ihre dichterische Gestalt begann vielleicht schon mit der Werbung Sigfrids um Kriemhild (in Formen der „spielmännischen" Brautwerbungsfabel?). Sicher ist dann die *senna*, das Streitgespräch, bei dem Kriemhild (= die historische Brunhild) die zuerst und zutiefst beleidigte war: durch den Mord an ihrer Schwester, der aber wohl nur noch im Kebsenvorwurf der *senna* gegen „Brünhild" (= die historische Fredegund, die eine Kebse war) mitschwang, den gegenseitigen Machtkampf liedepisch „privatisierend". Die Szenen: Mordreizung, Mordrat und Tod Sigfrids setzten nur die historische Folge liedepisch-dialogisch um. Das Zwischenspiel des NL: die durch den Adel (Hagen) bedrückte Witwenzeit Kriemhilds und ihre neue Macht, nun, einmündend in die Vorgeschichte des Burgunden-Untergangs, durch die neue Hochzeit mit Attila-Etzel (Brunhilds historische zweite Heirat, schon 576, mit Meroveh, dem von Fredegund gehaßten und aufständischen Sohn des Chilperich und Stiefsohn der Fredegund — gegen deren Willen! —, bleibt besser beiseite) — das alles mußte hier schon wie im NL da sein, wenn auch die Gestaltung im Einzelnen noch ganz offen bleibt. Dann setzte die z. gr. T. festgehaltene Handlungsfolge des alten Burgunden-Untergangs ein: Einladung (?), Kampf (beim Mahl, hier wohl schon das Sohnesopfer), *brenna*, Gefangennahme Gunthers und Hagens (durch Dietrich von Bern?), Horterfragung, Tod der beiden Helden, Tod Kriemhilds (durch Dietrich?) — nun aber in der längst bekannten Weise umgestaltet zur Rache Kriemhilds an Hagen, die alle Brüder und am Ende sie selbst mit verschlingt.

---

[1] Einen Anlaß dazu macht unten Kurt Wais aus dem französischen Girart wahrscheinlich: S. 52ff.

Vieles wäre unter dieser Voraussetzung nun noch näher zu untersuchen. Historisch: die Namensvertauschung; die engere Heimat einer tragischen Verteufelung Brunhilds (Kriemhild), einer Verfremdung und Hebung Fredegunds („Brünhild"), einer zwiespältigen Stellung zum aufsteigenden fränkischen Hochadel (Pippiniden = Hagen ?). Ist das von innen gesehen, vielleicht von Burgund, oder vom germanischen Ostrand des fränkischen Reiches? Auch die ganze dichterische Stoff- und Formgeschichte wäre neu aufzurollen. Vor allem die Einzelexistenz der Sigfrid-Fabel im Norden wäre zu erörtern. Blieb hier die Verschmelzung aus, weil das alte Burgunden-Lied noch daneben, noch im Wege stand — und blieb? Eine Verbindung von Sigfrids Tod mit dem Atli-Stoff ist jedoch gerade im Norden immer vorausgesetzt, schon im *brot!* So wie umgekehrt die *Akv* nicht ohne Züge des Sigfrid-Tods blieb. Möglicherweise hatte sogar die ursprüngliche Kriemhild-Dichtung die Form zweier aufeinander bezogener Lieder, wie später im Norden? Das Nebeneinander verschiedener Lieder im Dietrich-Komplex böte, abgesehen vom nordischen Bild der Heldenlied-Komplexe, ein gewisses Analogon. Eine andere Frage, auch von hier aus neu zu erörtern, wäre dann der Umfang der „älteren *not*" als Vorlage des NL. All das darf ich den folgenden umfassenden Studien von Kurt Wais überlassen.

KURT WAIS

KRIMHILD, BRÜNHILD, DIETRICH IN IHREN FRÜHEN AUSSERDEUTSCHEN BEZIEHUNGEN

EINLEITUNG

Das im Nachfolgenden Dargebotene möchte ein Baustein sein zu jener Epen-Geschichte des alten Europa nördlich der Alpen, die noch lange nicht wird geschrieben werden können. Es beruht auf der Überzeugung, daß es Probleme gibt, deren Lösung nur durch ein Übergreifen mehrerer Gebiete unserer Fachstudien-Gliederung gefördert werden könne, ja daß solche Lösungen unternommen werden m ü s s e n, obwohl die Entwicklung dahin gelangt ist, daß sogar in Spezialgebieten das forscherische Schrifttum durch einen Einzelnen nicht mehr zu bewältigen ist. Keiner, der solche — für den Verfasser nicht immer dankbare — Arbeiten als die notwendige Ergänzung der Detailarbeit begreift, wird von ihnen das Eingehen auf sämtliche Sonderfragen erwarten.

Ich hoffe mich auf Ausblicke beschränkt zu haben, deren Gesamtbeurteilung nicht nur dem Spezialistentum zusteht, und für deren Erarbeitung ein fachlich allzu streng begrenztes Gesichtsfeld manchmal geradezu hinderlich sein kann, so gewichtig der Beitrag von dorther natürlich ist. Von einem romanistischen Ausgangspunkt aus gelangte diese zweibändige Arbeit[1] schließlich dazu, zu je einem Drittel ihres Umfangs germanistische und keltistische Forschungsbereiche zu betreten, und auch die Antike und den Orient im Auge zu behalten. Aus den Ergebnissen, die eine langjährige, systematische Durchforschung mittelalterlicher Literaturen erbrachte, mußte eine Auswahl getroffen werden. Ich entschied mich für eine nach außen germanistische Abgrenzung: eine Darstellung der Epik, die in näherer oder fernerer Beziehung zu dem Erzählstoff des Nibelungenliedes steht, und für dessen Entstehungsgeschichte belangvoll ist.

Einige allgemeine Erwägungen zur Problematik des „Stoffgeschichtlichen", des „Prähistorischen" und des „Vergleichens", mögen mir eingangs verstattet sein — schon darum, weil die theoretischen Bedenken, welche in der Vergangenheit gegen ähnlich gerichtete Arbeiten oftmals aufgetürmt wurden, nicht selten den Leser und den Kitiker daran hinderten, zu den faktischen Ergebnissen vorzudringen.

[1] Der zweite Band — *Arthurische Früh-Epik mit ihren antiken und germanischen Verwandten* — ist im wesentlichen abgeschlossen und soll 1954 erscheinen.

Unser Jahrhundert ist einer Gesamtschau über die volkssprachlichen Erzähler von einst sowohl ferner wie näher gerückt, verglichen mit dem vorhergehenden. Damals stand die gewissenhafte „Quellenkunde" zu jedem einzelnen Schriftwerk seltsam unverbunden neben einem ebenso begeisterten wie verschwommenen Universalismus, der in riesenhaften Sammlungen die Stoffe und Motive aus aller Welt nach ihren Ähnlichkeiten zusammentrug. Einigen schwebte die Hoffnung vor, eine spätere Zeit werde aus dem Schatz, der sich schließlich in Standardwerken wie Bolte-Polívka's *Anmerkungen zu den Märchen der Brüder Grimm*, Pauly-Wissowas *Real-Enzyklopädie* und Stith Thompsons *Motive Index* staute, hohe universalgeschichtliche Erkenntnisse schöpfen. Andere waren der Meinung, weitere Schlüsse seien eigentlich nicht zu ziehen, es zeige sich nur eben, daß eine große Anzahl von Erzählungen seit Urzeiten der Menschheit gemeinsam angehörte, oder auch — so in Joseph Bédiers Buch über die *Fabliaux* — daß sie völlig unabhängig voneinander bei jedem Volke neu erfunden würden.

Das zwanzigste Jahrhundert reagierte programmwidrig, indem es dieser Sammlerarbeit eine immer geringere Ehrfurcht entgegenbrachte. Es erkannte, daß die Bevorzugung des Stofflichen und des Vergleichens eine einseitige Verengung des eigentlichen Zieles war, nämlich die vorhandenen Werke in jeder Hinsicht gerecht zu erfassen und zu bewerten. Wenn schon alles menschliche Tun einseitig und unzulänglich war, so wollte man lieber im Schöngeistigen einseitig sein, die ästhetischen, stilistischen, kurz die individuellen Werte hervorheben. Mancher steigerte sich, aus Abscheu vor den naturwissenschaftlich zerlegten *disiecta membra poetae*, in ein schwarmgeistiges Verherrlichen der „Ganzheit" und „künstlerischen Einheit" von mittelalterlichen Werken hinein, deren tatsächlicher Befund oft denkbar weit vom Leitbild gotischer Dom-Symmetrie entfernt war. Nicht selten auch wurde eine Individualität zur rein psychologistischen Monographie isoliert, statt daß der einmaligen Durchblutung überindividueller Zusammenhänge Beachtung geschenkt worden wäre.

Eine schicksalhafte Weisheit sprach sich nun vielleicht gerade in dem genannten Rückschlag aus. Erdrückt durch die Masse des stofflich Herangekarrten und der wachsenden Unüberschaubarkeit auch nur des eigenen Spezialfachs, sah man mehr oder minder bewußt die Notwendigkeit, eine Pause einzulegen, um das Erarbeitete auch als Schönheit, als Genuß, als persönlichen Sinn zu bewältigen. So wird es immer wieder sein müssen. Während mancher aber diese Pause auszudehnen trachtete, aufatmend über das glücklich wieder abgeriegelte Schulfach, ging auf Nachbargebieten, nicht zum wenigsten dem keltistischen, die Forschung weiter, — nur daß ihr jetzt eben nicht entfernt mehr so viel Aufmerksamkeit geschenkt wurde wie noch im 19. Jahrhundert. Eine für die Germanistik und Romanistik belangvolle Entdeckung eines Keltisten konnte damals im Zeitraum eines Jahrfünfts erfaßt werden, heute braucht es oft (wie sich zeigen läßt) bereits zwei Jahrzehnte, trotz allem bibliographischen Komfort; einer wie langen Zeit wird es erst in hundert Jahren bedürfen?

Sollte nun jedoch ein Werk der älteren Dichtung — um von den gar nicht so abweichenden Problemen der neueren zu schweigen — nach seinem Einmaligen und Individuellen erfaßt werden, so blieb nichts anderes übrig, als jedesmal doch zu unterscheiden, was dieses Werk denn an älterer Gewohnheit mit sich schleppe oder neu belebt habe. Wer die geschichtliche Unterscheidung verschmähte und sich nur auf den ästhetischen Instinkt verließ, konnte in peinliche Fehlbewertungen verfallen. Die Makulatur solchen Schrifttums reicht in Bälde an diejenige der älteren Stoffgeschichte heran.

Hier nun läßt sich sagen, daß die Pflicht eines umfassenden Geschichtsverstehens, wenn wir ihr einerseits untreu zu werden begannen, in anderm Sinne nähergerückt ist. Und zwar im Sinn einer Vereinigung des vormals Getrennten. Die Vertiefung ins Einzelwerk kam auch der Quellenkunde zugut. Es ergab sich, daß die gestaltlose Masse der weltliterarischen und weltfolkloristischen Parallelen wohl bedeutsam sein könnte, würde sie zeitlich nach dem Späteren und nach dem Frühen gesichtet, wären Ausgangspunkte, Gruppenbildungen, Variantenschichten, Wanderwege geklärt. Unvermeidlich ist, daß solche Untersuchungen bis ins Prähistorische zurückführen können und in entsprechendem Maße undeutlicher und am letzten Punkt undurchführbar werden müssen. Aber viel wäre schon erreicht, ließen sich, bei all solchen Vorbehalten, Archetypen wenigstens aus einer frühen historischen Zeit erschließen.

Wie aber lassen sich auf so schwankendem Boden wie dem der literargeschichtlichen *Prähistorie* Beweise führen? Als Voraussetzung ist unumgänglich eine Verständigung zwischen den beiden getrennten Parteien aus der Forschung des 19. Jahrhunderts, — wofern man Textphilologie und Sagenforschung, Historie und Prähistorie als notwendige Ergänzung betrachtet, so wie alles rekonstruierende Hinausschauen über erhaltene Texte von jeher dem weiten Umkreis der „vergleichenden Literaturgeschichte" angehörte[1]. Das Zusammenarbeiten ist paradoxerweise weiter gediehen als die Verständigung. Denn diese würde beiden Parteien ein schweres Opfer auferlegen. Dem Textphilologen, daß er seine Verpflichtung zurückstellt, alles Vergangene aufs Jahr zu datieren und die sprachlich-künstlerische Gattung festzulegen. Dem Sagenforscher, daß er dem bloßen Sammeln und der Verlockung, Einzelmotive zu parallelisieren, widerstehe. Der eine müßte großzügiger, der andere weniger großzügig sein.

Ein paar warnende Beispiele können es verdeutlichen. Das philologische Gewissen neuerer Nibelungenforscher verlangt nach einer Datierung für

---

[1] „Mit dem Suchen nach einem Archetypus ist vergleichendes Verfahren gegeben" (U. Leo, *Literaturvergleichung und Monographie:* Romanische Forschungen 64, 1952, 427).

die rekonstruierten Lieder auch da, wo nur die „Stufe" der Sagenentwicklung erschließbar war, nicht aber datierbare Anhaltspunkte vorlagen. Die Streitigkeiten, die sich an solche Datierungen knüpften[1] und noch weiter knüpfen, scheinen mir wenig Fruchtbares ergeben zu haben. Ähnliches dürfte gelten, wenn etwa U. von Wilamowitz für den Peleus-Roman bei Apollodor eine mündliche Sagenform voraussetzte und gegen Robert zu Felde zog, der ein verlorenes Epos, eine „Peleïs", angenommen hatte; oder wenn darum gestritten wurde, ob der alte Brünhildstoff in einem (Heusler) oder drei (D. von Kralik) Liedern unterzubringen war, ob etliche altgermanische Stoffe auf ihrer Frühstufe als Kurzlied oder als Saga vorgelegen hätten.

Hat sich andererseits der „Textphilologe im allzu engen Sinn" von der Unmöglichkeit des Datierens und Formbestimmens überzeugt, so wird allzu leicht seine Einsicht in den Gesamtorganismus anfällig[2]; er neigt dann dazu, unsern Bestand an erhaltenen Texten des Mittelalters mit der mittelalterlichen Dichtungsgeschichte gleichzusetzen, ohne zuzubilligen, wie zufällig, einseitig und lückenhaft dieser erhaltene Vorrat ist, und wie wenig wir wissen, ob die „Blütezeit" der ersten weltlichen Handschriftenkopisten dem Dichtungshöhepunkt entsprach. Fast jede Vermutung darüber, daß die Jahrhunderte vor 1100 oder 1150 am Werden der volkssprachlichen Dichtung schöpferisch beteiligt gewesen sein könnten, wurde auf dem Gebiet der *Chanson de geste*-Forschung und dem der arthurischen Epik (vor allem in Deutschland und Frankreich) als „romantisch" verpönt und geahndet. Dem Forschungseifer, der von allerlei mythologisierenden und kollektivmystischen Unarten überhitzt gewesen war, kam die Quarantäne vielleicht heilsam; bedenklich aber mochte sie für den oder jenen jüngeren Philologen ausschlagen, der sich nunmehr dazu autorisiert glauben konnte, jenen Bereich der älteren Forschung als gegenstandslos zu betrachten.

Nicht weniger hinderlich für eine Verständigung sind Unarten bei der andern Partei, den Sagen- und Märchenforschern. Trotz dem Spott in Anatole France's *Blaubart*-Parodie haben die einstigen mythisierenden Parallelisierungen Max Müllers vielerlei sektiererische Nachfolge gefunden. Einen Sagenstoff als ästhetisches, erzählerisches Gebilde zu klären, gilt fast immer als zu bescheiden. Man treibt „angewandte" Sagenkunde, einem soziologischen, religionsgeschichtlichen, traumpsychologischen, anthropo-

---

[1] Beispielsweise H. Hempel, *Nibelungenstudien*, Heidelb. 1926, I 102f, gegen A. Heusler.

[2] Bezeichnend eine resignierende Bemerkung zur Prähistorie des *Tristan:* „Comment discerner la formation de la légende de sa déformation? . . . Nous n'avons aucun moyen d'atteindre les formes antérieures du conte, et il n'est nullement certain que la plus ancienne serait la meilleure" (A. Pauphilet, *Le Legs du moyen âge*, 1950, p. 109). Was soll der letzte Satz? Wären wir nicht dankbar, wenn wir wüßten, was man vor Homer über den Sohn der Thetis sang?

sophischen Zweck zulieb. Frazers Fruchtbarkeits- und Initiations-Deutungen, weitergetragen durch Dumézil, R. Stumpfl, Wolfgang Philipp, Loomis und andere, beherrschen recht eigentlich dieses Studiengebiet. Wurden hier viele unzweifelhaft wichtige, ja unschätzbare Erkenntnisse erschlossen — ich denke an manches Kapitel bei Frazer, an Vilhelm Grønbech, an Otto Höfler, — so wird doch mit dem eigentlich dichterischen Material fast immer schonungslos umgesprungen. Man kann es dem Philologen nicht verdenken, wenn er vom Unfug der Motivparallelen nichts mehr hören will.

Rückte trotzdem das eingangs angedeutete Ziel einer echten vergleichenden Sichtung des erzählenden Materials näher, so verdankt man es nicht zum wenigsten der methodischen Zucht, welche der Kreis der finnischen Sagenforschung sich selber als Gruppenverpflichtung auferlegte. Die „Finnen" stellten den Grundsatz auf, jede stoffliche Ähnlichkeit müsse so lange als zufällig und also als belanglos betrachtet werden, als dem betreffenden Motiv nicht beides, eine Schürzung sowohl wie eine Lösung, innewohne. Die Sagenvergleichung begann seither wieder ein ernst zu nehmendes Gewicht zu erlangen. Listen von Motiv-Miszellen werden zwar auch künftig nicht wertlos sein, da sie die wissenschaftlich tragfähige Erforschung der „Motiv-Ketten", die „consideration of sequence" erleichtern. Entscheidend ist es jedoch, über die Beobachtung des wahllos wandernden Leihgutes der Einzelmotive hinauszugelangen. An dessen Stelle treten breitere epische Gebilde von nicht mehr zufälliger, sondern zwingend geprägter Reihenfolge der Motive[1]. Um ein Beispiel zu geben: Galfred von Monmouth berichtet, dem Arthur sei seine Frau, die Gwenhwyvar der Kymren, durch Modred entführt worden; nach *Vita Gildae* hieß der Entführer Melvas, nach Chrestien de Troyes hieß er Meleagant. Die „Großzügigkeit" des Sagenforschers, dem der Textphilologe mit nicht unberechtigtem Mißbehagen folgt, zögert nicht, die drei Entführer zu identifizieren und auf ihrer Identifizierung weitere Schlüsse aufzubauen. Ein solcher Schluß aber — ich glaube es nachweisen zu können — ist in dem angegebenen Fall falsch, weil die Grundlage für die Identifizierung zu schmal war; weil sie nur ein einziges Motiv — die entführte und rückgewonnene Gwenhwyvar — umfaßte, und weil hier der Nachweis einer Motiv*kette* mangelt. Überdies

---

[1] Das bedeutet nicht, daß nicht auch einmal einige Kettenglieder in der Reihenfolge durcheinander kommen dürften, ebenso wie eigene Erfindungslust oder Nachlässigkeit, spielerische oder moralistische Dissimulierung eine „Formel" abwandeln und schließlich ganz zum Verlöschen bringen werden. Der Pedant wird hier leicht zum Gegenpol des Phantasten: durch seine prinzipiell-methodischen Bedenken wurde manche zutreffende sagenforscherische Einsicht jahrzehntelang hintan gehalten. Zu beherzigen bleibt: „Identische Reihenfolge übereinstimmender Züge in zwei Stoffen ist ein Grund mehr für gleiche Herkunft der letzteren; nicht identische Reihenfolge ist kein entscheidender Grund dagegen" (R. Zenker, Zeitschrift für roman. Philol. 35, 1911, 727).

fehlen nachweisbare Gründe für das Auftreten von Widersprüchen (Modred ist Neffe Arthurs; aber ein Neffe Arthurs tritt gegenüber Meleagant eben als derjenige auf, der die Rückentführung durchführt).

Die nachfolgende Untersuchung möchte nicht weitere Hypothesen den bereits überreichlich bestehenden älteren hinzufügen. Sie gedenkt — mit den angegebenen Beweismitteln der Kettenformel — Nachweise über das stoffliche Werden einiger germanischer und romanischer Epen des Mittelalters zu führen, die sich aus einer systematischen Durchforschung antiker, orientalischer und inselkeltischer Parallelen ergaben. Wo der Nachweis aufhört und die Vermutung anhebt, hoffe ich jedesmal eine Grenze gezogen zu haben.

Die Schrift richtet sich an geduldige Leser. Schon allein die Gedächtnisleistung ist keine geringe, die verlangt wird, da die Ökonomie des Raumes auf knappe Rückverweise einschränkt. Das Buch richtet sich an Literarhistoriker und wird es bewußt in Kauf nehmen, dem Glauben an autochthone keltische und auch germanische Mythologie einige Enttäuschungen zu bereiten oder das Beweismaterial einiger Kulturhistoriker für ein legendäres „Mutterrecht" bzw. einer besonderen „Weibwertung" in keltischen Texten zu entkräften. Das Buch wendet sich an „altmodische" Leser, — insofern es „altmodisch" ist, wenn ein Freund mittelalterlicher Dichtung, bei aller Überzeugung vom einzig ausschlaggebenden Primat der ästhetischen und individuellen Bewertung, doch die Entwirrung der stofflichen Genese als unumgänglich ansieht. Es setzt aber allerdings auch Bereitwilligkeit zum Neuen voraus, denn es hält noch manches für erforschbar und manches Abgewiesene für unterschätzt und entwicklungsfähig. Die großen Fische freilich, die man mit der bloßen Hand fangen konnte, ließen unsere Vorgänger im neunzehnten Jahrhundert sich bereits munden; nachdem die Menge der sportlichen Parallelen-Jäger sich verlief, werden die übrigbleibenden bereit sein müssen, auch mit erst mühevoll zu knüpfenden Netzen zu fischen.

Und schließlich ist die Arbeit den Freunden eines nicht zu eng gefaßten Begriffs von gesamteuropäischer Dichtungsgeschichte bestimmt. Man kann dieses Gesamteuropäische von der Idee des Heiligen Reiches her sehen, von Caesar, vom Papsttum, von Cluny, von Lateinertum und Bücherhumanismus, von der antiken Klassik. Man kann es aber auch — und so geschieht es hier — als ein sehr frühes doppelpoliges Widerspiel, als einen Ausgleich und Austausch zwischen Altnordeuropa und der frühen mittelmeerischen Welt begreifen, eine Wechselbeziehung, über deren Wege und Umschlagsmärkte oftmals ein Ignorabimus auszusprechen ist. Allzu leichthin hat man früher vieles entweder dem gemeinsamen Erbe zugeschrieben, welches die indogermanische Sprachfamilie von ihren Ur-Sitzen zu allen Völkern getragen hätte, oder dem späteren Schrifttum in lateinischer Sprache. Welche andern Wege daneben zu erwägen sind — die iranisch-frühgermanische

Ostbegegnung, die Auseinandersetzung syrischer Mönche mit dem von ihnen missionierten Irland und die Kreuzung dieser frühorientalischen Wege auf germanischem Boden, daneben die hellenistisch-sassanidisch-arabische Mittelmeerumkreisung usw — dafür darf ich auf einige Bemerkungen verweisen, die sich an die antike und mittelalterliche Nachwirkung eines seit 1945 in Keilschrift auftauchenden verschollenen Epos aus dem zweiten vorchristlichen Jahrtausend anknüpfen ließen[1].

Je älter die Dichtungen sind, umso öfter meist kreuzten sich in alter Zeit ihre Wege. Leichter hätte es die Forschung, wäre jedes der epischen Gebilde unter einer Glasglocke geblieben. So ist die Aufgabe meist eine doppelte: das Aussehen der frühen Schichten einer Dichtung zu ermitteln und zugleich deren Ausstrahlungen. Ist eine solche Nachwirkung eindeutig nachweisbar, so ist dann freilich auch oft die Ernte eine doppelte, denn es läßt sich nunmehr in Erwägung ziehen, wie weit die besondere Art des Abklatsches, falls sich dessen Umrisse, am besten durch Subtraktion unbeeinflußter Fassungen, herauspräparieren lassen, etwas aussagt über den damaligen Zustand des Modells[2]. Um literarhistorisch durch dieses etwa von Paläontologen verwendete Mittel wirkliche Beweise zu erzielen, bedarf es — auch beim Leser — einer angestrengten Aufmerksamkeit. Urteilen kann hier nur der Geduldige — schwerlich der Entscheidungsscheue, es sei denn, er gebe genau an, wie viele Ringe eine Motivkette besitzen müsse, bevor ein auf ihr beruhender Beweis sein Placet verdiene.

Im Ausschnitt der Nibelungendichtung ergänzt sich, wie zu zeigen sein wird, nationaler und gesamteuropäischer Besitz. Es ist ein epischer Groß-Organismus, in welchem — ähnlich wie in der Ilias — verschiedene, ursprünglich selbständige Sagengestalten aufgingen, teils an Fülle zunehmend, teils verarmend. Krimhild, Dietrich, Gunther, Brünhild erscheinen zuerst in einer germanisch-autochthonen, durch geschichtliche Ereignisse geprägten Schicht. In Kontakt mit dem Fremden trat diese erste Schicht zunächst lediglich dadurch, daß eine Ausstrahlung von ihr ausging. Dies ist der Gegenstand unseres ersten Bandes, — unerschlossene ost-, nord- und westeuropäische Bearbeitungen der ältesten Krimhilddichtung, Spuren einer Sigfrid-Dichtung im provenzalischen *Daurel et Beton* und in der späteren *Girart*-Epik, aber noch früher eine Anleihe dieser Dichtung bei der frühen Girart-Epik. Auf einer jüngeren Stufe der am Nibelungengedicht beteiligten alten Werke aber, als von besonderen Umständen bei Sigfrids Ermordung

---

[1] K. Wais, *Ullikummi, Hrungnir, Armilus und Verwandte, Zur Berührung der altorientalischen und europäischen Erzählungsdichtung* (Edda, Skalden, Saga: Festschrift Felix Genzmer, Heidelberg 1952).

[2] Auf ähnliche Weise hat man beispielsweise eine ungefähre Vorstellung von dem verlorenen Drama rückgewonnen, das Shakespeare in seinem *Tempest* bearbeitete, weil von dieser Vorstufe ein deutsches Drama Jakob Ayrers abhängig war.

erzählt wurde, von seinen Eltern, seinen Jugendtaten, von übernatürlichen Vorfällen in Brünhilds Herkunft, von Hagens Sohn, dem Rächer an Attila, und anderem mehr, wird es deutlich, daß die Bindung der Dichtung an die Geschichte gebrochen ist. Ein bestimmter Epen-Typus — man hat bisher eigentlich immer nur an verstreute zusammenhanglose Märchenmotive gedacht — wird jetzt zum Verwandten, und macht die erheblich vernachlässigte Entstehungsgeschichte einer Reihe von nichtgermanischen Erzählungen, die ihm angehören, zu einem unmittelbaren Problem auch für den Nibelungenforscher. Wenn die Ergebnisse beispielsweise von denen, welche Friedrich Panzer 1945 vortrug, erheblich abweichen, und vor allem eine wesentlich frühere Zeit betreffen, so bin ich mit ihm doch einer Meinung darin, daß mancher sich allzu hartnäckig gegen die Vorstellung gesträubt habe, daß „das Nibelungenlied mitten in einer kulturell und literarisch aufs stärkste von Frankreich beeinflußten Zeit in stolzer Einsamkeit auf rein germanischem Grund verharrt habe."

Seit über hundert Jahren haben die deutschen und die skandinavischen Nibelungendichtungen immer wieder neu ihren Zauber ausgeübt, von den Bildern eines Cornelius und den Versen Hebbels, über Wagner, W. Morris und Ibsen bis zu den Zeichnungen Ernst Barlachs und den Rhythmen Max Mells. Vielleicht nicht der geringste Grund für solchen bleibenden Reiz war es, daß dieser Stoff einerseits fest in geschichtlichen Erlebnissen eines Volkes wurzelte, zu gegebener Zeit aber sich universal einem epischen Erzählgut aufzuschließen wußte, welches den Vorstellungen aller Völker der alten Welt vertraut gewesen ist. Die dichterische Brücke, die von alten, halbverschollenen, schweigsamen Kämpfen gegen die Hunnenscharen hinüberführte in das christliche Deutschland des Mittelalters, gehört mit zu einem Patrimonium, dessen Werte nicht vergangen sind.

Besonderen Dank für vielfache Anregung möchte ich dem kleinen Tübinger Kollegenkreis aussprechen, der zu gegenseitiger Orientierung über Ergebnisse der Mittelalter-Forschung zusammenzutreffen pflegt. Dort ist der Entschluß gereift, die beiden hier wiedergegebenen Beiträge, die einander ergänzen, in einem Band zu vereinigen.

I. Älteste und jüngste Kunde im Nibelungenlied

Laienhafte Anfragen sind oftmals diejenigen, deren Beantwortung der Wissenschaft am schwersten fällt. So wird auch der unbefangene Freund der Nibelungendichtung manchmal auf Verlegenheit stoßen können, wenn er über ganz naheliegende und scheinbar sehr einfache Dinge eine Auskunft begehrt. Was ist das „Richtige", pflegt er etwa zu fragen: heißt die Heldin nun eigentlich von Haus aus Krimhild, wie im alten deutschen Umkreis, oder Gudrun, wie im Norden? Wir werden ihm zwar antworten dürfen, daß Krimhild[1] aus dem Namen der letzten Nebenfrau des Hunnenkönigs Attila, der Germanin Hildiko, entstanden sei[2], und daß der Name Gudrun schon durch den Anfangsbuchstaben sich als sippenzugehörig zu den burgundischen Königsnamen Gibich, Gunther, Giselher erweise[3]. Wir pflegen auch hinzuzufügen, es handle sich um die gleiche Frau, — aber jedes Weiterfragen bringt uns in Schwierigkeit, denn welcher der beiden Namen wäre denn nun der ursprüngliche? Und was wäre der Grund der Doppelheit in der Dichtung?

Oder eine ebenso naheliegende Frage: Was bedeutet denn der Name „Nibelungen"? Irgendwie muß er beim germanischen Frankenstamm verbreitet gewesen sein und sicher tauchte er überall da auf, wo vom Burgunder-Untergang die Rede war. Und doch erhebt dagegen Andreas Heusler Einspruch, — den man den Klassiker in der Erforschung von Nibelungenlied und Nibelungensage nennen darf. Wir dürfen, meint Heusler, nicht wagen, Nibelungen als irgendeine orts- oder stammesgeschichtliche Bezeichnung gelten zu lassen[4], denn die ältesten Zeugnisse, diejenigen des skandinavischen 8. oder 9. Jahrhunderts, reden von einem Erbstreit zwischen den Nibelungen, — „róg Niflunga" *(Pseudo-Bjarkamál)*, was schon im alten

---

[1] Ich halte mich gewöhnlich an die üblich gewordene Schreibung Krimhild.

[2] Das ist übrigens auch bestritten worden durch den Holländer R. C. Boer: Zs. f. dts. Phil. 37, 485 und 38, 42, u. ö.

[3] „Gudrun hieß sie ursprünglich als Gunthers Schwester" (W. Wilmanns, *Der Untergang der Nibelungen:* Abh. der Kgl. Ges. der Wiss. zu Göttingen, PhKl., NF 7, 1903, Nr. 2, p. 3).

[4] Vgl. A. Heuslers Einwände gegen H. Schneider und H. Grégoire (*Anzeiger für dts. Altertum* 53, 1934, 220f.). Nach H. Schneider (Germanische Heldensage, Berlin 1928 f, I 207) braucht róg nicht ‚Zankapfel' in dem Sinn zu bedeuten, daß zweie untereinander kämpfen müßten.

Lexicon poeticum zutreffend als „causa contentionis inter Niflungos" wiedergegeben wird, oder „Niflungorum dissidiis" *(Snorra Edda I 403)*. Bei den Burgundern der uns bekannten ältesten Gedichte konnte nun aber bisher niemand einen Zankapfel der Sippenangehörigen feststellen, — die Schwester rächte vielmehr den Untergang der Brüder an ihrem hunnischen Gatten. Also, meint Heusler, bleibt uns nichts übrig als, etwa in der Art Richard Wagners, Nibelungen mythologisch als „Nebelgeister" zu begreifen und ihren Schatzverlust an den Schiedsrichter Sigfrid – ein 1001-Nacht-Typus (Bolte-Polívka, Anmerkungen II 334, IV 391, 407) – als älteste Form zu vermuten.

Um noch weitere Beispiele zu geben: nicht einmal für das einfache Lesen des deutschen Nibelungenliedes läßt sich die Wissensbegierde befriedigen. Der Dichter spielt öfter auf einen Vorfall an, der mehrere der auftretenden Personen miteinander verbindet, über welchen aber nicht nur er gegen seine sonstige Gewohnheit alles Nähere verschweigt, sondern über welchen ebenso auch die zahlreichen anderen damaligen Dichter, die darüber sprechen, eine rätselhafte Zurückhaltung üben. Aus den vereinten Zeugnissen geht nicht viel mehr hervor, als daß Rüdiger von Bechelaren und seine Frau Gotlind, zur Gefolgschaft Attilas gehörend, darüber trauern, daß der Hunne Blödel (der geschichtliche Attila-Bruder und Mitkönig Bledla) ihnen ihren Sohn Nudung (nordisch Naudung von Valkaborg), den Neffen Dietrichs von Bern (des Ostgotenkönigs Theoderich), erschlagen habe. Oder wie soll man sich erklären, daß eine der Gattinen Attilas, Helche, gleichfalls eine historische Gestalt, in den Epen bald als eine bösartige Hetzerin auftritt — Dietrich wirft ihr ingrimmig das abgehauene Haupt des Mannes vor die Füße, dessen Tod sie veranlaßte — bald als eine ideale Frauengestalt und besondere Schutzherrin Dietrichs. Und daß dieselbe Doppelheit für Dietrich selbst gilt: in der einen Hälfte der ihm geltenden Epen ist er Bekämpfer von riesischen Unholden, in der anderen ist er durch seine Rolle am Hunnenhof bestimmt. Je genauer man zusieht und zumal in allem, was den Hunnenhof betrifft, umso mehr verstrickt man sich in unbeantwortete und scheinbar unlöslich widerspruchsvolle Fragen. Um beim jetzigen Stand der Forschung über Hypothesen hinaus — auch unsere Betrachtung wird zunächst mit Hypothesen beginnen — auf Gewißheit zu hoffen, wird man unerschlossene Zeugnisse benötigen.

Während von den Nibelungenforschern noch immer manche hoffen, entweder das deutsche *Nibelungenlied* aus der westnordischen *Thidrekssaga* — mit ihren widersprechenden Berichten über den gleichen Stoff — abzuleiten (Boer, Hempel) oder die umgekehrte Entwicklung nachzuweisen (H. Paul, B. Döring, Trentler; Panzer noch 1945, mit Applaus J. Körners), ist seit langem ein altes Zeugnis in Vergessenheit geraten, das Wilhelm Grimm 1813[1], dann 1829 in seiner *Deutschen Heldensage*, wenn auch ohne Auswertung verzeichnete. Daß Georg Baesecke in seiner *Vor- und Frühgeschichte des*

[1] Grimms *Altdeutsche Wälder*, 1, 1813, 195ff.

deutschen Schrifttums (1940) zu zwei Einzelheiten daraus Stellung nahm, ist seither schon eine Ausnahme. Ungarische Nationalhistoriker, die um 1850 bis 1905 darüber nachgeforscht hatten, kamen zu keiner einhelligen Meinung, und J. Bleyer, der von Budapest aus über jene Forschungen berichtete, glaubte so selbstverständlich an Gunthers Untergang als frühestes dichterisches Auftreten des Etzelhofes[1] und an den genetischen Vorrang der burgundischen Bruderrächerin Krimhild, daß er die Attila-Ermordung „mit größter Wahrscheinlichkeit" (544) aus den ungarischen Zeugnissen für nachträglich ausgemerzt ansprach, ohne einen Beweis dafür vorbringen zu können. Daß die ungarischen Chronisten des 13. und 14. Jahrhunderts, welche gemeinsam auf eine uns verlorene Tradition zurückgehen werden (Bleyer 442), von der uns bekannten deutschen Epik des 12./13. Jahrhunderts abhängig seien, ist nicht ersichtlich und wird auch durch Bleyer p. 443 verneint. Ernstlich ging man den Fragen nicht nach: allzuwenig passen sie zu dem, was uns sonst über Krimhild und Dietrich bekannt ist.

Hauptquelle ist ein längerer Bericht in der um 1282 verfaßten lateinischen *Chronica Hungarorum* des Simon Kézai oder de Kéza, eines Hofpriesters am Hofe Ladislaus' III., des ersten mit Namen bekannten, wegen seiner Verläßlichkeit hochgerühmten Geschichtsschreibers von Ungarn. Es ist mit Ausnahme der zeitgenössischen Teile eine Kompilation, z. T. nach einer ungarischen Chronik von 1150 (nach Marczali) oder kurz danach (Rademacher), wohl auch nach deutschen Geschichtswerken. Einleitend gibt Kéza eine Geschichte der Hunnen mit ziemlich vielen sonst unbekannten Angaben, darunter auch einigen über die Zeit Attilas[2]. Diese Schrift nun beweist, daß die früheste ungarische Geschichtsschreibung, für jede Quelle über die Hunnenvergangenheit dankbar, sich einer Nibelungentradition bediente, die Dietrich von Bern als den Sieger kannte. Es besteht kein grundsätzlicher Anlaß anzuzweifeln, was Kéza über ungarische Quellen zur „Krimhilt-Schlacht" sagt. So wie uns in tschechischer Sprache über das alte Gedicht von Heinrich dem Löwen Dinge erhalten sind, die archaischer wirken als

[1] J. Bleyer, *Die germanischen Elemente der ungarischen Hunnensage* (Beiträge, 31, 1906, 536; vgl. 544 usw.) „Den Rachedurst Kriemhilds löscht der Tod Attilas nicht" usw. (550). Der Ungar Kéza kannte (vgl. Bleyer 567) aus Jordanes dessen Gepidenfürsten Ardaricus und dessen nicht mordende Ildico (verlesen als „Aldaricus" und „Micolt"!); und mußte als Historiker — genau so wie das *Chronicon Urspergense*, *Otto v. Freising*, *Gottfried v. Viterbo*, *Kaiserchronik V.* 1417ff — wohl eigentlich gewußt haben, daß Attila und Dietrich nicht Zeitgenossen waren. — Der einschlägige Teil aus Hunfalys Buch *Die Ungarn* (Teschen 1881) deutsch in *Magazin für Lit. des In- und Ausl.* 102, 1882, 59ff.

[2] O. Rademacher, *Zur Kritik ungar. Geschichtsquellen* (Forschungen zur dts. Gesch., 25, 1885 392) begnügt sich mit der Bemerkung: „Die Etzelsage ist nicht auf ungarischem Boden erwachsen." Vgl. Kéza, *Chronica Hungarica a temporibus remotissimis usque ad a. 1290, seu Gesta Hunorum et Hungarorum*, ed. Endlicher, Rev. hung. monum., Arpad, Sangalli 1849, p. 85—123; *Gesta Hungarorum*, ed. M. Florianus, His*toriae Hungaricae fontes domest.* SS. 2, 52 ff.

die in den deutschen Texten bezeugten, so kann es sich auch mit Ungarn verhalten. Bloß auf Grund von Historikernotizen pflegen sich Ortssagen nicht über viele Jahrhunderte zu halten. Nicht nur erzählte man noch im 19. Jahrhundert von den keltischen Grabhügeln (Szaszhalom) bei Érd (Stuhlweißenburger Komitat[1]), hier lägen Attila und Dietrich von Beró begraben[2]; sondern schon um 1500 weiß Ladislaus Suntheim bei Gelegenheit des Attila-Grabes sowohl Krimhild zu nennen als auch, daß Dietrich und Hiltprant allein von dem blutig endenden Fest übrig blieben; und wenn dies aus der jüngsten Fassung, dem Nibelungenlied, erklärbar ist, so berichtet Suntheim für Tétény unterhalb Pest etwas, das genau zu dem stimmt, was Kéza zweihundert Jahre vorher im Anschluß an Attilas Tod referierte: „da ist vor zeiten ein großer pluotiger streit beschehen zwischen Kunig Etzels sünen"[3]. Das steht im Widerspruch zu all unseren erhaltenen Texten. Diese kennen zwar drei Söhne Attila-Etzels, aber die beiden aus der ersten Ehe fallen in Theoderichs Schlacht vor Ravenna, und der jüngste aus der Ehe mit Krimhild fällt durch Hagen. Von irgendeinem Streit zwischen ihnen ist nicht die Rede.

Es könnte alles bloße ungarische Chronistenkombination sein. Seltsam immerhin, wenn kurz nach Suntheim ausdrücklich wiederum, und nun für Deutschland, Volkslieder von den Attila-Söhnen nach dem Tod ihres Vaters in verhängnisschwerem Zusammenhang mit Krimhild und Dietrich bezeugt scheinen. Wolfgang Lazius (1514—65) erwähnt in *De gentibus migrationibus* (Frankfurt 1600, p. 548 n.; p. 603) den Helden von Bern, „propter quam (Chrymhildem) Athila extincto Gothos Gepidasque cum Hunnis Athilaeque filiis cruentem bellum gessisse vulgares rhythmi isti demonstrant". Konnte Lazius, dem jedenfalls das *Nibelungenlied* im Text vorlag, sich so getäuscht haben? Aber es ist verständlich, daß man die Lazius-Notiz unbeachtet ließ[4],

---

[1] Aus diesem Komitat stammte Kéza.

[2] Mailath, Geschichte der Magyaren, Wien 1831, IV 47. Als *Zazholm* kennt bereits Kéza den Ort: hier habe sich Dietrich und sein Verbündeter, der Langobardenfürst Macrinus von Steinamanger (Sabaria) — die Erklärungen für dessen Person sind bisher gescheitert, vgl. Bleyer 484 — befunden, als die Hunnen ihren nächtlichen Angriff — vor dem Tod des Hunnen Cuwe — unternahmen. Der Notar König Bélas III. um 1180 erwähnt den Ort als „Centum Montes".

[3] *Chronik der Fürsten und Länder*, handschriftlich in der Stuttgarter Landesbibliothek (vgl. *Das Donauthal von L. Suntheim:* Jahrb. f. vaterländ. Gesch., Wien 1861, I 273ff.).

[4] Da Lazius sich auf „gentilicii Hungarorum annales" berief, schloß G. Matthaei, *Die bair. Hunnensage in ihrem Verhältnis zur Amelungen- und Nibelungensage* (ZfdA 46, 1 ff.) auf „eine volkstümliche ungarische epische Tradition" als seine Quelle. Bleyer (Beitr. 31, 553) bestritt es für Lazius' Angaben, daß Chrymhilde eine Gepidin war, Tochter eines Ardarich. Von der Szene der Ortlieb-Ermordung aus dem NL, die Lazius zitiert, vermutete Lazius, ihr müsse die Hochzeit der Gepidin mit Attila zugrundeliegen; belanglos die Verwechslung — *Kaiserchronik*, ed. Massmann 3, 958, n. 3 — daß das Burgundergemetzel bei der Hochzeit Krimhilds mit Attila stattfindet.

denn sie enthält nichts, was er nicht, durch Kombination mit der Krimhild-Kunde, aus der alten Geschichtsschreibung entnehmen konnte. In der Tat erfährt man dort für 454, das Jahr nach Attilas Tod, daß der Gepidenkönig Ardarich, ein getreuer Gefolgsmann dieses Hunnenkönigs, den Ostgotenkönig Walamer zu einem Aufstand beredete[1], dem sich dann andere Germanen, Sueben, Rugier, Heruler, Skiren, anschlossen; im Anschluß an die siegreiche Schlacht teilten die Sieger das gewonnene Land und Walamers Ostgoten warfen die Hunnen bis auf den Dnjepr zurück; Ernak, der durch Priscus bezeugte jüngste Attila-Sohn Ernas[2], scheint in der Dobrudscha zeitweilig den oströmischen Grenzschutz übernommen zu haben (Altheim). Anders nun steht es mit dem Bericht des Simon Kéza. Zwar berichtet auch Jordanes von Erbstreitigkeiten zwischen den unzähligen Söhnen Attilas, aber Kéza erwähnt Namen und Einzelheiten, die kein anderer Historiker vermerkt.

Schon auf den ersten Blick ergibt sich aus Kézas Bericht, daß er einen fundamentalen Beitrag in dem Streit zu liefern vermag, ob es im damaligen Deutschland keine andere Quelle für die *Thidrekssaga (ThS)* habe geben können als das *Nibelungenlied (NL)*. Kéza stimmt nämlich zur *Thidrekssaga*, aber nicht zum *Nibelungenlied*. Denn der Sohn des Attila, „de illustri prosapia Germaniae ducum orta, Domina Kremheylch (Crumheldina, Crimiheldina) vocitata, susceptus“, heißt nicht Ortliep wie im NL, sondern Aladarius, — augenscheinlich identisch mit dem entsprechenden Namen Aldrian der ThS und Aldrias des Färöerliedes. Man hätte auch die anderen Angaben des Ungarn Kéza, — der sich auf Quellen „in antiquis Hungarorum Chronicis“ beruft (eine Kéza-Handschrift sagt ausführlicher: „istud enim est proelium, quod Huni proelium Crumhelt usque adhuc nominantes vocaverunt“) — nicht übersehen dürfen. Für uns fällt wenig ins Gewicht, daß durch die fünfzehntägige Schlacht, die nach anfänglichem Übergewicht der Hunnen doch „ad ultimum ... per artem Detrici[3]“ für die Germanen

[1] Ich folge der neuesten Darstellung, Franz Altheims Buch über *Attila und die Hunnen*, Baden-Baden 1951. G. Baesecke fand es auffällig, daß der Geschichtsschreiber den Mut des Attila-Sohnes Ernak rühmte — der Kompilator Jordanes um 551, als Alane geboren, stützt sich hier wohl auf einen Bericht Cassiodors, der dem Neffen Walamers, Theoderich, diente. Schon D. v. Kralik erhob Einspruch gegen die Vermutung Baeseckes, die sich nicht auf den Text berufen kann: Es könnten 454 allenfalls die Goten auf der Seite der Hunnen gegen die Gepiden gekämpft haben.

[2] Wegen des gemeinsamen Ostzugs wollte Bleyer (Beiträge 31, 1906, 581) ihn mit Chaba (? < türk. *čapak*, Krieger?) identifizieren, der bei Heinrich von Mügeln als „der letzt sun kunig etzels“ (nach Bleyers Vermutung p. 568 mißverstanden aus Kézas „filius Ethele est legitimus“) erscheint. Doch stimmt er 581 auch der Herleitung Erpr < Ernak zu (Bugge, *Erpr og Eitill:* Skrifter udg. af Videnskabsselskabet i Christiania, 2, HPh. Kl. V 5).

[3] Spätere Chronik: *Postmodum vero Detricus de Verona per tradimentum (traditamentum, proditamentum) Chabam fecit superari.* Wir werden fragen müssen, ob hier lediglich ungarische Parteilichkeit spricht. Wenn Kéza Dietrichs Eintreten

siegreich ausging, eine lange Donaustrecke rot von Blut gewesen sei[1]. Wesentlich aber sind zwei andere Einzelheiten. Man erfährt nämlich (a), daß der Krimhild-Sohn Nachfolger seines Vaters wurde (wie in der ThS gegen NL), und zwar – auf Anregung des neben andern Germanen am Hof Attilas befindlichen Dietrich – zusammen mit Chaba (Kewe)[2], einem Sohn Attilas, den dieser aus seiner ersten Ehe mit einer Griechin[3] besessen habe. Das

---

für das Doppelkönigtum des Aladarius und Chaba „astutia" nennt, dürfte eine solche Interpretation richtig sein. Nachdenklich aber macht, daß nachher Dietrich „qui fauebat Aladario" (andere Chronik: qui illo tempore Sicambrie Aladario adherebat), wiederum durch „astutia" den Endkampf zwischen dem „pars sanior" der Hunnen einerseits und den Nichthunnen (extera natio) nebst einer Minderzahl von Hunnen andererseits veranlaßt haben soll. Eine Erklärung erbringt unten Kap. IX.

[1] Von der Hunnenschlacht auf den Katalaunischen Feldern, bei der Ostgoten gegen Westgoten kämpften, erzählt Jordanes c. 40, ein Bach auf dem Schlachtfeld sei durch Blut zum Strom geworden, und die Verwundeten hätten aus Durst doch daraus getrunken. Früh hat man Hagens Rat, NL 2051, das Blut der Erschlagenen zu trinken, damit zusammengebracht (Högnar im färöischen Lied: „Wir trinken Blut wie Wein" usw.).Bleyer erwägt nachträgliche Übertragung von der Nedao-Schlacht (Beitr. 31, 556 f.; umgekehrt R. Heinzel, *Über die Hervararsage*, Wiener SB 114, 518, mit Zustimmung Jiriczeks) — oder freie Erfindung Kézas. Der Tod des Westgoten Theoderich ist vielleicht nachgebildet im Tod Alarichs an der Donau, wo er mit Aetius den Attila angreift: in *Chronicon Paschale*, ed. L. Dindorf (corp. scr. hist. Byz.) 1, 587 f. Vgl. Bleyer 495, n. 1.

[2] Die Gleichsetzung mit dieser ungarischen Form schon bei W. Grimm. Kéza deutet den Ortsnamen Cuweazowa (jetzt Kajászó, südwestlich von Tarnok) fälschlich (statt „Steintal") als „Haus Keves", denn dort sei neben Ethele-Attila der hunnische Edeling Cuwe (ungar. Aussprache Köve = Keva) begraben, der bei Tavarnucvelg (Tárnokvölgy, jetzt Tarnok, Komitat Stuhlweißenburg) fiel, als Ditricus von Beró zwischen seinen beiden Niederlagen dort die Hunnen schlug. — Zur Angleichung von Cuwe-Chaba an die ungarische Aba-Dynastie s. unten S. 184, n. 2.

[3] Möglicherweise läßt sich schon aus dem Namen der Attila-Gattin Erka (ThS), Herkja *(Guðrúnarkviða III)*, Herche (*Rosengarten* C, Herke D), Helche (NL), der Tante der Herrad (NL), die „Graeca" heraushören. Beim Byzantiner Priscus, der ihr als der Hauptgattin Attilas und Mutter des Ernak und zweier älterer Söhne im Jahr 449 einen persönlichen Besuch abstattete, begegnet sie als *Κρέκα*, *Ῥέκα*, *Κέρκα*. Kéza nennt sie nur als Mutter von Attilas Sohn Chaba und Tochter des Griechenkaisers Honorius (es gab nur einen weströmischen Kaiser Honorius und dessen Nichte Honoria, die sich, obwohl verheiratet, 450 Attila brieflich als Frau antrug, — was ihre Verhaftung nach sich zog — als deren rechtlicher Bräutigam sich aber Attila alsbald gebärdete). Ein anderer ungarischer Chronist, Nicolaus Olahus (1493 bis 1568), der Kézas Bericht kannte, ergänzt in seiner *Vita Attilae* (Bonfinii script. rer. ungaric. 160) dafür, diese mit Attila verheiratete Honoriustochter, Mutter des Chaba, habe „Herriche" geheißen, und Herrad, Tochter von Attilas (im NL: Helches) Schwester, sei Gattin des Dietrich geworden. Beide Angaben sind „merkwürdigerweise" (W. Grimm) identisch mit dem, was im 15. Jahrh. auch der deutsche „*Anhang zum Heldenbuch*" *(AHB)* erzählt. Daß der *AHB* — und die mhd. *Klage* — noch ein anderes Motiv mit den Ungarn gemein haben, das lebenslängliche Fortdauern der Amelungen-Wunden, scheint von niemandem beachtet worden zu sein (s. u. Kap. II); belanglos bleibt, daß bei den Ungarn, wie in *Grimilds Haevn*,

dürfte schon darum nicht ganz erfunden sein, weil die Hunnen stets ein Doppelkönigtum besaßen. (b) Als zweiten gewichtigen Punkt halten wir vorläufig fest, daß Kéza, als er das verwandtenmörderische Gemetzel, das sich aus dem Doppelanspruch ergab, charakterisieren will, auf einen höchst seltsamen Vergleich kommt: nämlich auf die klassische Geschichte von den Drachenzähnen des Königs Aietes, durch welche eiserne Männer aus der Erde aufschossen, aber auf Rat der Zauberin Medea unschädlich gemacht wurden[1]. Beide Motive, die hier in Osteuropa auftreten, scheinen, wie wir zeigen wollen, auch der nordgermanischen Nibelungenkenntnis nicht fremd gewesen zu sein.

Von seiten der bisherigen Forschung zu Kéza ist die zweimalige kurze Erwähnung durch Baesecke wertvoll. Erstens glaubt er eine Wiederkehr des Gepiden Ardarich in dem Namen Aladarius zu finden; dieser Meinung war vielleicht auch ein späterer Benutzer der Kéza-Chronik, Nikolaus Olahus um 1540, der den Namen zu Aladaricus korrigierte. Hat Baesecke recht, so hätte also wohl alsbald die gotische Sage oder Dichtung gespielt und den gepidischen Sieger von 454 zum jüngsten Sohn Attilas erhoben, den Attila „super ceteros regulos diligebat"[2]. Irgendwann einmal, und das ist eigenartig, erschien Ardarich allerdings als Attilas Schwiegervater oder Schwager — und nähme man dies als historisch, so läge es freilich nahe, daß die *Gepidentochter* ihren *Sohn von Attila* nach dem *Großvater* oder Bruder *benannte*. Für diese Vermutung sprechen zunächst nur zwei späte östliche Belege des 16. Jahrhunderts von verwirrender, aber (nach Bleyer 553) wohl gemeinsamer Prägung: nach W. Lazius wäre Attilas gepidische Gattin Krimhild eine Tochter des Ardaricus gewesen; nach dem Ungarn Am. Thierry hätte die Schwester des Ardarich dem Attila einen Sohn Gïesmos

Krimhild Herzogstochter ist. Unter Helches sieben Edelfrauen im NL ist eine Herlint „von Kriechen" — eine Reminiszenz? — In der Epik ist Helche Tochter des rätselhaften Osantrix (ThS), „Oserîches kint" (Biterolf 1962), Nichte des Russen Waldemar (ThS), entsprechend der häufigen Verwechslung von Slaven und Byzantinern (Beiträge 31, 543). Osantrix wird durch Attila, Dietrich und König Isung getötet (ThS, c. 140 f).

[1] „Huni quoque qui extranearum nationum de ruina gaudebant, ad instar armatorum, qui olim draconis ex dentibus per Jasonem, dum aurei velleris pro obtentu laborasset, seminatis exorti, fraterna caede consumti fuisse dicuntur, peremta prius omni Germanica ceteraque extranea natione, mutuo se bello delevere."

[2] „rex ille famosissimus Ardaricus" (Jordanes, *Getica*, cap. 38); „das intimere Verhältnis Ardarichs zu Attila findet in der Sage dadurch einen Ausdruck, daß diese ihn nicht zum Freunde, sondern zum Sohne Etzels machte" (Bleyer 516, n. 1). Oláh ist, meint Bleyer, der letzte Ungar, der noch Volkstradition beizog. Die neuere Identifizierung Ardaricus (Aldarik-Aldrian) vollzog als erster 1813 W. Grimm (*Altdeutsche Wälder* I 260), ihm folgten Riedl, Petz, Bleyer 567 ff. und Boer (*Unters.* II 205); daß sich allerdings vom Namen Aldaricus auch „Orte" habe bilden können (Bleyer 570), dem steht allein schon die Verbreitung von Aldrian entgegen. Notker sagt von Theoderichs Enkel Athalarich „sîn nevo Alderîh".

geschenkt. Da wir in den dichterischen Zeugnissen einem Jüngling Aldrian, Sohn der Krimhild, begegnen, müßte in der Sage, falls es historisch zwei Gepiden dieses Namens gegeben hätte, der ältere aus unbekannten Gründen verschwunden sein. Aber unsere Chronisten des 16. Jahrhunderts, die ihren Jordanes nicht mehr naiv nacherzählen, wie Kéza es tat, sondern Widersprüche durch Kombinationen ausfüllen werden, könnten hier natürlich ebensowohl aus irgendwelchen Gründen ins freie Erfinden geraten sein. Bemerkenswert ist, daß in der ThS Aldrian als Name sowohl von Grimhilds Vater (NL: von Högnis Vater) als von ihrem Sohn erscheint; so wie im Norden neben dem Rächer-Sohn Hniflung der Krimhild-Vater Niflung steht!

Zweitens nimmt Baesecke den ungarischen Beleg für den unburgundischen Namen „Krimhild", den er zur Attila-Gefährtin Hildiko stellt, zum Anlaß, dessen Eindringen in den „Gudrun"-Bereich aufzurollen. „Diese Cremhild erlebt in der ungarischen Heldendichtung noch Kampf und Fall der Attilasöhne. Ihr Eindringen in den ‚Burgunden-Untergang' mußte den Namen der Königin-Mutter Grimhild durch seinen verwandten Klang unmöglich machen: er wurde ersetzt durch Ota-Ute" (*Vor- und Frühgesch.* I 268). Baesecke schenkt also dem Bericht Kézas in einem Punkt Glauben, in dem wir bisher zurückhaltend waren. Es hätte zwei Dichtwerke gegeben: eines über Gudrun und Attila und ein „ungarisches" über Krimhild und die Attila-Söhne. Dann hätte der Name Krimhild sich im Gudrun-Lied breit gemacht... Aber durch welche Kraft getrieben? wird man fragen, falls man nicht von vornherein einer so verwegenen These die Gefolgschaft verweigert, die nicht diskutiert, daß Kéza doch auch von Didricus berichtet; dieser kann bei den Ungarn nur durch Germanen und durch germanische Dichtung in Beziehung zum Attila-Hof gelangt sein. Ohne die eingangs angeführten und einige weitere Parallelen würden wir überhaupt an Kézas dichterische Quellen nicht glauben. Gelingt es uns aber, sie als alt nachzuweisen, so war ihr Ursprung, selbst wenn sie Kéza auf ungarisch zu Ohr kamen, germanisch, möglicherweise pannonisch-gotisches Urgestein oder andernfalls aus dem frühen Deutschland, oder jener langobardischen Ecke vermittelt, die so viel für die Lokalisierung der Dietrichhelden tat. Ergäbe sich dagegen eine junge Gestalt des Stoffes, so müßten sie dem deutschen Sediment entstammen. Jedenfalls ist Baeseckes Erklärung für die Namen-Doppelheit Krimhild und Gudrun die einleuchtendste, falls sie sich erhärten ließe: jede wäre ursprünglich die Heldin eines verschiedenen Liedes. Den Kern des Gunther-Gudrun-Liedes kennen wir, — aber was wäre von Attilas Witwe Krimhild gesungen worden? So verdient dies „ungarische Krimhildlied" genaueste Beachtung; daß es nicht längst geschah, lag an der Ungewohntheit und Verschwommenheit des durch Kéza Mitgeteilten.

Neben dieser osteuropäischen Ausbreitung einer nicht zum NL stimmenden Tradition (wozu auch die durch Löwis af Menar aufgewiesenen russischen Bylinen kommen mögen) ist an eine Ausstrahlung älterer Nibelungendichtung auch nach Frankreich zu denken. Seit G. Brockstedt hat man für die *Boeve*-Epik, besonders für den provenzalischen *Daurel et Beton*, an mögliche Beziehungen gedacht[1], seit Leo Jordan für ein Grundthema der *Girart*-Epik[2]. Ich möchte diese Beziehungen nicht abweisen, glaube aber im Lauf der Untersuchung darauf hinweisen zu können, daß, soweit einige dieser Beziehungen nicht Zufallsergebnisse sind, nicht ein deutscher Einfluß auf den *Girart* (Jordan) und ein Einfluß der *Boeve*-Gruppe auf Deutschland (Brockstedt, Singer, Panzer) vorliegt, sondern das Umgekehrte. Noch reicher scheinen mir andere Nibelungenspuren in französischer Epik, von denen im II. Band die Rede sein soll.

Für die Vorstufe der Völsungensage, welch letztere man in irgendwelchen Beziehungen zum Nibelungenstoff stehen fand, liegen an ein paar Einzelheiten Beziehungen mit französischen Quellen über den kymrischen Helden Arthur und mit altirisch überlieferten Motiven zutage. „Es wäre ... nicht ausgeschlossen, daß eine Vorstufe der Völsungensaga von einem Kelten benutzt wäre" (Georg Baesecke, *V. u. F.*, I, 283); ganz zum Keltischen stimmt das auf die Zeugung von Völsung (Welisunc) Bezügliche; für andere durch Rudolf Much hervorgehobene Einzelstellen aus dem Keltischen aber meint Baesecke, es liege nur eine äußerliche Ähnlichkeit vor.

Daß für die Nibelungendichtung eine gemeinsame Nebenprovinz germanistischer und romanistischer Forschung, die kymrischen Prosaerzählungen des alten Britannien, belangvoll sein könnten, wurde bisher nicht angenommen, schon allein im Hinblick auf die Schwierigkeiten der Übermittlung von Volk zu Volk[3]; in England ist aus dem Nibelungenbereich bisher nur die Kunde von Sigmund bezeugt. Es sei einem Romanisten, trotz geringer altkeltischer Sprachkenntnisse, verstattet, einer solchen

[1] Die einen, wie Brockstedt, Singer, Panzer hielten die französischen Verse (Heusler, *Nib. s.* 259: Daurels „Vorlage") für die älteren, andere, wie D. v. Kralik und E. von Richthofen, die deutschen: Brockstedt, *Das altfranzös. Siegfriedlied*, Kiel 1908; ders., *Von mhd. Volksepen französ. Ursprungs*, Kiel 1910—12; S. Singer, *Eine Episode des Nib.Lieds* (Neujahrsbl. der Lit.Gesellsch., Bern 1917); ders., *Die romanischen Elemente des Nib.Liedes* (in: German.-Romanisches Mittelalter, Lpz. 1935); Fr. Panzer, *Studien zum Nibelungenliede*, Frankf. 1945. E. v. Richthofen, *Studien zur roman. Heldensage des Mittelalters*, Halle 1944. Berechtigte Zweifel an den bisherigen Thesen vgl. die Untersuchung des Romanisten Voretzsch, *Zur Geschichte der Nibelungensage in Frankreich und Deutschland* (Zs für dts Altertum 1909, 39ff.); H. Schneider, *Deutsche und französ. Heldenepik* (Zs für dts. Philologie, 51, 1926, 207ff.); ders., *Germanische Heldensage*, Berlin I (1928), p. 88; und die Besprechung des Panzerschen Buchs durch Hermann Schneider (Euphorion 45, 1950, 493ff.).

[2] *Girartstudien* (Roman. Forschgn. 14, 1903, 321ff.). Vgl. dazu K. Wais, *Zum Verhältnis von Geschichte und Dichtung in den drei Girart-Epen (Vienne, Fraite, Roussillon)*: Festschr. Ernst Gamillscheg, Tübingen 1952, 209.

[3] Vgl. auch H. Schneider (*Euphorion*, a. a. O. 493, 498 n), dem ich als meinem Lehrer und Freunde einige der im folgenden vorgelegten Ansichten zur Erwägung vortrug.

Beziehung nachzugehen; Ergänzungen von fachlich-keltistischer Seite werden erwünscht sein.

Die ersten Stücke unserer Darlegungen haben den Zweck zusammenzustellen, was bisher hypothetisch über den dunkelsten Sektor der Nibelungen-Genesis, über die Eigenart der Mittelschicht erkennbar ist. Dazu ist es unumgänglich, zunächst im ersten Abschnitt zusammenzutragen, was in dieser Mittelschicht nicht entstanden ist, nämlich die Züge (1) der ältesten Gunther-Dichtung, (2) der ältesten Brünhild-Dichtung, (3) der jüngsten Nibelungendichtung. Von da aus wird sich — aus Anlaß der Gestalt Dietrichs von Bern — zunächst ein Ausblick auf die älteste Schicht anschließen.

1. Die älteste Gunther-Dichtung.

Unser 1. Band wird besonders die zweite Hälfte des Epos, das Lied vom Burgunden-Untergang, im Auge haben, in der Zeit, als es noch eine unabhängige Dichtung war, als die Burgunderschwester noch nicht mit der Witwe Sigfrids, der Burgunder Hagen noch nicht mit dem Sigfridmörder (Hagen ?) identifiziert worden waren. Unantastbares Ergebnis der bisherigen Forschung ist: die Geschichtsschreiber berichten erstens, daß im Zusammenhang mit einer Hunnen-Invasion — aber nicht derjenigen Attilas von 450, unter dessen Gefolgschaftsvölkern damals Sidonius Apollinaris 7,32 bereits die Burgunder verzeichnet — der Burgunderkönig Gundicarius anno 437 zugrunde ging, vermutlich auf Grund einer Abmachung seines römischen Gegners Aetius mit dessen hunnischen Verbündeten. Seinen Namen Gundaharius bezeugt die *lex Burgundionum* neben denen der Könige Gibica (Gibich), Gislaharius (Giselher) und Godomarus (nordisch Guthormr). Zweitens: daß an einem Morgen des Jahres 453 Attila durch einen Blutsturz getötet auf seinem Bett lag, an dem sich die germanische Nebenfrau Ildico befand. Sage oder Dichtung nahmen als Ausgangspunkt die Verknüpfung: Gunther kam durch Attila um (Paulus Diaconus: Attila ... Gundicarium regem sibi occurrentem protrivit), eine Schwester Gunthers (Erinnerung an Hildiko ?) war Gattin Attilas und muß mit Gunthers Ende als Ahnerin und Warnerin — in einer (wenn auch für die Brünnenszene zwingend nötigen) Nebenfunktion also[1] — verknüpft gewesen sein. Der Gipfel — und wohl das Ende — dieses Liedes war der Triumph gewesen, mit welchem der gefangene König Gundiharjis-Gundicarius seinem Schwager Attila die Erlangung des von jenem begehrten, im Rhein versenkten Goldes (ich

[1] Teilt man ihrer frühesten Rolle eine Hauptfunktion zu — als Attila-Mörderin, — so ist es logisch, wenn man nicht im Untergang von 437 den wirklichen Anstoß sieht. So Heusler: „Ob jedoch dieser Feldzug — einer unter so vielen in dieser wilden Zeit! — den Schaffensdrang eines fränkischen Dichters anzuregen vermocht hätte? Das Wirksamere, so denken wir uns, war das zweite Ereignis, die Kunde von Attilas Tode". Die Burgundernot sei nur „zur Begründung" beigezogen worden (*Nibelungensage*, ^{3}1929, 48).

werde nachweisen können, daß Attila darauf Anspruch hatte) unmöglich macht. Heusler hat die psychologische Genialität dieser dichterischen Erfindung knapp umschrieben.

„Gunther sagt, erst muß er Hagen[1] tot wissen, eh er das Versteck des Hortes verraten darf. Da schickt Etzel, dem Hagen das Herz auszuschneiden ... ‚Jetzt könnte ich mich freikaufen ... und nun erst recht nicht! Ihr seid die Betrogenen!': in diesem Gedanken kosten wir den geistigen Sieg, das Frohlocken des Todgeweihten aus. Wenn die Brüder, aller Ahnung und Warnung zum Trotz, in ihr Verderben laufen, wirkte das auf den Hörer nicht als kopflose Verblendung: er empfand darin das Ehrgebot, das den Helden zwingt, den Schein der Feigheit zu meiden auch auf Kosten der Vorsicht" (*Nibelungensage*,[3] 1929, 50).

Es ist unbegreiflich, daß Heusler und die ihm nachfolgende Forschung nicht empfanden, wie jegliches Anhängsel dazu, der „zweite Teil" (Heusler) der Verbrennung Attilas[2], künstlerisch nur abschwächend, entbehrlich, auch stofflich nicht als zwingend nötige Ergänzung erscheinen muß. Kern und Anstoß des Liedes scheint mir vielmehr, im Unterschied zu Heusler, Gunthers Untergang vom Jahre 437[3]. Die Kunde von 452 dagegen braucht, wie zu zeigen sein wird, gar nicht unbedingt rezipiert worden zu sein; die Vorsicht stünde unserer Wissenschaft nicht schlecht an, mit R. C. Boer (Zs. f. dts. Alt., 47, 1904, 155 u. ö.) ein verhältnismäßig spätes Auftauchen der Attila-Mörderin offenzuhalten. Daß über den Attila-Hof früh gesungen wurde, ist gewiss. Davon aber, daß die Rächerin dazugehörte, ist nichts bewiesen, und vieles spricht sogar dagegen.

[1] Man kann durchaus mit Heusler vermuten, daß der Name *Hagen* erst durch späteren Verschmelzungsschub in das *Guntherlied* eindrang. „Früher mag Giselher die zweite burgundische Heldenrolle gehabt haben; durch Hagens Eindringen wurde er zum Statisten, wie der dritte Bruder Gotmar" (*Nib.s.* [3], 54). Ob man mit Heusler den Hagen-Namen dem wohl bedeutungslosen Brünhild-Schergen aus *Brünhildlied Stufe I* zuschreiben soll, da fast alle Quellen größte Sorgfalt auf Hagens Verwandtschaftsbeziehungen verwenden? Hätten Haguenon und Foucart (Fouque, Forque), die zur altfranzösischen Verrätersippe um Ganelon zählen, den zeitlichen Vorrang, so spräche das für Heuslers Annahme; aber Volkers Platz scheint eindeutig im Burgunden-Untergang zu sein. In jenem Hagen, zu dem in *ThS* der König spricht: „Ich bitte mir keinen zum Beistand in diesem Zweikampf", vermute ich den authentischen, — und jener gehörte, wie ich zeigen werde, von Anfang an die Seite der Attila-Gattin Krimhild. Sollte es ein vom ältesten *Krimhildlied* unabhängiges ältestes *Guntherlied* nie gegeben haben (was durchaus möglich ist), so ist Heuslers Giselher-Theorie überflüssig.

[2] Heusler denkt sich bei seinem hypothetischen Attila-Tötungslied, „am Schluß das Feuer, das wie ein großer Leichenbrand diesen Schauplatz der Untaten verschlingt" (*Nibelungensage*[3], 52).

[3] Wo Heusler in den deutschen Nibelungendichtungen Gunthers Untergang ohne Attilas Untergang vorfand, äußerte er sich unbefriedigt, obwohl doch Gunthers Horterfragungsthema blieb. Hier „verlor die Sage den einen ihrer geschichtlichen Pfeiler, Attilas Tod. Ihr historischer Gehalt ist jetzt nur noch die eine kahle Tatsache: das Gefolge des Burgunderkönigs Gunther fällt durch einen Burgunden. Aber er selbst und sein Bruder fallen durch eine Burgundin."

Die Forschung hat, ein wenig voreilig, akzeptiert, zum ältesten Lied habe gehört, daß Gunther wegen der Geldgier Attilas umgekommen sei (von ihr spricht die Thidreksaga) und daß das Lied mit der rächenden Tötung Attilas durch Hildiko geendet haben müsse.

Diese Voreiligkeit wirkt manchmal bedenklich. Beispielsweise gilt ein eddisches Lied, *Guđrúnarkviđa III*, das die Burgunderschwester Gundrun mit Dietrich von Bern im Gespräch – und nach dem Tod ihrer Brüder nicht als rachedurstig darstellt, nach Heusler aus beiden Gründen automatisch für jung. „Um ... seine Fabel überhaupt unterzubringen, muß der Dichter aus der rachedurstigen Gudrun eine wehmütig klagende, halb versöhnte machen". In Wirklichkeit ist ein Tod Attilas durch Rache erst durch den „Poeta Saxo"[1] sicher bezeugt, und selbst da nur durch eine germanische Königstochter, die einen Vater zu rächen hat. Zu den Ergebnissen der nachfolgenden Untersuchung gehört, daß die erste Annahme eines goldgierigen Attila zu gröblich ist und daß für die Annahme der Tötung durch Hildiko zwischen Altem und Jungem wird unterschieden werden müssen.

Der Schauplatz von Gunthers Untergang ist unbekannt; es spräche jedoch nach Müllenhoffs Vermutung das Motiv der Reise ostwärts dafür, daß die Katastrophe an der wahrscheinlichen Ostgrenze des Reiches von Gundicarius, etwa im bayrisch-böhmischen Grenzraum, stattgefunden habe (*Zs. f. dts. Altert.*, 10). Für die Burgunder-Residenz erwähnen die Dichtungen den Rhein. Wie der belgische Byzantinist Henri Grégoire betont, sind Burgunder ums Jahr 411 durch den Byzantiner Olympiodoros in der „hetera Germania" in Moundiakon bezeugt; Grégoire vermutet Montenaeken-Montzen an der deutsch-belgischen Grenze, nahe Aachen (auch an Mündt bei Jülich wurde schon gedacht). Die beiden einzigen Städte der „Germania secunda" wären Köln und Tongern. Worms als Gunthers Sitz — erstmals im *Waltharius*, 10. Jahrh. — wäre damit nach Grégoire zu entthronen, obwohl Burgunder 413 ganz allgemein „am Rhein" (Prosper) und sogar in Südfrankreich bezeugt sind; er vermutet Waremme, auf Grund von dessen alter Bezeichnung Borg-Worm, die nachzuprüfen wäre (der Fluß Geer soll früher Worm oder ähnlich geheißen haben), und von Wormia, als dem Namen für die Gegend zwischen Nivelles und dem Rhein. Aus dem pagus Nivellensis (Nivelles) aber, der Wiege Pippins, den Namen Nibelungen abzuleiten, geht nicht an, denn dieser setzt einen Personennamen voraus[2], Nivelles aber nicht[3]. Ich erwähne die von der germanistischen und

[1] Vorhergehend nur eine Notiz, den Attila habe eine Frau getötet (Comes Marcellinus).

[2] „Franci Nebulones (*Waltharius*) ..., seltsamer Doppelname. Nevelon ist schon im 8. Jahrhundert ein beliebter fränkischer Taufname" (H. Schneider, *Deutsche Heldensage*, Sammlung Göschen, p. 23; *Germ. HS*, I 206).

[3] Nivialha, worin als erstes Glied *‚niuwi'* *neu* enthalten ist, ist fränkisch *niuwialha*, vgl. sächs. *nijalcha;* vgl. E. Gamillscheg, *Alh 'Opferstelle, Hain' in nordfranzösischen Ortsnamen* (Zs. f. Namenforschung 14, 1938, 5ff.).

romanistischen Forschung nur wenig überprüften Thesen Grégoires[1], weil sie, falls sie mehr Zustimmung fänden als bisher, einen räumlichen Anhaltspunkt für das Zusammenwachsen mit Gestalten des Sigfrid-Komplexes geben könnten.

Zum alten Bestand des Burgunderuntergangs gehört ferner, daß neben Gunther als sein Gefährte „Hagen" steht, wie ihn schon der *Waltharius* „de germine Trojae", jedoch ohne Angabe der Verwandtschaftsbeziehung, auftreten läßt. Die eddischen Atli-Lieder[2] schließlich geben den bisher einzigen Einblick in die verlorene Dichtung: Gunther und Högni folgen einer arglistigen Einladung ihres Schwagers Atli, trotz einer Warnungsbotschaft (Altes Atli-Lied: Wolfshaar um Ring gebunden; Grönländ. Atli-L.: Runenbrief) ihrer Schwester Gudrun — der Name Hildiko fehlt. Högni wehrt sich streitbar gegen seine Gefangennahme, erschlägt vorher sieben Hunnen und wirft einen achten ins Feuer. Gunnar erreicht listig, daß Atli den einzigen Mitwisser des Schatzverstecks, Högni, hinrichten läßt und kann so im Schlangenzwinger sterben, ohne den Verbleib des Burgunder-Hortes zu offenbaren.

2. Die Brünhild-Dichtung der I. Stufe (Girart A.; Proto-Daurel)

Über den ältesten Bestand sieht man nicht klar, solange man sich nicht, ähnlich wie für den Burgunder-Untergang, über die geschichtliche Grundlage zu einigen vermag. Das Lied müßte sich ja von allen übrigen germanischen unterscheiden, wenn es eine solche nicht gehabt hätte. Ich sehe nicht, warum man nicht den sehr einleuchtenden Darlegungen folgen sollte, welche Hugo Kuhn für den vorliegenden Band beisteuerte und welche den Grundkonflikt des Liedes in der Frankengeschichte wiederfinden.

Demnach hätten Merowingergeschichte und ältestes Brünhildlied („Stufe I") gemein: Eine Königin, die durch den offenbar berechtigten Vorwurf, eine Kebse zu sein, gereizt ist, erläßt einen Mordbefehl gegen ihren fürstlichen Schwager Sigebert; die Witwe des ermordeten Sigebert, mit der die Gereizte, bevor sie durch ihre Dienstleute den Mord auf der Jagd vollziehen ließ, eine heftige Auseinandersetzung gehabt hatte, bleibt der Rache eingedenk. Sowohl der Name der Witwe, Brunichildis, wäre später auf ihre Gegnerin übergegangen, wie auch vielleicht das Detail, daß sie mit reichem Hochzeitsgut aus der Fremde gekommen war. - Sigebert von Austrasien (G. Sarrazin, Zs. f. vgl. Lit.g. 2, 1897, 113 ff) wurde gerühmt für seinen Sieg 555 über Sachsen und Dänen.

Dieser schlichte Gehalt, der sich in einem einzigen Satz sagen läßt, umspannt eine Reihe der entscheidendsten Auftritte, die zu allen Zeiten und in allen Fassungen ungekränkt der Nibelungendichtung angehörten. Daß er wirklich am Anfang stand, dafür gibt es eine Gegenprobe, nämlich die Quellenforschung. Als mir zu Anfang des Jahres 1953 mein Kollege Kuhn

[1] Er trug sie zuerst im April 1934 in einem Vortrag im Cercle de Philosophie et Lettres der Universität Lüttich vor. — Vgl. Grégoire, La *Patrie des Nibelungen* (Byzantion, IX, 1 ff.; X 215 ff.); dagegen Histor. Zs. 151, 179; 152, 408; Revue belge de philol., 14.

[2] Im Folgenden abgekürzt „Atli-L."

seine Ausführungen zugänglich machte, ohne noch meine eigenen Nibelungenstudien zu kennen, fand ich in verblüffender Weise die auf jenem ganz andern Wege gewonnene Rekonstruktion bestätigt, die sich mir im Negativ nahegelegt hatte, nämlich als einen aus fremden Quellen nicht herleitbaren Grundbestand der Brünhildsage. Denn in keiner der Erzählungen, welche die späteren Wandlungen der Brünhildgestalt hervorriefen, fand sich gerade der Streit der Frauen, der Kebsen-Vorwurf und die Anstiftung des Mordes durch die Gekränkte in dieser einmaligen Verbindung, — wogegen es für ungefähr alle übrigen Züge eine greifbare Ableitung gibt.

In Einzelheiten des so gewonnenen Grundkonflikts wird man ungewiß bleiben können. So kann man zweifeln, ob der Zwist der Königinnen, der mit einem Vorrangstreit begann und dann offenbar zum altverbreiteten nordeuropäischen Volks-Topos des „Männervergleichs"[1] überging, ursprünglich vor dem Eingang einer Tür sich entspann — zu einer Kirche? — oder ob er um Badeplatz oder Haarbleiche entbrannte — das läßt an die Fabel von Wolf und Fuchs denken; oder schließlich ob er sich um den Herrschersitz entspann, wie es die Thidrekssaga weiß. Dieser letzten Fassung würde ich den Vorrang geben, weil ihr eine Charakterisierung von Sigebert und seiner Frau beigegeben ist, die aus den erhaltenen Quellen nicht erklärlich ist[2]. Beide müssen leidenschaftliche Jagdkameraden gewesen sein, die Frau in großer Anhänglichkeit die Fahrten ihres Liebsten teilend, in einem sportlichen, entspannten Gegensatz zu der augenscheinlich machtgierigen, streitbaren Kebse, die das Königtum beanspruchte; gewiß hieß diese schon im ersten Lied Brünhild, während der Name ihrer Gegenspielerin verloren ist. Als die Sigurd-Gattin nicht vor ihr aufsteht, ruft die Brünhild der ThS: „Du könntest nun lieber durch die Wälder laufen und hinter deinem Bauern Sigurd Hirschpfade aufspüren, dazu paßt du besser als zur Königin vom Nibelungenland". Und den Gegenhieb führten natürlich irgendwelche Hinweise der Angegriffenen auf den früheren unehelichen Lebenswandel ihrer Gegnerin. Diese Ehrenkränkung konnte in jener Zeit vollkommen zu einer wohlbegründeten Rache genügen, — nicht nur konnte von „Schuld" und „Reue" nicht die Rede sein, weit eher lag Recht und Pflicht zur Wiederherstellung der gekränkten Würde vor. A. Heuslers These, verletzte „Eide" seien der älteste Antrieb gewesen, ist also etwas zu modifizieren; vielleicht ist sogar in Vilhelm Grønbechs ahnender Vermutung

---

[1] Im 15. Kap. der *Kormaksaga* wird ein solcher *manniǫfnuðr* über die Verdienste von Thorarin und Bersi ausgetragen, allerdings durch zwei Männer, Glum und Odd. Daß diese Gattung eines eristischen Contrasto auf irische Dichter zurückgehe (Holger Pedersen, Festskrift til Ussing, Kbh. 1930, p. 185 ff.; Heusler, Archiv 16, 1906, 251), scheint mir nicht nötig anzunehmen.

[2] G. Baesecke vermutet für die Badeszene den zeitlichen Vorrang (Vor- und Frühgeschichte, I (1940), 239), wie vor ihm Heusler (Nibelungensage, ³1929, 15), da die Kränkung sich „unter vier Augen" vollziehen müsse (37). Eben dafür aber gibt es auf früher Stufe keine Gewißheit.

etwas Richtiges, daß das Pathos dieser frühen Brünhild war, nur den Größten zum Gatten haben zu wollen[1]. Aus solchem Stolz heraus, der im NL noch ihr entscheidender Charakterzug ist, beherrscht Brünhild das Geschehen, — daher auch die sofortige Eingebung von Sigfrids Witwe: „ez hât gerâten Prünhilt" (NL).

Es ist der Augenblick, in dem die Witwe einen weiteren Beweis ihres Scharfblicks ablegt, der aufs engste mit dem soeben genannten zusammengehört. Man bringt der zu Hause gebliebenen Jägerin die Leiche des Gatten und sagt: ein Eber habe ihn getötet. Sie aber weiß, daß es der Eber nicht gewesen sein kann. Die Szene findet sich nur in der Nibelungendichtung in der einleuchtenden Parallelität zur Entlarvung Brünhilds als der eindeutig Hauptverantwortlichen (daß deren Gatte den Befehl erlassen hätte, widerspräche dem Zeugnis des Geschichtsschreibers). Ich meine daher, man dürfe auch diesen Auftritt dem ältesten Bestand zuschreiben[2].

Und hier ist es nun von Wert, die erste, kleinere Hälfte des provenzalischen Epos *Daurel et Beton* beizuziehen. Es fehlt noch eine zureichende Untersuchung — und ihr Ergebnis wird für uns nicht entscheidend sein —, in welchem genetischen Verhältnis der *Daurel* zum *Orson de Beauvais* steht, mit dem er folgende Handlung gemein hat: „um die geliebte Gattin des Herrn und Freundes heiraten zu können, beseitigt der Intrigant den Mann und stellt dem Sohn nach" (H. Schneider). Im letzteren, der Bedrohung eines unmündigen Knäbleins, sehe ich den Schnittpunkt, in welchem die Erzählungen Fühlung miteinander gewannen. Denn es gehört wohl zum ältesten Bestand, daß Brünhild — eine wirkliche Motivierung wird nie gegeben — den einjährigen Sohn Sigfrids mittöten ließ *(Sig. kv. en skamma)*; eben dies wäre auch das Schicksal von Boves Söhnchens Beto, unterschöbe nicht der dankbare Spielmann Daurel an Stelle des Kindes sein eigenes, das dann auch durch den Verräter Gui am Boden zerschmettert wird (der zweite Teil schildert die rächende Heimkehr des Beto).

Die Kunst des *Daurel*-Erzählers steht tief unter dem damaligen Durchschnitt; in Einzelheiten gewissenhaft, fehlt es seiner Psychologie an jeder Wahrscheinlichkeit (bei einem solchen Stümper sollte der *NL*-Dichter gelernt haben!?)

Zehn Jahre hielten Herzog Bove und Graf Gui ihren auf das Evangelium feierlich beschworenen Freundschaftsbund *(vgl. Sigurdlieder)*, wonach sie alle

[1] Grønbech erinnert an Brünhilds Selbsterkenntnis: „Übel geht es denen, deren Versprechungen sich gegen sie selbst wenden" (*Religion und Kultur der Germanen*, Deutsche Ausgabe, 1939, II 55).

[2] Heusler setzt den Eber als „Gegenbild zu Sigfrid" in die Urstufe; das übrige hielt er für Leihgut aus der Daurel-*Vorlage*, „es reihte sich aber im deutschen Verlaufe gut an die früheren Ebermotive an" (*Nib.s.*,[3] 262—269). Aber welch unglaubhafter „Zufall", daß der *Daurel* den Ebervergleich ebenso wie die nordischen Texte hat! Dies Eisen ist so heiß, daß Fr. Panzer es für seine Beweisführung stillschweigend unter den Tisch fallen ließ (*Studien*, 1945, 39 f.).

Güter untereinander teilen wollten. Als Bove mit Esmenjart Hochzeit hielt, erinnerte ihn Gui daran, aber Bove vertröstete ihn scherzend auf seinen, des Bove, Tod. Als später in Poitiers Gui seinen Freund darin bestärkte, zur Eberjagd zu reiten, durchschaute Esmenjart den tückischen Rat *(vgl. NL)*, fand aber kein Gehör. Drei Jagdhunde tötete der Eber in Brunas Vals, dann eilte das Tier in den unermeßlichen Wald Ardena *(NL: Ardennen)*. Dort trennten sich Bove und Gui von ihren vier Begleitern *(?ThS: „ihr viere")*. Bove erstach den Eber. „Geselle, sagte er, kommt und helft mir! Denn dies Schwein werde ich nie heben können. Gui kam so schnell er spornen konnte, und traf den Herzog unter der Schulter *(NL: durch daz kriuze . . / Den ger im gein dem herzen stecken er dô lie)*, daß sein Spieß durch ihn hindurchging. Neben das Schwein machte er den Herzog hinfallen. Der Herzog bemühte sich und gedenkt sich zu erheben". Nur bis auf die Knie konnte er sich aufrichten. „Frau Esmenjart . . hätte ich euch geglaubt, so hätte ich nicht unrichtig handeln können" *(Völs. Saga, der sterbende Sigurd: „wir haben nicht daran glauben wollen . . wenn ich das vorher gewußt hätte und mich mit meinen Waffen auf meine Füße stellen könnte, dann sollten viele ihr Leben verlieren"! NL: Het ich an iu erkennet, den mortlîchen sit, / ich hete wohl behalten vor iu mînen lîp)*. Dann erst redet Bove den Ungetreuen anklagend an *(im NL geht dieses „Schelten" dem Gedenken an die Gemahlin vorauf)*. „Mich hast du getötet und nicht den Eber" *(Gui hatte eine gegenteilige Behauptung nie aufgestellt)*. „Hört mir ein wenig zu; seht gut zu, daß Ihr mir den Spieß nicht aus dem Leib zieht, bis ich euch sage, Gesell, wie ihr handeln sollt: ich weiß, daß man euch dieses Mordes anklagen wird, aber ich will Euch sagen, Freund, wie Ihr es machen müßt: Ihr sollt die Zähne des Schweins mir in die Seiten stecken und euren Spieß in das Schwein bohren: alle werden sagen, ich sei durch das Schwein getötet worden, Ihr aber werdet nicht der Lüge überführt werden". Gui möge gut zu Esmenjart sein, die er nun heiraten dürfe; und er solle Beto am Hof in Poitiers erziehen *(Sigfrid erwähnt seinen Sohn vor der Fürbitte für Krimhild*[1]*; ohne Hoffnung spricht der sterbende Sigurd über den unausweichlichen Anschlag gegen seinen Sohn: Sig. en skamma, Völs.s.)*. Gui erwiderte kalt: „Ihr redet Unsinn" *(de folia parlas. Hagen: jane weiz ich waz ir kleit)*: er werde das Kind keine zwei Wochen am Leben lassen; und er verweigerte dem Sterbenden die (sinnbildliche) Kommunion.

Die danach nahenden Jagdgefährten waren „for irat" *(diu iht triuwe heten, von den wart er gekleit)*; vergebens suchte Gui ihnen den Mord an seinem Schwurbruder (mon companh jurat) zu verhehlen. „Wir anderen werden deswegen angeklagt werden"[2]. Sie trugen die Leiche auf vier Ästen heim *(NL: auf einem Schild)*. Esmenjart trat angstvoll auf den Pallas, als sie den Lärm und Hörnerschall hörte und fragte den voraufreitenden Gui, wie es mit ihrem Herrn stehe

---

[1] Ebenfalls ein Gedenken an Frau und Söhne findet sich in den Sterbeworten des ermordeten Begue, der trotz der Warnung seiner Gattin auf Eberjagd ging: im altfranzösischen *Garin*-Epos. Daß Begue nicht durch Verrat, sondern durch den Überfall feindlicher Nachbarn ums Leben kommt, stimmt mehr zu einem Typ, der in unserem II. Band begegnet. Schwerlich ist die *Garin*-Parallele, die schon Mone und Henning, *Nib. Studien* 1883, p. 44, auffiel, unabhängig von der Quelle des *Daurel*, — aber sie bleibt zu verschwommen (vgl. H. Schneider: *Zs. f. dts. Philol.* 51, 1926, 207).

[2] Zu dieser Klage vermutete Heusler, der Abhängigkeit der NL-Vorlage von der „Vorlage" des *Daurel* annahm: „Das deutsche Lied wird sie dem Gîselher gegeben haben, und erst der Jüngste übertrug den Schatten davon auf Gunther, wieder um diesen zu mildern . . Den Gedanken: ‚uns andre alle wird man dafür schelten', hat er in eine Rede Sigfrids verpflanzt" (Nib. s. ³, 267).

(ThS: gleichfalls zuerst zweifelnd). Gui erwiderte „getötet hat ihn der Eber" *(Gudrunlied I: „Högni allein / sagte Sigurds sehrenden Tod"; so in Sig. kv. en forna; Hagen in ThS: „der wilde Eber versetzte ihm die Todeswunde"; NL bei Bahrprobe: Straßenräuber waren es)*; er heuchelte Trauer *(ebs. NL)*. Sogleich folgt die erste Beschuldigung durch die Witwe: „cum as tu mort to natural senhor!" *(ThS: du warst der Mörder; NL: Hagen nur als erster Gedanke der Krimhild)*. „Ohnmächtig fällt sie nieder vor Schmerz, Zorn und Weinen" *(ThS: sie weinte bitterlich; NL: eine erste Ohnmacht, da das, was der Witwe zuerst vom heimkehrenden Zug zu Gesicht kommt, die Leiche ist; eine zweite Ohnmacht vor der zweiten Bahrszene)*. Ritter und Damen klagten *(NL, Str. 1013, 1025)*, „Bürger (borzes) zerrissen die Kleider" *(NL, Str. 1036 f.: „die edelen burgaere" klagten mit)*. Als die Witwe aus der Ohnmacht erwachte, hatte man die Bahre hereingebracht: Der Anblick des Mörders war ihr so unerträglich, daß sie — vergebens — einem Bürger sein Schwert zu entreißen suchte, um sich zu rächen. „Jetzt seh ich ihn tot, mein Leib will mir zerspringen" *(NL ebenfalls nach der Ohnmacht: „ez ist Sîfrit, der mîn vil lieber man"*[1]*)*. Während Gui enteilte und sie die künftige Rache ankündete *(Sig. en forna, NL)*, „hebt sie das Seidentuch: Herren, sagt sie, schaut, was ihr davon haltet. Diese Wunde[2] war niemals von einem Eber" *(V. 511/14; NL: ebenfalls an der Bahre spricht Krimhild, die angeblichen schâchære seien ihr „vil wol bekant". Da Esmenjart vor Ankunft der Leiche schon einmal, und gleichfalls mit anschließender Ohnmacht, die Beschuldigung aussprach, folgte ursprünglich wohl V. 515 auf die Beseitigung der Leichenhülle)*: „Aus dem zarten Fleisch läßt sie die Stücke (pessas, die trügerisch hineingesteckten Eberhauer) herausnehmen . . Mehr als Meilen hättet ihr sie schreien hören können: ‚Weh, Herr Herzog, wollt ihr nie mehr eure Hausgesellen führen'" *(V. 515/19; Gudrunlied I: nach Aufdeckung der Leiche schrieen alsbald draußen hell auf dem Hof die Gänse — sic! — der Witwe auf, ebs. Sig. en skamma, und nunmehr weicht der Bann des Schweigens von Gudrun: „Auf der Bank entbehr ich, /im Bette mein, / den trauten Freund"; Völs. Saga, die Witwe nach der Mordtat: „jetzt werdet ihr an der Spitze der Schar in den Krieg reiten, und wenn ihr zum Kampfe kommt, da werdet ihr merken, daß Sigurd euch nicht mehr zur einen Hand ist")*. Nach drei Tagen (ebenso NL) begruben sie Bove beim Altar in Saint-Hilaire zu Poitiers.

Einige hielten Ähnlichkeiten der beiden Stoffe, soweit sie bisher aufgewiesen waren, für Zufall. Die übrigen Forscher sind so gut wie ausnahmslos der Meinung, das *NL*-Epos sei die Schuldnerin des *Daurel*-Epos. Die Stellen, wo ThS und *Daurel* gegen das NL zusammenstimmen, wurden nie beachtet; bei andern wurde übersehen, daß sie ungleich besser im Sigfridstoff vernietet sind: die Befürchtungen der Jagdgenossen; ihre individuelle Charakterisierung; die Entfernung von Poitiers zu den Ardennen; die Unwirksamkeit von Ermengarts Warnungen, der Schrei

---

[1] Nachhall einer gemeinsamen Quelle ist wohl: „et si aportent un chevalier ocis / bien sai de voir c'est B. mes amis" in *Raoul de Cambrai* V. 8405 ff., als man die Leiche eines Helden zu seiner angstvollen Gemahlin heimbringt. Ein Verwandter, mit dem er ausritt, hatte ihn von hinten her erschlagen, während beider Pferde an einer Quelle tranken.

[2] Daß die (in ThS fehlende) Bahrprobe des NL auch im *Daurel* vorhanden war „und von dem provenzalischen Dichter nur nicht recht verstanden worden ist", mußte S. Singer, der einen Einfluß der deutschen auf die französische Epik — anders als durch *lateinische* Vermittlung war er ihm undenkbar! — ablehnt, doch als wahrscheinlich sehen *(German.-roman. Mittelalter*, 1935, 251; ebd. die Unterscheidung zur zufälligen Mörder-Entlarvung in Hartmanns *Iwein)*.

an der Leiche, überhaupt die straffe Handlung mit ihrer durch keinen *Orson-de-Beauvais*-Typus trivialisierten Psychologie.

Eigentlich könnte der Stellenvergleich ganz allein für sich sprechen. Wir wollen vorerst an das Eber-Gleichnis im Mund der anklagenden Krimhild denken. Man begegnet im *Daurel* abermals dem Scharfblick der Witwe, welche die Lüge hinsichtlich der Todesursache durchschaut. Soeben jedoch fanden wir, daß gerade diese Szene eine besonders zwingende Stätte im *NL* hat — als Gegenstück zur Durchschauung der Brünhild, die ihrerseits einzig auf der ältesten Stufe wirklich die alleinige Veranlasserin des Mordes ist. Gehörte demnach die doppelte Durchschauungsszene zuerst dem *Brünhildlied* an, so wird derjenige, dem die Beziehung zum *Daurel* keine zufällige scheint, die provenzalische Parallele als den Ableger einer Brünhild-Fassung[1] anzusprechen haben.

Nach der Beschuldigung fällt die Witwe in Ohnmacht: im *Daurel* zweimal, wogegen den beiden Ohnmachten im *NL (Str. 1009, 1066)* die Beschuldigung im ersten Fall nicht und im zweiten mit ziemlichem Abstand vorangeht. In beiden Epen aber liegt zweifellos eine Dublette vor. Was sich vor der Ohnmacht abgespielt hat, war: die Heldin, ohne daß die Leiche schon herangeschafft wäre, fragt den Mörder nach ihrem Gemahl und erhält zur Antwort die Lüge vom Tod durch den Eber. Dann erfolgt ihre blitzschnelle Erkenntnis, welche das NL in zerklaubender Breite auf zwei Male *(Str. 1010: ez hât gerâten Prünhilt, daz ez hât Hagen getân;* und *1046: Mir sint die schâchære .. vil wol bekant)* verteilte. Der Zustand der Ohnmacht oder allgemein der lebensgefährlichen Lähmung durch den Schmerz — *ez was ein michel wunder daz si ie genas*[2] — wird abgestellt, als die Leiche enthüllt wird! Der NL-Dichter arbeitet dabei wieder mit Verdoppelung (a, b), teilweise mit wörtlicher Wiederholung; und die zunächst noch nicht ganz durchsichtige *Daurel*-Schilderung kann bei der Rekonstruktion behilflich sein:

(a) Aus der Ohnmacht erwacht *(Str. 1010 ff.)* läßt sich die Witwe zur Bahre führen. „Si huop sîn schœne houbet mit ir vil wîzen hant". Der Leichnam wird entblößt und die Wunden gesäubert *(man zâh ûz den kleidern den sînen schoenen lîp. / man wuosch im sîne wunden)*. „Bahrprobe" mit Hagen,

[1] Einen Vorläufer dieser Ansicht habe ich, neben D. von Kralik, in dem Frankfurter Kollegen E. von Richthofen (a. a. O.). Freilich fußte dieser lediglich darauf, daß er den *Daurel* sprachlich später datierte als das NL. Aber erstens sind nicht alle Romanisten dieser Meinung (worauf sich Fr. Panzer in seinen *Studien* 1945 nachdrücklich berief) und zweitens konnte jede Art von Übernahme natürlich auf einer verlorenen Vorstufe sich abgespielt haben. — Von den Einwänden Tegethoffs *(Zs. f. Deutschkunde* 38, 243) gegen Singer gleichfalls unüberzeugt, lehnte H. Schneider es schließlich ab, eine Beziehung der *Sigfrid*-Dichtung zum *Daurel* als „ausgemachte Tatsache" gelten zu lassen *(Zs. f. dts. Philol.* 51, 1926, 206).

[2] *Str. 1067;* man begoß sie mit Wasser *(1066)*, auch das Gefolge „ân' ezzen und ân' trinken" war in Mitleidenschaft *(1058)*.

Rache-Ankündigung *(Str. 1033)* und lautes Schreien *(vil lûte scrîende daz liut gie mit im dan)*.

(b) Aus der zweiten Ohnmacht erwacht *(Str. 1067 ff.)*, verlangt die Witwe „daz ich sîn schœne houbet noch eine müeze sehen" und erreicht „daz man zerbrechen muose den vil hêrlichen sarc". Wiederum „Si huop sîn schoene houbet mit ir vil wîzen hant".

In dieser ganzen Szene hat der NL-Dichter in seinem einseitigen Interesse an den Reibungen zwischen Krimhild und Hagen jede Erinnerung an Brünhild getilgt; und im *Daurel* war kein Raum für diese Rolle. So fehlt zunächst ein wesentlicher Urbestandteil, welchen der Norden erhalten hat: der laute Schrei der Witwe (in *Daurel* erhalten!) dringt zu Brünhild! Er bedeutet für sie Befriedigung ihrer Schadenfreude (so in *Sig. kv. en skamma*, wo Gudruns Ohnmacht dann der Gänseschrei vorangeht), allenfalls auch bittere Mahnung an den Tod des Geliebten. So hat man es bisher immer gedeutet. Aber in der *Völs. Saga*, wo Brünhild das „Seufzen" der Witwe durch ein Lachen (dies auch in den *Sigurdliedern;* in *Sig. en forna* unerklärt, dann weint sie) beantwortet, lautet die völlig rätselhafte und in keiner Weise erklärte Stellungnahme Gunnars dazu: „Warum verlierst du deine Farbe? Ein großes Ungeheuer bist du, es ist wohl zu erwarten, daß du todgeweiht bist" *(Sig. kv. en skamma* „Warum verlorst du / die lichte Farbe,/ Unheilvolle? / Dein Ende ist nah!" — hier sinnlos, da sie soeben schadenfroh lachte).

Das Rätsel wäre schwerlich lösbar, stünde nicht im *Daurel* die Leichen-Enthüllung und der Schrei der Witwe im auffälligsten Nacheinander Seite an Seite. Und nun erinnere man sich, daß die spannende Handlung von Guđrúnarkviđa I sich auf der Aufdeckung des Leichentuches aufbaut! In leichenhaftem Schweigen erstarrt sitzt da Sigurds Witwe an der Leiche: „Ihr war so weh / sie wollte zerspringen" (übers. Genzmer); vgl. Esmenjart an der Bahre: „jetzt seh ich ihn tot, mein Leib will mir zerspringen" *(mos cors mi vol crebier)*!! Ganz vergebens bemüht sich Gudruns Tante Gjaflaug, sie ins Leben zurückzurufen *(NL 1026: Done kunde niemen trœsten daz Sîfrides wîp)*. Das gelingt erst dadurch, daß die Leiche aufgedeckt wird. „Enthüllen hieß sie / des Helden Leiche; / vom Degen zog sie / die Decke fort". Gudruns kluge Schwester Gullrönd hatte diesen Einfall, und was geschieht? Brünhild, die plötzlich in Erscheinung tritt, spricht hexenhaft „giftschnaubend" eine Fluchstrophe, worin sie Gullrönd bis in alle Ewigkeit verwünscht. Gudrun aber lernt im Anblick der Wunden wieder schauen, weinen, Klage erheben — „und hell schrieen / im Hof die Gänse, / schmucke Vögel, / die die Frau hatte". Klageworte Gudruns haben wir oben in ihrer Parallelität bereits neben die von Esmenjart und neben die Gudrunklage aus der *Völs. Saga* gestellt. Die Parallelität betrifft aber noch Gewichtigeres, den Schrei nach der Leichen-Enthüllung, und erweist erst den Sinn der Bahr-Szene, an welcher die Forschung bisher taub vorüberging. Jetzt wird klar, warum *Gudrunlied I* nach dem Klageschrei mit einem unheimlichen Bildnis der haßgesträubten Brünhild abschließt: ihr hexenhafter Anschlag auf die Feindin ist damit gescheitert! Jetzt wissen wir endlich die Antwort auf die Frage, welche in *Völs. Saga* an Brünhild unmittelbar nach dem Schrei gerichtet wird: weshalb sie so erbleiche? Nachdem ihr Rachespiel mißlang, ist sie eine Todgeweihte. Und hier sind wir auf den Spuren der ältesten Brünhild, der Merowingerin, die nur aus der Rache gegen ihre Feindin lebte. In all unsern Texten — in allen ist ja die spätere, freundlichere Brünhild-Auffassung bereits durchgedrungen, — ragen die Reste ihres bösartigen Anschlages noch da und dort als verwitterte Fremdkörper durch die neue Schicht hindurch.

Es ist damit aufgedeckt, daß es ursprünglich nicht eine zweite Hagen-Entlarvungsszene gab wie im NL, daß nicht Hagen der Gegenspieler in der „Bahrprobe" war, sondern die (im NL nach Sigfrids Tod so unerklärt verschwundene) Brünhild. Wenn es noch eines Beweises bedarf, so wird ihn Band II erbringen, der die Nachwirkung dieser bisher unerkannten Schlußszene von *Brünhild IIa* auf altfranzösische Epen erweisen zu können hofft.

Ob die Szene auch auf der ältesten Stufe des *Brünhildliedes* so erzählt wurde, wissen wir nicht. Die nirgendwo sonst bezeugte Tante und Schwester der Sigfrid-Witwe erweckt Verdacht. In *Daurel* und in *NL* übereinstimmend deckt ja die Leidtragende selbst die Leiche des Geliebten auf. Und jedenfalls hat die Rolle des ergebnislosen Tröstens ursprünglich sicher nicht eine Tante innegehabt, sondern so wie im *NL* ein am Mord Halb-Schuldiger, wie die Troststrophe *1049* von Gernot-Giselher zeigt (ihr Abschluß: *done kunde ir trôst deheinen zer werlde nieman gegeben;* Rest einer solchen Szene ist sicher auch im *Gudrunlied I:* „Kluge Jarle kamen zu ihr, / die ihr das Leid lindern wollten"). Viel wichtiger aber ist ein anderer Punkt. Sollte sich etwa ein alter Zug verbergen hinter einer Erfindung, die auf den ersten Blick nur als haarsträubende Stümperei des *Daurel*-Erzählers wirken kann? Ich meine den Rat des Sterbenden, der Scherge solle von Eberzähnen in seinen Wunden berichten! Wollte er, liebevoll noch im Tode, daß Krimhild-Gudrun sich dadurch zum Aufdecken dieser Wunden veranlassen lasse (wie Esmenjart es denn auch tut) und so — da Sigfrid von jeher den Sinn Brünhilds durchschaut — den Schmerzzauber der hexenhaften Hasserin überwinde? Freilich könnte es ebensowohl Stümperei des *Daurel*-Erzählers sein; und sicher ist, daß diesem, als er sich, auf der Suche nach „Enfances" für den Rächer Beto, des Sigfrid-Sohnes entsann, der sinnvolle Verlauf dieser Erzählung nur noch zu einem Teil faßbar war. Man wird sich damit begnügen müssen, daß Esmenjarts Schrei und die nordischen Gudrun-Zeugnisse einander wechselseitig nach ihrem Sinngehalt erhellen konnten.

Von da aus lassen sich dann einige der vielen Lücken im *Daurel*-Bericht besser begreifen. So dürften die von Esmenjart zwischen ihrer Ohnmacht und der Leichen-Enthüllung gesprochenen Worte („Wird Beto das Altet haben, so wird er mich wohl zu rächen wissen" usw.) ihre Stätte ursprünglich erst nach der Leichen-Enthüllung gehabt haben; denn in *Gudrunlied I* steht die Rache-Ankündigung der Witwe wegen des Bruchs des Blutsbrüderschwures (den Bruch erwähnt Brünhild in *Sig. en forna*, *Völs. S.)* an der richtigen Stelle. (Dem chronisch vergeßlichen *Daurel*-Dichter ist übrigens von V. 457 an auch sein zunächst so liebevoll gehegtes Schwurbrüder-Motiv schnöd entfallen).

Die *Daurel*-Mordtat kann für den vom Zusammenhang Überzeugten — unsere sonstige Beweisführung wird übrigens vom *Daurel*-Problem unabhängig bleiben — noch eine zweite Bedeutung haben. Sie ist hochinteressant durch das was ihr fehlt. Einprägsamste Züge des Sigfridtodes, die kein Dichter vergäße, der jemals von ihnen hörte, gehen ihr ab: das Motiv der unzulänglichen Hornhaut[1] und die mit ihr verknüpfte Notwendigkeit, den Helden listig zu veranlassen, sich niederzubeugen; die Tötung am Bach; die List, ihm vorher sein Schwert zu verstecken, damit er sich nicht rächen könne; das Nebeneinander des Lanzenwerfers und des Königs, der den Wurf veranlaßt; das Davonstieben der Mörder; die Wut des Sterbenden, der sich aufrafft und das nächst-verfügbare Rüstungsstück dem Mörder nachwirft (der Widerspruch dieser Szene zu der im *Daurel* bezeugten springt trotz der Vertuschung durch den NL-Dichter in die Augen); auch allenfalls die Heimkehr in *Guđrúnarkviđa II* (dazu *Altes Sigurdlied* 9), wobei die Gattin alles Geschehene dadurch ahnt, daß der treue Hengst, ohne den Herrn heimkehrend, traurig das Haupt senkt (fehlt in *Daurel* und *NL*, deren Dichter die Leiche sogleich nach Hause tragen lassen).

Alle diese Züge gehören der nichtgermanischen Epik an, sind zum größten Teil älter bezeugt als der Brünhildstoff und erscheinen meist im Zusammenhang miteinander. Es liegt nahe, sie vom Sigfrid-Tod des NL zu subtrahieren. Was dann übrigbleibt, ist gerade das, was im *Daurel* erhalten ist. An Zufall wird man nun noch weniger glauben als zuvor. Ich sehe nach alledem keine andere Erklärung für die Szene im *Daurel*, als daß sie dem *Brünhildlied* entstammt, und zwar dem *Brünhildlied* derjenigen Stufe (I und IIa), die jenes Fremdgut noch nicht aufgenommen hatte. Andernfalls müßte man eine gemeinsame Quelle für die *Daurel*-Szene und das *NL* ansetzen, wobei dann manches, was beide mit nichtnibelungischen Quellen verbindet — über deren NL-Parallelen hinaus, die wir anführten — erwogen werden müßte. Denn selbstverständlich gab es zu allen Zeiten Jäger, die auf einer Jagd verunglückten und sich vorher von einer ängstlichen Gattin zu verabschieden hatten, und entsprechend zahlreich war der dichterische Nieder-

[1] Indem ich, anders als Heusler, diese nicht dem frühesten Sigfrid zuschreibe, deute ich das eddische Fehlen des Unverwundbarkeits-Motivs als Erhaltung des ursprünglichen Zustandes *(=Brünhildlied Stufe IIa)*. Heusler bedarf der Hypothese: Das Motiv „ging schon bei der Einwanderung (nach Skandinavien) verloren" (*Nib.s.* ³, 1929, 24).

schlag (Venus und Adonis, usw.[1]), aber von Motiven mit so vager Ähnlichkeit glaubte ich absehen zu dürfen.

Die entscheidende Bestätigung dafür, wie das *Brünhildlied* auf seiner ersten Stufe aussah, wird die Untersuchung über *Brünhildlied Stufe IIb* hinzuzufügen haben. Halten wir im übrigen fest, daß das *Daurel*-Epos, wenn unser Vorschlag der richtige war (und ich wüßte nicht, wie man den Problemen anders gerecht werden könnte), zugleich mehrere weitere Einzelheiten aus der Mordszene überliefert, die — bei ihrer Parallelität zum *NL* — gleichfalls der frühen Stufe zuzusprechen sein müßten.

Da die Brünhildgestalt der I. Stufe eine tätige Mordstifterin war, so läßt sich vom späteren deutschen Publikum sagen, daß es erfolgreichen Widerstand leistete, als ein Neudichter die Mordveranlassung dem Gatten der Kebse als einem eifersüchtigen Ehemann zuschob; so auf eddischer Stufe.

Beharrlich im Wehetun, in harter Entschlossenheit, auch um den Preis des Schlimmen ihre Geltung zu wahren, — so hat sich die deutsche Brünhild hartnäckig bewahrt, während sie auf *Stufe Ia* zur Eifersüchtigen[2] und bei den Nordgermanen zur schmachtenden Liebenden wurde.

Einhellig drängte sie sich offenbar auch der frühesten französischen und deutschen Ortssage auf; wodurch, wenn nicht durch frühe Liederdichtung, so wie der Norden dieses „heillose Haupt" in Gesellschaft der Riesin als Unterweltfahrerin darstellte! Bevor neuerdings Fr. Panzer wahrscheinlich machte, daß sich der 1043 bezeugte deutsche „lectulus Brunnihilde"[3] auf eine noch im 14. Jahrhundert lebendige französische Ortssage um die nächtliche Hexenkunst der Merowingerkönigin beziehe und nicht auf die Trägerin der Dornröschen-Mythe, hatte man hier den Hauptbeweis gesehen, daß eine Märchenheldin und nicht eine geschichtliche Gestalt zugrundeliege. Älter und aufschlußreicher ist der Bericht des Aimon von Fleury, † 1008, über die silva Lecenna im Bourbonnais, „in qua usque hodie ostenditur lapidea *domus Brunichildis reginae quondam Francorum* amoeno satis, ut nos quoque aspeximus, loco" *(Hist. Francorum* 15). Neben einem „*Brunichildis castrum*", im Nieder-Quercy (dép. Tarn-et-Garonne) östlich Montauban[4], das in der provenzalischen Chronik des *Albigenserkriegs* sechsmal als Burg Brunequel (1814: Bruniquel) erscheint, gibt es 2 km von Doornijk einen Naturstein „*pierre Brunehaut*"[5]; in der Oberpfalz gibt es

[1] Heusler meint, die „bange Ahnung der Fürstin" vor dem Jagdaufbruch Sigfrids habe das NL erst aus dem *Daurel* (*Nibelungensage* ³41). Die „Jagd mit Sigfrids Tod" selbst jedoch hält er für „Merowinger Granit" (43).

[2] Nach Heusler erst bei den Nordgermanen (*Nibelungensage*, ³1929, 27).

[3] Auf der Mitte des Feldbergs bei Frankfurt „lapis qui vulgo dicitur *lectulus Brunnihilde*" (Johannis res Mogunt. 2, 514; anno 1221: *Brunehildestein*, Gudeni cod. dipl. 1, 479).

[4] Vgl. K. Hofmann: *Zs. f. dts. Alt.* 28, 1884, 143.

[5] Zwischen den Dörfern Hollain und Rongny (Abbildg. bei De Bast, *Recueil d'antiquités romaines et gaul.*, Gand 1808, p. 197).

einen *Brünelstein*, dagegen gedachte man offenbar nur ostwärts der Krimhilt, so begegnet 1354 bei Saarbrücken „der Stein, den man spricht *Criemildespil*"[1] ‚bei Kehl 1476 der *Kriemhiltenstein* neben dem ungarischen *Crumhelt ferdeje* von 1380 (s. u.). Kunde von Brünhild hat demnach so früh wie irgendetwas zum volkstümlichsten Gemeinbesitz der Ostfranzosen und Westdeutschen gehört! Diese Brünhild dürfte die Züge der *I. Stufe* getragen haben, diejenigen einer hexenhaft düsteren, gewaltsamen, vielleicht auch schon eigenhändig männertötenden (NL) Mächtigkeit, die noch lange nachwirkte. „Es brannte Brynhild, / Buđlis Tochter, / Glut im Auge, / und Gift schnob sie" *(Guđrúnarkviđa I)*.

BRÜNHILD-LIED STUFE Ia. Die erste Wandlung, die ich festzustellen glaube, vermag ich zeitlich nicht sicher unterzubringen. Sie kann entweder isoliert gegen Ende der I. Stufe eingesetzt haben oder gleichzeitig mit dem großen Kombinationsschub zu Beginn der II. Stufe[2], welcher den uns erhaltenen Nexus zwischen Kebsenvorwurf und Vorverlobung enthält. Diese Unsicherheit drücke ich durch das Sigel „Ia" aus.

Auf Stufe I zeichnete sich ein Gegenüber von zwei Ehepaaren ab. Es gibt nun ein altfranzösisches episches Lied, entstanden frühestens am Ende des 9. Jahrhunderts, nach anderer Meinung erst in späterer Zeit, in dem ein ähnlich ungleiches Doppelpaar auftritt. Diese epische Dichtung ist aus den Chansons de geste von den Helden Girart de Roussillon, Girart de Vienne und Girart de Fraite erschließbar; die ursprüngliche Gemeinsamkeit des einen Helden Girart ist hier bereits verwischt, ein Anzeichen dafür, daß der Archetypus weit zurückliegt (für Girart de Fraite

---

[1] Spilstein (s. die Zeugnisse bei W. Grimm, *Deutsche Heldensage)*. Zum Wiener Tor in Heimburg: K. J. Schröer (Germ. 17, 459 ff); zum Wormser Sigfridstein: F. Fuchs (Westerm. Ill. Monatsh., Mai 1868).

[2] Dies ist der Fall, wenn man im *Daurel* auf die Tatsache Nachdruck legen will, daß das Opfer der Ermordung, der Herzog Bove, von Karl dem Großen mit dessen Schwester Ermengart (Esmenjart) verheiratet worden war und Poitiers als Mitgift erhielt. Wie man längst weiß, sind im epischen *Girart* zahlreiche Züge des geschichtlichen Vienne-Verteidigers von 870, Girart, mit dem von 882, König Boso, dem Sohn des Bovinus (Beuves ist Girart de Fraites Vater und G.' de Vienne, des Garin-Sohnes, Ahnherr), verschmolzen. Der geschichtliche Boso heiratete 876 die Tochter des verstorbenen Kaisers Ludwig II., Ermengard, deren Vorverlobung mit Kaiser Basilios verletzend abgebrochen worden war. Die Gattin des epischen *Girart de Vienne*, Schwester von König Oton *(Rouss.:* Tochter des Byzantinerkaisers) heißt in einer durch die *Karlamagnussaga* erhaltenen Fassung Ermengard *(Fraite:* Emmeline). Girart erhält seine Gattin durch Kaiser Karl *(Rouss.:* Martell bzw. den Kahlen, letzterer ist Girarts historischer Gegner; *Vienne-Fraite:* durch Karl den Großen). — Auffällig ist im *Daurel* die unmotivierte Erwähnung von Roland, dem Bove seinen neugeborenen Sohn übersendet, damit er ihn taufe. Sinnvoller scheint, daß *Girart de Roussillon* V. 7951 seinen neugeborenen Sohn der von ihm einst verlassenen Braut, seiner königlichen Schwägerin, zusendet, damit sie sein Söhnchen über den Taufstein halte. — R. Louis postulierte wegen Anspielungen auf Poitiers eine dortige Fassung des *Girart de Roussillon.*

wird man, wenn man ganz vorsichtig sein will, sogar ein vom Archetypus der beiden andern unabhängiges Urgedicht, aber über den gleichen Helden, ansetzen können). Als Handlung des Girart-Archetypus hat R. Louis (mit geringen Zusätzen meinerseits) die folgenden Züge festgestellt und sie zugleich im weitestem Ausmaß auf tatsächliche Geschichtsvorgänge zurückgeführt.

Es war zu Burgund ein edler Herzog (König), der das Land regierte. Der war einstmals in großer Liebe einer fernen Fürstentochter zugetan, doch löste er die Verlobung mit ihr, aus Entgegenkommen gegenüber dem König vom Nachbarland, der sie heiraten wollte und ihm dafür als Entschädigung ihre Schwester zur Frau gab, nachdem des Königs Werber ebenjener Held des Liedes — Girart — gewesen war[1]. Schon bei der Doppelhochzeit nun wurde erkennbar, daß die neue Königin in ihrer Ehe nicht das Glück finden konnte, das ihr zuteil geworden wäre, hätte sich der Held nicht von seinem in der Vorverlobung verpfändeten Wort abbringen lassen. Aus politischen Gründen (wie ich darlegte, s. *Gamillscheg-Festschrift*) hat der Dichter das ursprüngliche Zweifürsten-Verhältnis dahin umgewandelt, daß der Held zum Dienstmann des Nachbarkönigs wird bzw. daß darüber gestritten wird, ob er es wirklich ist (die historischen Vorgänge zielten in der Tat darauf hin, ihn, den Burgunder, nachträglich als Vasallen des Königs von Franzien erscheinen zu machen). Dann gehen im Französischen zwei Fassungen auseinander, ohne daß sich bisher hätte eindeutig entscheiden lassen, welche die ältere ist. In der einen bleibt die Königin in selbstloser Aufopferung dem Vorverlobten verbunden und tut alles, ihn vor ihrem Gatten zu schützen, der denn auch nicht ganz frei von Eifersucht bleibt. In der andern kommt sie nicht über sein in der Tat ziemlich rätselhaftes Zurücktreten vor dem König hinweg und tut voll Neid auf die glücklichere Schwester alles, um ihn als den angeblichen Vasallen zu demütigen und um möglichst seinen Untergang herbeizuführen.

Leo Jordan, der 1903 meines Wissens bisher als einziger und ohne Beachtung zu finden, auf einige der verblüffenden Ähnlichkeiten zu Brünhild aufmerksam wurde, jedoch ohne die geschichtlichen Herleitungen von R. Louis ahnen zu können, zog den Schluß, der *Girart* sei der westeuropäische Ableger der ältesten Sigfrid-Dichtung. An der einen Fassung *(G. de Roussillon)* hob Jordan die *Bräuteabtretung* und die *Doppelhochzeit* als parallel heraus, an der anderen *(G. de Vienne)* deutete er sich die Szene mit der Fuß-Küssung am Bett „nu à nu“ als Rest eines „früher verfänglicheren“ Auftritts — offenbar meinte er das Motiv von Brünhilds Kebsentum[2].

---

[1] Die Vermutung Baeseckes zu Sigfrids Werbertum, dies sei ein erzählerischer Topos, läßt sich berechtigterweise auf Girart umverlegen.

[2] Außer diesen drei Zügen (Roman. Forschgn. 327 ff.) — beim dritten leuchtet mir nur die These, nicht der Beleg ein — bemerkte Jordan seltsamerweise nichts. Es sei denn, man gehe seiner Mitteilung auf S. 336 nach: „Aus dem germanischen Epos haben sich erhalten: *[Girart de Vienne] p. 117* ‚un donsel Nevelon‘, ein Name, den Liebrecht (Zs. rom. Phil. IV 371) für *Roland 3057* mit *Nibelung* zusammenbrachte; auch *G. von Rossillon 7082* kommt er vor (Neblun). Aber auch der grimme Hagen ist noch da: *(G. de Vienne, p. 64)* ‚Mille de Puille va ferir Haguenon‘“.

Jordan hat recht, wie mir scheint, für die zweite Variante, die ja das diametrale Gegenteil der ersten darstellt. Diese Variante dürfte ein sehr frühes westeuropäisches Zeugnis für das *Nibelungenlied* darstellen. Die beiden Lieder, *Brünhild* und *Girart*, müssen einige Zeit nebeneinander gelebt haben, und beide wanderten dann auch südwärts ins nahe provenzalische Sprachgebiet weiter, als die fast einzigen Zeugnisse der in Südfrankreich offenkundig geringgeschätzten Heldenepik. Die Eberjagdszene des *Daurel* wäre dann der zweite westeuropäische Ableger dieses *Brünhild-Sigfrid-Liedes*, das wahrscheinlich östlich der Rhône blieb, im politischen Radius des lotharingischen Zwischenreiches.

Wie steht es aber nun mit der ersten Variante und der sonstigen Ähnlichkeit beider Dichtungen? Zeitlich bereits vor jener Beeinflussung im romanischen und germanischen Grenzbereich müssen ja wohl beide Werke dort nebeneinander vorgetragen worden sein, zwischen dem Lyoner Raum, in welchem der historische Girart fortlebte, und dem rheinischen Bereich. So muß sich früh einem Sigfrid-Sänger bewußt oder unbewußt das Gemeinsame mit dem Girart-Lied aufgedrängt haben, beiderseits zwei Ehepaare und eine Spannung zwischen den Frauen. Wenn für die *Brünhildstufe I* keine Spur einer echten männlichen Hauptperson sichtbar ist, — hier der *Girart* bot nunmehr das Muster, Abhilfe zu schaffen. So wurde, meine ich, auf *Stufe Ia* Sigfrid gleich Girart zu einem Vorverlobten. Seine Frau wurde zur Schwester des Nachbarkönigs (im *Girart:* Schwester der Nachbarkönigin)! Die bisherige Hauptperson Brünhild gab der Deutsche natürlich nicht aus den Händen. Die romanischen Liebesszenen hatten noch wenig Verführerisches für ihn; wuchtiger dünkten ihm die Auftritte des verletzten Frauenstolzes und der Rache. Ein romanischer Partner wiederum mußte ihm einräumen, daß der Brünhild-Charakter eine ungleich stärkere Dramatik ausstrahle als die in ihrer Anhänglichkeit rührend treue vorverlobte Schwägerin Girarts. So schuf ein Romane, der *Girart*-Dichter der zweiten Variante, seinerseits nunmehr einen neuen *Girart*-Anfang und *Girart*-Abschluß[1]. (Noch leichter hätte sich das alles vollzogen, falls es ein frühes altfranzösisches *Brünhildlied* gegeben hätte; von solchen Hypothesen wird man sich lieber fernhalten).

Man wird es wagen dürfen, in dem wechselseitigem Voneinander-Lernen der beiden gleichzeitigen Lieder den denkwürdigen ersten Fall eines echten, nämlich wechselseitigen Austauschs in der deutsch-französischen Literaturgeschichte festzustellen; — so wie weiter nördlich im hennegauer Grenzraum um dieselbe Zeit germanische (nordwärts bis Finnland hin verwurzelte) *Reinhart-Fuchs*-Komik und mittelmeerische Äsop-Didaktik einander wechsel-

[1] Als unerklärlich gilt bisher das „Burgund", wohin der Anfang des NL die spätere Gattin Sigfrids verpflanzt. Vom Burgunder Gundiharjis-Gundicarius wußte man ja nichts mehr; im *Waltharius* war Gunther Frankenkönig zu Worms, in allen andern Texten ist sein Haus „nibelungisch". Ich möchte an einen zäh bewahrten Rest aus Ia denken: Girart wird bei jeder Gelegenheit als Burgunder gegen Franzien abgehoben.

seitig durchdrangen; oder wie ein Kloster des sprachlichen Grenzraumes damals ein ältestes französisches und ein altes deutsches Gedicht auf den gleichen Blättern aufzeichnete. Die vergleichende Literaturgeschichtsschreibung sollte nicht versäumen, das älteste *Brünhild*- und das älteste *Girart*-Lied im Zusammenhang dieser Begegnungen zu verstehen.

Der Zusammenstoß zwischen Brünhild und der Sigfrid-Gattin konnte auf Grund der *Girart*-Einbeziehung wirksamer und zeitgemäßer begründet werden. Man hat oftmals gefragt, ob die jeder Liebesbeziehung baren, nur vom Stolz der Herrin bestimmte Einstellung der Brünhild im NL nicht eine nachträgliche Rückkehr zu den Motiven der ersten Stufe wäre. Nun, die Motive im *NL* sind dieselben, die der *Girart* anbot, soziologische des romanischen Frankentums[1]. Jetzt brauchte Brünhild nicht mehr über das zweisame Jagdleben ihrer Gegnerin zu höhnen. Jetzt war diese ja die Gattin eines Dienstmanns. Woher gerade dieses Motiv in den Zank hereingekommen war, machte bisher Kopfzerbrechen. Heusler mußte sich eine weithergeholte Erklärung zurechtlegen, mußte postulieren, daß ein märchenhafter elternloser Held, mit einer Kindheit beim Schmied, am Anfang stehe; „Sigfrid war der Knecht des Schmiedes[2] ... Auf Sigfrids Adel liegt ein Flecken; Brünhild kann ihn als irgendwie unebenbürtig schmähen: dies wollte unser Meister nicht entbehren. Nur mußte er eine neue Begründung erfinden“ (*Nib.s.*³, 183). Auf diese Annahme läßt sich jetzt verzichten. Im übrigen wurde das alte Dienstmann-Motiv später im NL

---

[1] Das Dienstbarkeits-Motiv hielt Heusler für wenige Jahre vor dem NL entstanden (in seinem „Jüngeren Brünhildenlied“: *Nib.sage*, ³1929, 36); daher verhielt seine frühe Brünhild „sich leidend bis zum Frauenzank“ (40). Ein höheres Alter ahnte D. von Kralik. In seinem Buch *Die Sigfridtrilogie im Nibelungenlied und in der Thidrekssaga* (1941) dachte er sich — als Mittelstück zwischen zwei tragischen Ur-Liedern — ein komisches Sigfrid-Lied, ohne Eingreifen der Brünhild. Darin hätten, meint er, Spielleute erzählt, Sigfrid habe so lange als Dienstmann um Krimhild geworben, bis man sie ihm gab; bei der Hochzeit hätte er dann enthüllt, er sei eigentlich ein König. „Diese Sigfridkomödie der Spielleute kann . . als das Lied von Sigfrids Hochzeit bezeichnet werden ... Der Motivenkomplex . . , daß Sigfrid dem Gunther dienstbar ist und daß diese Dienstbarkeit schließlich als eine vorgetäuschte sich enthüllt, wurde vom Epiker gleichsam aus der Komödie von Sigfrid und Grimhild herausgelöst und in der Tragödie von Sigfrid und Brünhild eingefügt, er war gewiß in einer solchen niemals und auch nicht in dem heroischpathetischen Brünhildlied, das dem Epiker vorlag, enthalten“ (v. Kralik, *Das Nibelungenlied*, in: Von deutscher Art in Spr. u. D., II, Stuttg. 1941, 218f.). Daß der Komplex darin doch enthalten war, erweist der *Girart*, gegenüber welchem v. Kraliks Trilogie-Konstruktion, ein Bau ins Blaue, gegenstandslos wird. Schon vor v. Kralik schrieb Wilmanns, *Untergang* 1903, p. 24: „die Vorstellung von Sigfrids Untertanenverhältnis zum Herrscher im Nibelungenreich muß alt sein.“

[2] Daß dies etwa hinreichen konnte, um Brünhild bei der Doppelhochzeit in Tränen zu versetzen, mußte auch für Heusler unwahrscheinlich erscheinen. Für diese Stelle deutete er das „eigenman“-Motiv als Neuerfindung des NL-Dichters, aus „Notlage“, weil diesem eine liebende Brünhild unbegreiflich vorgekommen sei (*Nib.s.* ³, 191).

wieder unglaubhaft gemacht durch allzuviel Machtentfaltung um den strahlenden und märchenhaft reich gewordenen Glückshelden. Schon darum kann das Dienstmann-Motiv nicht, wie Heusler annahm, eine Erfindung erst der vorletzten Stufe (vgl. Wesle, ZfdPh 51, 1926, 33ff!!) sein.

Nicht daß Girart, ganz wie im *NL* Sigfrid in Brünhilds Schloß, die Werbung für seinen Freund vorbringt, ist das Charakteristische; dieses Motiv der stellvertretenden Werbung war weitverbreitet, wir werden ihm noch öfter begegnen. Wohl aber, daß er dabei höfisch zurücktritt. Die deutschen Brünhild-Dichter haben das zweifellos weiter ausgebaut. Bei der Doppelhochzeit[1] vergießt Brünhild dann Tränen, daß ihre königliche Schwägerin bei einem Unfreien, einem *eigenman*, sitze. Als diese mit ihrem Gatten — wie im *Girart* — in der eigenen Residenz weilt[2], beklagt sich Brünhild, warum Sigfrid keinen Lehensdienst leiste, und erreicht, daß ihr Gatte den Gehaßten herbestellt. Mit genau derselben, schon eigentlich hysterischen Kleinlichkeit setzt in dem nachträglichen *Girart*-Schluß, welcher nach meiner Annahme vom *Brünhildlied* geprägt ist, die Königin weiterhin ihrem Schwager zu. Als er mit auf ihr Betreiben das Zeremoniell des Kusses auf den Fuß des Lehnsherrn vollzieht, steckt sie ihren Fuß aus dem Ehebett hervor, und Girart küßt (ohne daß daraus weiteres folgt) ahnungslos den ihren. Das Zeremoniell vor dem Ehebett deutet auf archaische Zeitläufte hin, die Unwahrscheinlichkeit aber auf sekundäre Erfindung.

Brünhildlied Ia gewann ein motivisches Präludium zum Ausbruch des Hasses und zum Mordentschluß. Bevor der Vorwurf des Kebsentums

---

[1] Die Doppelhochzeit im NL hatte Heusler für ein spätes Motiv gehalten, — irrigerweise, wie sich jetzt zeigt. Er hatte für sein frühestes *Brünhildlied* angesetzt, daß Sigfrid, als er bei der Gewinnung der ihm selbst noch unbekannten Waberlohe-Schildmaid Brünhild behilflich war, mit der Schwester seines königlichen Freundes bereits verheiratet war (*Nibelungensage*, ³1929, 10f., 184f.). Sigfrids Verlöbnisbruch hielt er für eine erst in Skandinavien vorgenommene Neuerung und meinte, „man muß der Versuchung widerstehen, solche nordische, zumeist isländische Schößlinge dem Stammbaum der deutschen Sage einzupflanzen" (ebd. p. 27). Rückwirkung nordischer Neuerungen sei „kaum je zu erkennen" (25).

[2] Der einheitliche Schauplatz des Geschehens wurde also nicht so spät aufgelöst wie Heusler annahm, der den „eigenen Königsthron" Sigfrids für eine späte Neuerung des NL-Dichters ansah; („Es braucht nun eine umständliche Beschikkung des jungen Paares, damit die Königinnen zanken können und Sigfrid sterben kann": *Nib.s.* ³, 182). Doch sah er richtig, was das NL verwischte: „Früher züngelte in die Rache für Brünhild der Gedanke herein, mit Sigfrids, des Mitherrschers, Tode würden sie, die Gibichunge, erst die wahren Herren über Land und Leute. Aber es haften ein paar Überbleibsel". Wohl mit Recht hält er Hagens Worte von dem Landgewinn, wenn Sigfrid tot wäre, für archaisch; ebenso Hagens Worte an der Leiche, die ausdrücken: „All unsere Sorge hat jetzt ein Ende: niemand mehr kann uns bestehn! Wohl mir, daß ich seine Herrschaft abgestellt habe!.. Ein Rest der Vorstufe mag es auch sein, wenn Giselher dem neuvermählten Schwager erklärt: ‚Wir wollen auch Land und Städte mit euch teilen ..', was Sigfrid nun mit königlicher Gebärde zurückweisen kann; einst war es ernst gemeint" (ebd. 267f., 183).

erhoben wird, ist nunmehr die Konfliktspannung gegen die Gattin des Unfreien bereits lange genährt. Und jener Vorwurf selber — jetzt erst erhielt er seine unmittelbarste Schärfe, als ihn die Frau aussprach, die von allen am genauesten Bescheid wissen mußte, da es um die Vergangenheit ihres eigenen Gemahls ging. Jetzt erst, durch das Vorverlobungsmotiv aus *Girart*, war das Mittel für die Sigfrid-Gattin gewonnen, sich gegen das Herabsetzen ihres Liebsten zu wehren: „Wer nahm dir das Magdtum?" *(ThS)*, — wobei es nun durchaus wahrscheinlich ist, daß das dezente Vorbild des *Girart* sich auch dahin auswirkte, von Brünhild den Makel des unsittlichen Lebenswandels zu entfernen. „Krimhild sagt mehr, als sie weiß": so deutete sich Heusler die älteste Form des Kebsen-Vorwurfs (*Nib. s.*[3], 187). Diese Fassung ist wenigstens für *Brünhildlied Stufe Ia* nicht unglaubhaft.

Nunmehr rückte Sigfrid in den wahren Mittelpunkt der Erzählung, denn nach der Geschichte und wohl auch nach *Stufe I* hatte nicht er, sondern andere mit der Beschuldigten zusammengelebt. Irgendwann hätte man natürlich auch ohne den *Girart* auf die neue Verknüpfung kommen können; aber da gleichzeitig fast alle übrigen Umstände mit übernommen wurden, scheint mir die Beziehung außer Zweifel. Und wie viel bitterer mußte für Brünhild der Wortstreit mit Sigfrids Gemahlin werden, wenn er der Mann war, den sie einst geliebt und nun an eben jene andere verloren hatte. Auch wenn der frühe Dichter schwerlich viel Aufhebens von der Liebesempfindung machte — sie ist nun einmal da. Vor den Tränen, welche Brünhild bei der Doppelhochzeit über die Nähe Sigfrids vergießt, hat auch Heusler sich eingestehen müssen, daß die Erklärung vom „eigenman" nur die Hälfte des Motivs gibt, daß daher seine These vom jüngeren, nurnordischen Betonen der Liebe bei Brünhild zu weit ging. Für diese NL-Stelle, „widerspruchsvoll, eine Einzelheit aus dem jüngern Bilde", gestand er eigens ein unbekanntes weiteres *Brünhildlied* zu, das „um 1100" im Norden spürbar wurde, — oder andernfalls einen skandinavischen Einfluß auf Deutschland[1].

Für uns ist von *Stufe Ia* an Brünhild das, was Sigfrids Gattin von Anfang an gewesen war, eine Liebende[2]. Und Sigfrid tritt in die Schar der epischen

[1] *Nibelungensage*[3], 191. Beide Hypothesen müssen ihn schwer angekommen sein; auch nahm er sie nicht in die Stammtafel auf. „Man kann der Vermutung kaum wehren, es habe sich da ein überlieferter Zug in das Werk hereingestohlen aus einer uns sonst fremden Quelle . . Dieses *zweite Brünhildenlied* bleibt uns freilich eine dunkle Größe."

[2] Wenn dies zu dem Bild der frühen Brünhild nachzutragen ist, das seit Heusler gilt, so bleibt doch dessen feinfühlige Erkenntnis vollauf gültig, daß beim Konflikt zunächst die „Eide" mehr ins Gewicht fielen als die „Sympathien". Nur sollte man den Gegensatz der Kränkung von Brünhilds Rechtsempfinden — durch das Heiratsversprechen — und von Brünhilds Liebe nicht allzu scharf pointieren. Die Stellung Sigfrids zwischen zwei gleichwertigen Rivalinnen hat sich Heusler durch seine Brünhild-Theorie verdunkelt. Daher ein gewisser geheimer Groll gegen den

Helden nunmehr zunächst dadurch ein, daß er der Mann zwischen zwei liebenden Frauen wird. Ich halte dies für den wichtigsten französischen Beitrag zum deutschen Lied von Brünhilds Ehre, und für den nicht am wenigsten wirksamen. Fortan kann der sterbende Sigfrid sprechen, wie er es in der — durch Heusler unterschätzten (H. Naumann, Zs. f. Deutschkde 1927, 1 ff.) — *Völsunga saga* tut: „Das hat Brünhild geraten, die mich mehr liebte als jeden andern".

3. Die jüngste Schicht der Nibelungendichtung

Ergebnisreicher und einhelliger war die bisherige Forschung in der Erkenntnis dessen, was als jüngste Schicht unseres Epos vorhanden gewesen sein kann. Hier kann ich mir eine Diskussion sparen, da meine späteren Nachweise überflüssigerweise bestätigen werden, daß die folgenden Züge mit Recht als jung angesprochen worden sind:

a) Die Einbeziehung von Helden aus damaligen beliebten andern Dichtungen: des Thüringers Irmenfried und seiner Mitkämpfer, der Dänen Iring und Havard; die zwei ersten stammen aus dem im 10. Jahrhdt. durch Widukind nacherzählten Thüringerlied[1]. Sodann Walthers von „Spanien" als eines angeblichen Jugendfreundes von Hagen. Vgl. auch ihrer aller Fehlen im dänischen *Grimilds Haevn.*

b) Die Übertragung einer letztlich aus der *Walthari*-Dichtung stammenden (vgl. Panzer, *Studien*, 1945, 171) Verfolgungsszene auf Hagen, die kaum verändert und mit gleichen Namen (Gelpfrât, Else-Elsung) vom heimkehrenden Dietrich und Hiltebrant erzählt worden ist (ThS).

c) Die Erfindung der gesamten Bechelaren-Szenen (nach Heusler, Nib. s., [3]1929, 82: um 1160 in der *Älteren Not*, obwohl sie im dänischen *Grimild*-Lied fehlen); um 1160 bezeugt Metellus von Tegernsee Lieder über Rüdiger und Dietrich. Ein historisches Rüdiger-Urbild im 11.-12. Jahrhundert suchen zu wollen, ist fragwürdig: Rüdiger als der Freund Dietrichs, dessen Tod diesen zum Eingreifen in den Kampf bewegt, dürfte so alt sein wie es Dietrich selbst am Etzelhof ist.

d) Als fremdartig in einer Heldendichtung und somit als vermutlich jung nimmt die Forschung sowohl den Bischof Pilgrim von Passau (971 bis 991) an, als auch, neben dem Kirchgang am Hunnenhof, den Kaplan mit

NL-Dichter: „Nach der ursprünglichen Anlage hätte man nichts weniger erwartet, als daß die Liebe zwischen Sigfrid und Kriemhild einmal den Hauptklang der Fabel geben würde" (*Nib.s.*[3], 185). B. Symons sammelte Belege, in denen die „Vorverlobung" (= I a) unsichtbar oder unentwickelt ist, — in der Hoffnung auf eine andere als die Brünhild der „sentimentalen Liebe" zu stoßen (Beiträge 3, 1876, 260 f.).

[1] Auch an Gunthers Mannen Eckevrid und Hadawart im *Waltharius* ist zu denken. Iring kommt nach H. Schneider (Germ. HS, I, 190) durch eine hypothetische verlorene Dichtung um 1160, die „Ältere Not", herein; daß sein Name den eines älteren Vorgängers ersetzte, soll unten gezeigt werden.

dem *heilectuome*[1] samt dem Wasserweib (der einzigen irrealen Rolle hier), das ihm als einzigem Burgunder die heile Heimkehr prophezeit. Zu Pilgrim stellt H. Schneider als „Passauer Ortstradition" die beiden Markgrafen Gere und Eckewart, sowie den Sachsengrafen Hosed des 10. Jhs. (den Osid der ThS; vgl. Hempel, *Nib. studien*, 96 ff).

e) Die nachträgliche Anknüpfung des letzten Burgunderkampfes, laut *Thidrekssaga*, an einige Örtlichkeiten in Soest (für die Gegner einer niederdeutschen Nibelungentradition, die in der ThS eine Bearbeitung ausschließlich des NL sehen wollten, wären diese Stellen sogar eine bloß nordische junge Fabelei).

---

[1] Nach Wesle und H. Schneider träte er zuerst in der „Älteren Not" auf. In die Diskussion, ob, wann und wo die „Ältere Not" und ihre Vorgänger zustandekamen, möchte ich nicht eingreifen. Im ganzen glaube ich nicht, daß man mit dem Heuslerschen Minimum an Dichtern zwischen 700 und 1200 der weiten Verbreitung des Werkes auch nur annähernd gerecht wird und bevorzuge eine Unterscheidung nach ungefähren Schichten und Stufen. Heusler selbst schwankte z. B. für das dichterische Auftreten der rächenden Sigfrid-Witwe zwischen dem 8. Jahrh. (1905), dem 12. Jahrh. (1920) und dem Anfang des 13. (1922). Statt Heuslers bairischer „*Älterer Not*" („8. Jahrh.") nahm Hempel 1926 ein rheinisches Gedicht an und erfaßte auf Grund der Faröerlieder, daß eine von der „*Älteren Not*" unabhängige niederdeutsche Quelle der *ThS* bestanden haben müsse. Schon L. Polak (ZfdA 54,55,60; 1913—23) hatte ältere Unterschiede zwischen *ThS* und *NL* erkannt als die durch Heusler angenommenen; H. Sperber (Festschr. M. H. Jellinek, 1928, 138) hatte aus der Fülle der Erfindungen auf einen größeren Lieder-Reichtum für die Frühstufe geschlossen. Daß das erste der beiden *Brünhildlieder* Heuslers („5./6. Jahrh." und „Ende 12. Jahrh.") bei der Vielfalt der Szenen nur als ein fast epos-ähnliches Großlied vorstellbar sei, betonte C. Wesle (*Brünhildlied oder Sigfridepos:* ZfdPh 51, 1926, 33; ähnlich E. Tonnelat, *La Chanson des Nibelungen*, P. 1926). Wegen der „originaleren" Umrisse in Skandinavien das Alter der dortigen Fassungen zu überschätzen, davor hatte 1888 bereits W. Golther gewarnt (Germania, 33, 473). Und doch sind noch die Irrtümer Heuslers fruchtbarer als der Demissionismus der Bédier-Epigonen unter den NL-Forschern (J. Körner, 1920; J. R. Dieterich, 1923).

II. Der älteste Minimalbestand („Ungarisches Krimhildlied") und Dietrich der Hunnenbekämpfer

Überaus naheliegend ist die Annahme, daß in die Nibelungendichtung erst in später Zeit[1] Dietrich von Bern hereingekommen wäre und mit ihm seine Mannen (Hildebrand, Wolfhart): Theoderich der Ostgote, den die Dichtung als den Rächer seines Bruders Diether oder seines Vaters Dietmar[2], dann auch als den der beiden Söhne Attilas kennt. Wo man eine ältere Anwesenheit Dietrichs annimmt, trägt man der Tatsache Rechnung, daß die Quellen vor allem darin einig sind, Hagen sei durch Dietrich überwunden worden[3]; wogegen für alle anderen Kämpferpaare (außer Hagen-Iring) die für Spätschichten bezeichnende Unsicherheit bestand. Nun

---

[1] Nach Heusler und H. Schneider im 8. Jahrhundert, da man jemand brauchte, der an Stelle von Krimhilds Selbstmord in den Flammen eine gewaltsame Hinrichtung vollzog (so Heusler Nibelungensage, ³1929, 62). Seine Einführung erst „auf der Höhe der staufischen Klassik" vermutete Wolfgang Mohr (*Dietrich von Bern:* Zs. f. dts. Altert. 80, 1944, 153). Für Rüdigers spätes Auftreten: Baesecke, *Vor- und Frühg.*, I, 269; während ihn G. Matthaei (ZfdA 43, 305 f.) mit einem historischen Freund Theoderichs d. Gr. gleichsetzt, dem Herulerkönig Rodulf, dem Gründer eines oberungarischen Reiches, das ihm 512 der Langobardenkönig Tato zerstörte. — Vier Belege für eine alte Sagenrolle Dietrichs bei Hempel, *Nib. studien*, p. 100.

[2] Nur der Vater. Theodemer, ist historisch bezeugt (Jordanes), und ich möchte zur Erwägung stellen, ob nicht *er* der durch Odoakers Schuld Getötete war. Ist es Zufall, wenn es in *Eckes Ausfahrt* heißt: „Nun ist Dietmars hertz in dir / den man vor Rab ersluoge", oder wenn später Aventins *Bairische Chronik* schreibt: „Die vnsern singen und sagen, es sey auch König Diethmar, Dieterichs von Bern Vater, von den Beyern vnd Schwaben vnden vmb die Rab erschlagen worden". Der Dichter, der die jungen Attila-Söhne hinzufügte, brauchte für diese einen jungen Spielgefährten. Er kann es gewesen sein, der den Vater zum knabenhaften Bruder machte. — Baesecke I 199 stellte mit Verwunderung fest, daß Theodemer oft genannt wird, „daß er aber jeder Tat beraubt ist, die seine Nennung sonst berechtigt hätte".

[3] Heusler postuliert diesen Ausgang Hagens erst vom 8. Jahrhundert (*Nib.s.*, ³1929, 63); ich hoffe wahrscheinlich machen zu können, daß es einen Hagen schon vor dem Gunther-Lied gab und daß dieser von jeher durch Dietrichs Hand den Tod fand. Erst als man das Guntherlied und das Ende des Guntherbruders (nach Heuslers Vermutung ursprünglich Giselhers) damit verknüpfte, wurde ein Kompromiß gewählt: Jetzt hatte Dietrich ihn nur zu fesseln, damit dann später Attila den Hinrichtungsbefehl geben konnte. Das *Alte Atli-Lied*, dessen Version Heusler für die älteste (65) hielt, wird als späte Kurzfassung erwiesen werden.

wird aber Dietrich weder von dem Dichter des *Alten Atli-Liedes* und *Grönländischen Atli-Liedes* noch vom dänischen *Grimilds Haevn* genannt, und das eddische Lied, in welchem Thidrek nach dem Verlust seiner sämtlichen dreißig Mannen an Atlis Hof lebt, spielt in den mir bekannten Stammbäumen nirgendwo eine Rolle. Dietrich beiseitezulassen, wäre wohl auch darum möglich, da in einem Haupttext, der das Thema unserer Untersuchung bildet, etwas wie eine Dietrich-Gestalt nicht begegnet[1], und weil seine Erwähnung „ex antiquis libris de gestis Hungarorum" bei Simon Kéza (13. Jahrh.) als der „todlose", *immortalis*, der Romkönig Dietrich (Hungarorum in idiomate halhatalan Detreh diei meruit)[2] mit dem Strahlenhelm und mit dem in der Stirn belassenen Hunnenpfeil, mit dem er nach dem Untergang der Krimhild-Sippschaft wundersam weiterlebt, zunächst nur befremdet. Überdies bedeutet jede Beschäftigung mit Dietrich, sich auf eine Reihe ungelöster und z. T. — wie die Herkunft des Helden Wittich — wohl unlösbarer Fragen einzulassen.

Wenn wir es doch tun, dann nicht um die ungarischen Zeugnisse zu überschätzen und um ihren schmalen Umfang überzubelasten, sondern aus Vorsicht. Es gilt für die Ur-Schicht zunächst weniger ein neues Gebäude aufzurichten, als klarzustellen, daß für viele bisherige Annahmen keineswegs Sicherheit besteht. Ein Minimum, dem die Chance der frühesten Existenz zuzubilligen ist, gilt es zu finden. Nichts anderes ist das, was ich „Stufe I" zu nennen vorschlage, — oder „*ungarisches Krimhildlied*", weil es genug an Rückgrat besitzt, um für sich allein schon lebensfähig gewesen zu sein. Keinesfalls aber möchte ich behaupten, daß es nicht bereits Züge enthielt, die erst auf der II. „Stufe" — das Wort Stufe könnte hier sonst zu Mißverständnissen führen — nachweisbar werden.

Um auch Dietrich von Bern mit eindeutiger Sicherheit zum allerälteste Bestand zu rechnen, reichen die Zeugnisse nicht aus, obwohl ich persönlich mich von ihnen überzeugt bekenne. Zunächst nur negativ läßt sich sagen, daß die Umstände, unter denen Dietrich bei Kéza erscheint, zu keiner andern Stufe passen als zur ersten. Ich habe daher das Problem des frühesten Dietrich am Hunnenhof unter *Ix* abgetrennt. Durch das *x* soll keine Unsicherheit über das Vorkommen Dietrichs auf der *I. Stufe* des *Krimhildliedes* ausgedrückt werden, sondern nur darüber, ob er ihr vom ersten Anfang an zugehörte oder nicht. Zu leicht hatte man es sich mit dem Dietrich-Problem insofern gemacht, als man eine einmalige Wanderung der Dietrich-Gestalt ins *Krimhildlied* annahm. Heusler beispielsweise wollte kecken Mutes sogar den Zeitpunkt angeben können: ein baiwarischer *Dietrich*sänger war es, zu welchem die fränkische *Krimhild* gelangt war (*Nib. s.*³, 249 u. ö.);

[1] Nur das Motiv der schlechten Behandlung durch den Gemahl stimmt im *Mabinogi* zu *Guđrúnarkviđa III*.

[2] Statt der Lesart halhatalan (‚heilig') des Túróczi im 15. Jahrh. heißt es *haláltalan* = todlos, dem Tod trotzend.

der hätte gleichzeitig den Tyrannen Attila durch den (angeblich) von den Ostgoten geerbten philanthropischen Attila ersetzt. Diese Hypothese eines Minimums an Wanderungen steht in flagrantem Widerspruch zu der ungeheuren Verbreitung dieser beiden Heldenlied-Sippen in ungefähr sämtlichen germanischen Sprachen bis Island hin. Unzählige Male mußten ihre Wege sich kreuzen, denn die Umsetzer, Übersetzer, Fortsetzer, Zersinger, die sich der Lieder annahmen, haben ja, um es mit Wilhelm Scherers Worten zu sagen, „ohne Zweifel nach Hunderten gezählt". Was ich nun glaube nachweisen zu können, ist, daß von all diesen unzähligen Begegnungen mindestens drei — und nicht bloß eine! — schöpferisch dauerhafte Frucht trugen (*Rabenschlacht II* für *Krimhild I*, *Krimhild Ix/II* für *Rabenschlacht III*, *Rabenschlacht III für Krimhild III)*; und noch bei diesen Begegnungen ist es bloß möglich, den *Typus* — zu welchem jeweils zahlreiche stärkere oder schwächere, neudichterische oder museal gewissenhafte Individualitäten beigetragen haben werden, — zu erfassen. Ihre Zeit, ihren Wohnort, ihre Abstammung, ja auch nur die Ausdrucksformen ihrer Kunde festlegen zu wollen, dürfte in neunundneunzig von hundert Fällen eine Selbsttäuschung sein, eine Überspannung dessen, was literarhistorisch-sagengeschichtliche Prähistorie vermag und zu erreichen beanspruchen darf. Unter den vielen ungelösten Aufgaben der Sagengeschichte gibt es Ernstlicheres. Dietrich, dessen Werdegang als Liederheld immer wieder die Forschung beschäftigt, ist jedenfalls eine der besten Handhaben, um die Aufeinanderfolge und die Wechselwirkungen damaliger Heldenlieder zur Aufhellung auszuwerten. Probleme, die nicht letztlich den Dietrich des Krimhild-Kreises betreffen, muß ich beiseite lassen.

Die Dietrich-Epik ist unverständlich ohne zwei Lieder, die untereinander und mit dem Krimhild-Kreis zunächst nichts zu tun hatten:

DAS SIBICH-LIED, auch Harlungenlied genannt, oder einseitig nach seinem Schlußteil *Ermenrichs Tod.* Der eigentliche Gegenstand aber ist die Rache Sibichs an seinem Herrn, dem historischen Ostgotenkönig Ermanarich, durch dessen Lüsternheit die häusliche Ehre Sibichs beschmutzt wurde. Mit eisiger Berechnung treibt von da an Sibich durch seine Ratschläge den König einem Abgrund zu, und läßt ihn zum leibhaftigen Ungeheuer werden. Durch arglistige Verleumdungen erreicht der Rächer, daß Ermanarich durch eigene Befehle seine Verwandtschaft, Gattin, Sohn und Neffen, grausam ausrottet. Endlich fällt der König durch die Blutrache seiner Schwäger.

RABENSCHLACHT, I. STUFE. Zwei zeitgenössisch bezeugte Einzelheiten gehen konstant durch die gesamte Dietrich-Epik und müssen daher sicher dem ältesten Lied angehört haben. Dietrich tötet den Odoaker aus Rache für die Tötung „der Seinen"; sodann stellen die Ereignisse, die zu Ravenna spielen, die „Rabenschlacht" dar, insofern das lange vergebens belagerte Ravenna durch Odoaker übergeben wurde. Die Tötung fand nach dem Bericht des Johannes Antiochenus im Palast von Ravenna statt, in der Dichtung aber spielen alle Ereignisse im Freien. Der vermutliche Grund dafür ist einleuchtend geworden, seitdem H. de Boor entdeckte, daß der Auftakt zur Rabenschlacht, Hildebrands Spähritt, eine Imitation von Gizurs Spähritt aus dem altberühmten (auch im ältesten Wolfdietrich nachgeahmten) „Hunnenschlacht"-Lied ist. Der Dichter hatte also den Ehrgeiz, diesem Vorbild gemäß eine Völkerschlacht als Umrahmung zu wählen. Die Gestalt Odoakers bleibt erhalten auf Stufe I, II und wohl noch IIIa (falls die *Quedlinburger Chronik* um 1000 hier auf einer Liedquelle fußt: Odoaker in Beziehung zu Attila). Ob er seine Meintat an Dietrichs Angehörigen persönlich oder durch einen anderen ausführte, ist unbekannt.

RABENSCHLACHT, II. STUFE. Unter der Einwirkung des Sibich-Liedes zehrt die Rabenschlacht dieses auf. Der Gewalttäter Odoaker wird zu einem neidischen zweiten Sibich *(Hildebrandslied)*; dieser Odoaker scheint sogar zum Neffen von Ermanarich und zum bösen Oheim Dietrichs zu werden *(Quedlinburger Chronik)*. Jetzt treten uns zwei verschiedene Liedhandlungen entgegen, in denen beiden der Meintäter Witege auf Veranlassung Ermanarichs bzw. des Ermanarich-Beraters Sibich-Odoaker handelt. Daß Dietrich diesen Witege aus Rache für die Tötung seines Bruders Diether (oder Vaters Dietmar?) bei Ravenna in den Tod treibt, spricht so ausgesprochen für einen ähnlichen Konflikt Dietrichs mit Odoaker auf Stufe I, daß ich die Annahme W. Mohrs (a. a. O. p. 134), Stufe I habe überhaupt nie existiert, für Hyperkritizismus halte. Falls der König Ermanarich in dieses Witege-Diether-Lied, dessen unabhängiges Dasein weitgehende Billigung der Forschung genießt[1], erst nachträglich einbezogen worden sein sollte, gehört das Lied sogar schon der Stufe I an. Als tragischer Kern ist erhalten[2], daß Witege sich durch alte Waffenbruderschaft mit Dietrich verbunden fühlte (weshalb denn ein weiteres nachweisbares Lied von „Witege als dem Befreier des gefangenen Dietrich" zu berichten wußte).

Das zweite Lied von Witeges Meintat an Dietrich berichtet (in möglicher Anlehnung an einen historischen Vorfall), daß durch Witege acht Mannen Dietrichs in Ermanarichs Gewalt kamen. Mit der drohenden Tötung der

---

[1] Daß die Rache für Diether an Witege, wie auch meine Meinung ist, von Haus aus nichts mit den Helche-Söhnen zu tun habe, ist die Ansicht von H. Friese, *Thidrekssaga und Dietrichepos*, Bln 1914, 130ff. (erst der Sagaschreiber habe beides vereint); von Th. Steche, *Das Rabenschlachtlied, das Buch von Bern und die Entwicklung der Dietrichsage*, Greifswald 1939; von Baesecke, W. Mohr u. a.

[2] „Wir müssen uns bescheiden: Der Kampfbeginn der ursprünglichen Lieddichtung von Witege und Diether, ohne die Etzelsöhne, ist uns verschüttet. Erst in Widgas Anrede an Dether, *Didrekssaga II* 244, 3—6, treffen wir auf ihre Spur: ‚Bist du nicht Dether, der Bruder des Königs Didrek von Bern? Ich kenne dich, reite weg, an einen anderen Ort. Um seinetwillen will ich dir keinen Schaden tun. Kämpfe mit anderen Leuten'" (W. Mohr, *D. v. Bern:* Zs. f. dts. Altert. 80, 1944, 143).

Geiseln motiviert das Lied die (unhistorische) Landaustreibung Dietrichs durch Ermanarich. Wüßte man, welcher Meintat der historische Odoaker beschuldigt worden ist, so gäbe es keinen Zweifel, welches der beiden Witege-Lieder das ursprüngliche und welches die Variante ist; aber für unseren Zusammenhang ist es belanglos. Bis zu dieser Stufe ist das anachronistische Motiv „Dietrich am Hofe Attilas" nicht nur unbeweisbar, sondern auch unnötig und unerklärlich. Die geläufige Meinung besagt, es sei hereingekommen, weil zu dem durch Ermanarich Landesvertriebenen ein Exil gehörte. Dann wäre aber die Wahl des Hunnenhofes nicht zwingend; warum dann nicht Byzanz, wo Theoderich lange genug sich aufgehalten hat?

Wohl aber bestehen zwei einleuchtende Möglichkeiten, wie der Anschluß an den Hunnenhof zustandekam; bevor nicht schlagende Beweise auftreten, rate ich übrigens nicht, einer von beiden den Vorzug zu geben. Entweder wurde der bloße Name Theoderichs auf ein Hunnenhof-Lied übertragen, in welchem bereits sein Vater Theodemer (so Baesecke) oder sein Oheim Walamer in ihrer mehr oder minder historischen Rolle auftraten. Oder der Hof Attilas war allgemein durch ein packendes Geschehnis und ein Lied darüber so anziehend gemacht worden, daß er fremde Liedhelden einbezog; in die Lieder, aus denen diese Helden stammten, konnte dann die neue Hunnenhof-Rolle rückwirkend nachgetragen werden. Beides ist wahrscheinlicher als die Möglichkeit, daß innerhalb des *Rabenschlacht*-Liedes die Initiative für eine Nebenszene am Hunnenhof entsprungen wäre. Wir stellen demnach die Vermutung auf: bevor Attila-Motive in der *Rabenschlacht* auftauchen — dieses Auftauchen nennen wir „Rabenschlacht, Stufe III" — hat Dietrich bereits durch Beteiligung bei Vorgängen am Hunnenhof eine Rolle gespielt. Ich hoffe, daß dieser Problemstellung wenn nicht etwas spontan Überzeugendes, so doch jedenfalls die volle Legitimität zugebilligt werde.

KRIMHILDLIED, STUFE I („Ungarisches Krimhildlied"; Minimum der ältesten Schicht). Die Notwendigkeit, statt der resoluten Brücke, die A. Heusler zwischen dem *Gundicarius*-Zeugnis und dem fast tausend Jahre später aufgezeichneten *Alten Atli-Lied* (= Attila-Tötung) schlug, doch einen Spielraum der Vorsicht offenzuhalten, scheint mir unausweichlich. Wenn das ungarische Zeugnis nichts weiter erwirkte, als die Anerkennung anderer Möglichkeiten zu erreichen, hätte es bereits einen guten Zweck erfüllt. Bei Heusler gibt es beispielsweise keine Erklärung für die Rolle des bereits um 1000 durch die *Quedlinburger Chronik* bezeugten „Bledla" im Lied, des historischen Bruders von Attila, der in zahlreichen Dichtungen durch seine unerklärliche Anwesenheit befremdet, — sowenig wie für andere Personen des Hunnenhofes, die uns noch begegnen werden. Wir möchten aber wissen, wie sie in das Lied gekommen sein sollen.

STUFE Ia. Da mir kein Anhaltspunkt sicher genug scheint, um zu entscheiden, ob von Anfang an oder erst später der Held des Ravenna-Liedes ins früheste *Krimhildlied* einbezogen wurde, lasse ich ihn vorläufig beiseite *(Ix)*. In sämtlichen Krimhild-Dichtungen, in den bekannten und in den von uns zu erschließenden, stellt man ein Motiv als konstant fest, nämlich den blutigen Untergang von Attilas Nachkommenschaft. Da dieser überdies historisch ist, hat man die volle Berechtigung, von da aus und im Unterschied zum Heuslerschen Ausgangspunkt, der *Ermordung* Attilas, die Nachforschung zu unternehmen.

Wie bei den andern germanischen Liedern stehen am Beginn geschichtliche Ereignisse. Außer Ernak scheinen alle Attila-Söhne umgekommen zu sein. Das abgehauene Haupt eines von ihnen, des Dengizik, wurde 469 in Konstantinopel gezeigt. Besonders aber prägte sich die Schlacht an dem (nicht identifizierten) Flüßchen Nedao in Pannonien ein, wo 454 der Attila-Sohn Ellak gegen die Ostgoten fiel. Deren Heerführer Walamer, Theodemer und Widemer waren neben dem klugen Gepiden Ardarich noch auf den Katalaunischen Feldern Attilas gewichtigste und verläßlichste Heerführer und Berater gewesen, sie wurden aber unter Ardarichs und Walamers Führung nun der Hunnenherrschaft überdrüssig. Es versteht sich, daß Mißtrauen, Hinterlist und Machtstreitigkeiten zugrunde gelegen haben müssen, und daß viele bereits geknüpfte Freundesbande zwischen Germanen und Asiaten jählings wieder zerbrachen, — für einen Dichter ein gewaltiger Gegenstand. Darüber hinaus konnte die dichtende Phantasie (falls hier überhaupt Erfindung ist) leicht an der Tatsache haften bleiben, daß junge Hunnenkönige umkamen. Wo wie bei den Hunnen das Doppelkönigtum Brauch ist, herrscht häufig Zwietracht; — und so wäre das blutige Ende eine Folge solcher Zwietracht? an der wiederum Attilas Vielweiberei letztlich die Schuld trüge? Ein solches Ausspinnen lag nahe wie am Ursprung aller germanischer Lieder, — so unbezeugbar es auch ist, da ja nicht einmal über die tatsächlichen Spannungen am Hunnenhof Nachrichten erhalten sind.

Die nächste Frage muß lauten: Welcher erhaltene Beleg stimmt zu all diesen Tatsachen am treuesten? Kézas *Chronica Hungarorum*, im 13. Jahrhundert aufgezeichnet, also ungefähr gleichzeitig mit den eddischen Quellen, räumlich näher als die Isländer dem pannonischen Ort der Ereignisse, näher überdies einem unbestrittenen Herd alten Nibelungen-Interesses, dem ostmärkischen. Wie nach ihm nur W. Lazius, verlegte Kéza das Ende zweier Etzelsöhne in die Zeit nach Attilas Tod: des historisch unbezeugten Chaba („Kewe", nach W. Grimm) aus der ersten Ehe mit einer Griechin *(ThS usw.* Herkja, Helche usw.), und des Aladarius *(ThS:* Aldrian, *Fär.:* Aldrias) aus der zweiten mit Krimhild. Was die beiden Ehen betrifft, so sind sie uns auch durch die erhaltenen Dichtungen bezeugt, -mit Ausnahme des lakonischen *Alten Atli-Liedes*. Wie alle Texte berichtet Kéza sodann, daß

Stammverwandte Krimhilds sich als Fremde am Hunnenhof befanden[1]; die Heraushebung Krimhilds läßt vermuten, daß diese Königin-Witwe einen irgendwie tätigen Anteil an dem Blutbad gehabt hat. Da es (nach Kéza) um einen Thronkampf der an Herrschermacht gleichen Stiefbrüder ging, versteht sich, daß Krimhild und ihre Sippe die Partei des Aladarius ergriffen. Doch spricht Kéza davon, daß auch Germanen durch Germanen getötet wurden und ausdrücklich hebt er die Schadenfreude der Hunnen hervor. Kamen beide Stiefbrüder, Chaba und Aladarius, bei der Katastrophe um? „Exercitus Chabe sic deuincitur et prostratur, quod perpauci filii Ethele Hunique remanerent" (Kéza).

Als erste Voraussetzung, um zu glauben, daß dies ein altes Lied habe sein können und nicht etwa nur eine nachträgliche Geschichtsklitterung des 13. Jahrhunderts sei, müssen Gründe vorhanden sein, Kéza mit der alten Volksdichtung enger verbunden zu sehen als bloß durch Namen wie *Krimhild* und *Aladarius*; noch einleuchtender wäre, wenn er nachweisbar Dichtungsmotive brächte, die er aus keinem der uns erhaltenen Texte entnommen haben kann.

Mit diesem Nachweis hat schon Wilhelm Grimm begonnen, indem er den Strahlenhelm Dietrichs, den Kéza beschreibt, in einem Halbdutzend Dichtungen nachwies, deren keine ihn bisher in Verbindung mit dem Krimhildgeschehen erwähnt (*D. Heldensage*, 1829, 164). In den Schriften der ungarischen Forscher (s. Bleyer, Beitr. 31, 1906, 429 ff.) finden sich weitere wertvolle Feststellungen. Für das Jahr 1380 scheint als ungarisches Ortsnamen-Zeugnis vorzuliegen *Crumhelt ferdeje* (ebd. 545), auf deutsch *Krimhilds Bad* (Anspielung auf den Frauenzank?). Für die Stadt Buda (1189 bei Arnold von Lübeck als „urbs Adtile") erscheint vom 12. bis zum 15. Jahrhundert unter dem Einfluß der starken deutschen Zuwanderung — Stephan der Hl. war mit Gisela, Tochter des Bayern Heinrich II. verheiratet, Salomon mit Sophie, Tochter Heinrichs III., usw. — als amtliche Bezeichnung „Ecilburgu"; so viermal beim Notar König Bélas III.

---

[1] „Detricus de Verona, qui prius hostis erat, regis benevolentia pariter et liberalitate auditis, cum multis Germaniae principibus tanti regis venit in curiam"; nach einer versöhnenden Begegnung mit Ethele-Attila in „Scewem" (Szöny westlich von Ofen?). Neu für uns ist hier: (1) Zeugnis für ältere Kämpfe zwischen Goten und Hunnen, von denen das NL nur die Tötung Nudungs durch Blödel (halbverheimlicht!) erkennen läßt. — (2) Dietrich kam nicht als Verbannter an Attilas Hof! Daraus ergibt sich: (a) Wäre Kézas Quelle die uns erhaltene Epik, dann könnte das Exil-Motiv nicht fehlen (b) Dietrich scheint spontan ins Krimhildlied hineingenommen worden zu sein; erst dann nahm die Exil-Motivierung Gestalt an (ein Argument für die These von der Vorgängerschaft Theodemers). Vgl. auch „Didricus de Verona cum principibus accedens omne homagium Ethele et Hunis fecisse perhibetur", und unten S. 184, n. 1.

(1172—96) neben sechsmaligem civitas Athile regis[1]; das setzt eine lange südostdeutsche Etzel-Tradition voraus! G. Matthaei *(Bair. Hunnensage:* ZfdA 46, 1 ff.) wollte sie, ohne Belege, nicht vor dem Anfang des 11. Jahrhunderts auf Ungarn ausgestrahlt wissen. Noch ältere, bodenständig pannonische Spuren glaubte Bleyer zu erkennen. (a) Weder Attila noch Etzele ist die Schreibung bei Kéza, sondern Ethela (< spätes got. *Ettila wäre lautgeschichtlich möglich), entsprechend der volkstümlichen Namensform Ethele. — (b) Der historische Bleda, Attilas Mitregent zwischen 433—445 und also als sein Vorgänger mißverstehbar, heißt ungarisch (gotisch?) nur *Buda*, zugleich durch eine Erzählung vom Romulus-Remus-Typus vermutlich sehr früh in Verbindung zum Stadtnamen Buda[2] gebracht. Zu dieser frühen Schicht gehört die germanische Sage, den Namen Buda habe Attilas Großvater (da sein Vater in *NL*, *Klage*, Botelung, altnord. Buđlungr genannt wird) geführt, oder auch sein Vater (an. Buđli, zu ahd. Botalo, Diminutiv zu got. *Buda). Der Liederheld *Blödel*, altnord. *Blođlen*, hätte den erstgenannten Namentyp nicht aufkommen lassen, wenn diesen nicht schon die Völkerwanderungsgermanen, „vielleicht um dem Namen einen germanischen Charakter zu geben, etwa in volksetymologischer Anlehnung an **buda-boto*“ (Bleyer 461) verwendet hätten. — (c) Häufige Taufnamen im ungarischen Mittelalter sind: *Aladár* (abhängig von *Aladarius?* oder daran angelehnt?), *Csaba* und *Detreh* (vgl. die Chroniken: *Detricus;* nur Kéza hat *Ditricus)*[3].

Noch niemand bemerkte die Namenparallele von Kézas Hunnen *Werbulchu*, dem Mitkämpfer im *proelium Crumhelt*, zum NL-Hunnen Werbel

---

[1] cap. 1 u. ö. *(Gesta Hungarorum*, ed. M. Florianus, in *Historiae Hungaricae fontes domest.*, SS. 2, 1 ff.). Ebd. cap. 45 wird auch Chaba erwähnt, und es wird geringschätzig als „indecens“ abgelehnt, „ex falsis fabulis rusticorum“ zu schöpfen, „a garrulo cantu ioculatorum“. Bei Kéza *Echulburg* (lies Ezölburg) neben *Oubudan* (= *O-Buda, Altbuda;* Oláh: *Offen).* Vgl. K. J. Schröer (Germ. 17, 65 ff).

[2] Das römische Aquincum — auch *Sicambria* — scheint durch die vor den Ungarn dort ansässigen Slaven seinen (germanischen? *bôþa*, zu *Bude?)* Namen erhalten zu haben. „Ich glaube, der Ortsname *Eczilburg* ist unter dem Einflusse der ungarischen Sage entstanden“ (Bleyer 508); dagegen verwies G. Heinrich 1882 auf Priscus, der für Attilas Holzhalle schon die gleiche Gegend angab, und dachte — unglaubhaft romantisch — an alte Ortstradition.

[3] Auf „ostgermanische Quellen weisen entschieden die Namen Etheles und Budas hin“ (Bleyer 463). Daß Kézas *Cremild*, *Crimild* und „hunnisches“ *Crumhelt* im 5. Jahrhundert als burgundischer Sagenname aus Bayern nach Ungarn gelangt sei (Bleyer 549) — von da aus oder von Italien, stellt sich Bleyer vor (556, 572 f.), wäre frühestens in der 2. Hälfte des 6. Jahrhunderts die Burgunderin nunmehr mit „Ostgotischem .. kontaminiert“, mit Dietrich, Aldrian und der Sohnestötung, nach Deutschland zurückgekehrt — bestritt R. C. Boer *(Untersuchungen zur Siegfr.s.)* aus lautgeschichtlichen Gründen. In den anderen ungarischen Chroniken: *Crumheldina, Crimiheldina, Curhundina; (prelium) Crumheld, Crimiheld, Crimheled, Crumheldinum, Crimiheldinum, Cuminhuldinum.* Bei Turóczi *(Kremheylch)*, bei Oláh *(Kreinheiltz* von Bayern) ist sie noch Mutter des Aladarius, es fehlt aber die Bezeichnung *proelium (Crumhelt)*. Zu ungar. *Krömeheld:* Bleyer 544 ff.

(s. u.). Weitere Beziehungen traten uns eingangs entgegen. Ich gebe zunächst zwei weitere Bezüge.

a) Kézas oben erwähnter Bericht über den allein übriggebliebenen, mit dem Pfeilstumpf im Kopf weiterlebenden „todlosen" Dietrich läßt uns schließen[1], daß es im Ungarn des 13. Jahrhunderts eine Nibelungenfassung gab, die uns nicht erhalten ist. Nicht bloß sagt auch die *Edda (Guđrúnarkviđa III)*, Thidrek sei in diesem Kampf allein übriggeblieben, sondern *Klage* und *AHB* wissen von einer nie heilenden (Kopf-)Wunde, die Hildebrand aus dem gleichen Kampf zeitlebens davontrug[2]; niemand wird die sekundäre Übertragung vom Helden auf den Waffenmeister verkennen — ganz so wie auch der höfische NL-Dichter die unrepräsentative Krimhild-Enthauptung von Dietrich *(ThS)* auf Hildebrand ablud.

b) Sodann ein Blick aufs Hunnen-Lager. Kéza berichtet den Tod des Attila-Sohnes, des Chaba oder „Kewe", der von der germanischen Partei seines Stiefbruders erschlagen wurde. Nun gibt es an der konservativen Peripherie des nordischen Bereichs, im *Högni-Lied* der Färöer, einen geheimnisvollen Gegner Hagens, der von höchstem Interesse ist, weil er an der Stelle steht[3], die in *NL* und *ThS* Iring ausfüllt, welcher bekanntlich (s. o.) ein späterer Name ist. Ein Bote bestellt diesen Hunnen zum Kampf und berichtet ihm Högnis Bluttat an dem jungen Attila-Sohn. Der Hunne kommt und wird durch Högni gleichfalls erschlagen. Dieser Gegner heißt Geva longa. „Zur Erklärung des Namens geben auch die Parallelfassungen keinen Beitrag" (de Boor, *Die färöischen Lieder*, 1918, 177); „der Gegner Högnis mit Namen Geva der Lange (ist) nicht zu identifizieren" (H. Schneider, *German. HS, I*, 112). Daß der Name (Chaba-Kewe) die Lösung des Rätsels Geva darstelle, leuchtet sowohl um des Zusammenhangs, als

[1] Keine einleuchtende Parallele (alte ostgotische Sage?) ist die Notiz bei Jordanes c. 48, bei der frühesten Auflehnung der Ostgoten gegen die Hunnen und ihren Führer Balamber sei der Enkel von Ermanarichs Bruder Wultwulf, Vinitharius (Winithar), nach zwei siegreichen Treffen beim dritten Kampf durch Balambers Pfeil tödlich an der Stirn verwundet worden. Die Notiz wird überschätzt durch M. Rieger (Zs. f. dts. Myth. 1, 231 f), B. Busse (Beiträge 26, 63), Bleyer (31, 488—493), W. Müller.

[2] *Die Klage (13. Jahrhundert), Vers 4229:* Hildebrand trug aus dem Kampf eine Wunde davon, die ihm Hagen schlug, „dâ von er kûme sît genas". *(Die Klage, ed. A. Edzardi, Hannover 1875, p. 230). — Anhang zum Heldenbuch (AHB, 15. Jahrh.)* über Hildebrand: „doch wurden jm zwuo wunden ins habt geslagen . . . die selben wunden woltent hiltbrant nye geheilen vncz in seinen dot" *(Das deutsche Heldenbuch, ed. A. v. Keller, Stuttg. 1867, p. 11).*

[3] Sollten in Regino's von Prüm Erinnerung die hunnisch-pannonischen Präzedentien der neuen Iring-Rolle noch so lebendig gewesen sein, daß es den seltsamen Gedankensprung erklären könnte, der ihm bei der Wiedergabe einer Stelle aus Einhard (M. G. SS. 1, 183) unterlief? Aus „spoliata Hunorum regia quae Hringus vocabatur, eodem anno regi de Pannonia detulerat" machte er „Iringum gentis Avarorum principem" (worauf wiederum der ungar. Gelehrte Sebestyén seine irrige Beweisführung zur Identifizierung von Chaba und Iring aufbaute, Bleyer 578 f.).

um des lautlichen Gleichklangs willen ein. Folglich haben wir ein klares Zeugnis für die archaische Schicht: bevor Iring eintrat, war Geva da, — der Held, den wir als Hagen kennen, erschlug den ältesten Attila-Sohn, nachdem dieser heranzog, um einen jüngeren Bruder zu rächen. Eine sehr einleuchtende Bestätigung unseres Fundes bietet das NL in seiner Aventiure „Wie Irinc erslagen wart“[1]. Bevor Iring sich im Zweikampf mit Hagen mißt, hat er mit den Seinen zuvor sonderbare Umstände zu bestehen. „Ze füezen bôt sich Irinc / magen unde man, // daz si in eine liezen / den recken bestân. // daz tâten si ungerne“ *(Str. 2035)*. Iring müßte für einen Markgrafen ein sehr hoher Herr gewesen sein, wenn man von allen Kämpfern außer Attila nur gerade um sein Leben so ungewöhnlich bangte.

Konnten wir Kéza bisher ohne Bedenken folgen, so dürfen wir nun eine weitere Schlußfolgerung wagen. Wenn der Ur-Hagen den Helche-Sohn Kewe erschlug, kann er schwerlich ein Streiter gegen den Krimhild-Sohn Aladarius = Aldrian gewesen sein, obwohl er in der *ThS* als der Mörder dieses Knaben bezeichnet wird. Derselbe Knabe nun heißt im *NL* Ortlieb. Was weiß die Dichtung sonst über die Attila-Söhne? Sie kennt einhellig nicht zwei, sondern drei Söhne. Zwei stammen aus Attilas Ehe mit Herkja-Helche; einer sicher aus der Ehe mit Krimhild — und für ihn haben wir dank Kéza die feste Identifizierung mit dem germanischen Aladarius. Die beiden ersten, als deren Rächer in der berühmtesten Fassung der *Rabenschlacht* Dietrich von Bern auftrat, heißen dort Scharpf und Ort *(Edda:* Erpr und Eitill; *Biterolf:* Erpfe und Ort; *ThS:* Erp und Ortwin, — Attilas älterer Bruder heißt dort Ortnit). Wieder sind wir ein Stück weiter. Wenn der Attila-Sohn, welcher der Feind Hagens war, nicht Aldrian geheißen haben kann, dann dürfte er Ort geheißen haben wie Hagens Opfer Ortlieb aus dem *NL* („Orte, später erweitert zu Ortlieb“: Heusler, *Nib. s.*³, 208). Das *NL* erwiese sich demnach hier sinnvoller als die *ThS*. Dafür ein weiterer unbeachteter Beleg: in der dänischen Folkevise *(Danske Viser fra Middelalderen I 109f: 2,20)* gibt Hagen an, er habe den starken König Ottelîn erschlagen; es liegt nahe, daß wir hier den Hunnen Ort — seines Alters wegen mit Verkleinerungssuffix — vor uns haben[2], den das NL ausdrücklich „Ortlieben den jungen künec“ nennt. Dreierlei Einwände gegen unsere Drei-Söhne-Urschicht sind freilich zu beantworten: wie der Name Aldrian zu diesem sonderbaren Wettbewerb mit Ort(lieb) kam (Einwand x); was

---

[1] Es ist der eine der beiden denkwürdigen Zweikämpfe Hagens, der wohl von der frühesten Zeit bis zum NL konstant blieb. „Nur zwei Heldenpaare hat er *[der NL-Dichter]* beisammen gelassen, wie er sie vorfand: Hagen besiegt Iring, Dietrich den Hagen“ (Heusler, *Nib.s.*, ³1929, 217).

[2] Daß Etzel nicht in Frage kommt, hat sich schon Wilhelm Grimm eingestehen müssen: „Der Name weist auf den hier ausgeschiedenen König Etzel, den jedoch kein Gedicht durch ihn [Hagen] umkommen läßt“ (dazu auch Hempel, *Nib. t.*, 48, n. 2, und unten S. 152).

dann der Krimhild-Sohn für ein Ende nahm, da er nicht zu den Feinden Hagens gezählt haben konnte, und woraus wir beweisen wollen, daß Hagen einstmals in Waffenbrüderschaft mit Aldrian stand (Einwand y); schließlich warum aus dem Ort ein Ortlieb wurde (Einwand z).

Werden diese Einwände behoben, so lautet unser bisheriges Ergebnis: in jenem alten Lied vom Erbstreit gab es zwei Söhne aus Attilas Ehe mit Herkja-Helche, Chaba-Kewe-Geva und den nachmaligen Ort(lieb). Gegen sie stand die Gattin aus zweiter Ehe, Krimhild, ihr knabenhafter Sohn Aladarius-Aldrian und ein Landsmann von ihr, der spätere Hagen. Hagen erschlug beide Stiefbrüder Aldrians, zuerst den jüngeren, dann den älteren.

Bestätigt sich das, dann wäre offenbar, daß man bisher zu Unrecht alle Vorstellungen über das älteste Nibelungengedicht auf das *Alte Atli-Lied* gründete. Denn dort steht nichts von alledem.

Man redet immer nur von zwei Atli-Liedern. Es gibt aber noch ein drittes, und es führte von jeher in der Edda ein Aschenbrödeldasein[1], denn es wollte mit dem bisherigen Kenntnisstand zur Nibelungenvorgeschichte in keiner Weise zusammenstimmen. Einen „Seitenschößling", einen „Versuch mit neuem Lehngut" nennt Heusler das Lied. Jedermann knüpft ja an die weinende Ildico von Attilas Totenlager den (keineswegs logischen) Schluß, im ältesten Lied könne Krimhild nur als Rächerin ihrer Brüder und als Gegnerin Attilas vorhanden gewesen sein. Wir tasten uns dagegen bisher unverzagt in einer völlig anderen Richtung voran, und es ist noch nicht ausgemacht, daß es die falsche sein wird. Was bietet uns *Guđrúnarkviđa III* für die Anfänge der Krimhild-Dichtung?

Nun, zunächst die Tatsache, die als Beweis für die Un-Ursprünglichkeit gilt: Krimhild - Gudrun hat nicht den leisesten Mordgedanken gegen Attila, der soeben ihre Brüder erschlagen ließ; da Attila im Unterschied zu unsern bisherigen Feststellungen hier am Leben ist, müßte, falls unser Weg bisher richtig war, das Lied in diesem Punkt jünger sein[2]. Der aktive

[1] K. Müllenhoff glaubte in dem Kessel-Motiv einen alten Zug zu wittern (Zs. f. dts. Altert. 10, 1856, 172); daß norweg. Rechtsquellen dies erst Anfang des 11. Jahrhunderts bezeugen (Hempel, *Nib.st.*, 101), besagt nichts für unsere Datierung.

[2] Mit Bleyer, der, ohne von der Vorstellung eines ursprünglichen Krimhild-Töters Dietrich loszukommen, ein zweites späteres Lied unter pannonischem Einfluß annimmt, das zu dem oben skizziertem paßt, stimme ich im folgenden überein: „Die Verlegung der angeführten Situation vor den Tod Atlis kann nur sekundär sein. . Sie ist ursprünglich nur nach dem Tod Attilas und nach dem großen Hunnenkampfe denkbar. In der ungar. Sage sind Detreh und Kremheld in ihrem Streben einig und nach der blutigen Schlacht zwischen Germanen und Hunnen . . ist die Klage Detrehs und Kremhelds . . wohl begründet und verständlich. *Fußnote 1:* Aus dieser Erklärung folgt, daß þjóđrekr seine Mannen ursprünglich . . in der Hunnenschlacht vom J. 453 verloren hat. Auch geht aus dieser Deutung hervor, daß in dem freundlichen Verhältnis zwischen þjóđrekr und Gúđrun kein Widerspruch (wie Jiriczek S. 159 glaubte) vorhanden ist" (Beitr. 31, 560 f.).

Attila der *Gunther*-Tradition ist ausgeschaltet. Der einzige Gegenstand des Liedes — neben dem konventionellen Ausgang, einer glücklich überstandenen Prüfung (Keuschheitsprobe im Feuerkessel) der zu Unrecht schlecht behandelten Leidgeprüften — ist ihr Ringen gegen die arglistige Nebenbuhlerin, Attilas Kebsweib Herkja-Helche. Diese, die ihr durch Verleumdung bei Attila, dem Gatten, zu schaden sucht, kennt der eddische Dichter nicht mehr als das, was sie war, als die ursprüngliche Frau der ersten Ehe.

Erka-Herkja begegnet nirgendwo sonst in der *Edda*. Nur eine bisher unerschlossene Nibelungenfassung (s. u. Kap. VI) scheint etwas davon zu wissen, daß die beiden Frauen sich in Attilas Lager teilten und daß die Stiefmutter auf den Tod des Stiefsohnes sann. Noch viel sonderbarer aber als das Lied selber ist die herrschende Vorstellung, daß ein Dichter den Gegensatz der beiden Frauen, und Krimhild-Gudruns Rechtfertigung als treue Gattin, in der Spätzeit ausgedacht haben sollte — zu einer Zeit also, wo jedes Kind wußte, daß Krimhild-Gudrun eine fast hexenhafte Rächerin war! Und zu einer Zeit, in der Erka in der ThS als Idealbild einer edlen Königin erstrahlte! Heusler scheint verkannt zu haben, daß diese bösartige Verleumderin Herkja vom eddischen Dichter gar nicht mehr als identisch mit der edlen Erka empfunden wurde. Folglich müssen beide sich schon in sehr viel früherer Zeit auseinandergespalten haben. Demnach ist Herkja als feindliche, unebenbürtige Rivalin Krimhilds alt. Dafür, daß diese Feindseligkeit das Ursprüngliche ist, spricht auch ein unbeseitigter Rest in der ThS; dort spricht nämlich die sterbende Erka harte Worte gegen Krimhild, obwohl diese überhaupt noch nicht auf der Szene aufgetaucht ist.

Bevor wir nachher wieder zu diesem eddischen Lied zurückkehren, halten wir fest, daß die einzige sinnvolle Erklärung für diesen alten Nerv des Liedes wäre, wenn irgendwann einmal die beiden Ehen Attilas, die Söhne der beiden Mütter, eine dramatische Auseinandersetzung miteinander gehabt hätten. Deren spätester Ausläufer wäre dann dieses apokryphe Duell der Gattinnen Attilas gewesen, und nunmehr in Anpassung an die jetzt herrschende Meinung, die den lebenden Attila kennt, und vielleicht sogar an Wendungen aus der jetzt verbreiteten Beklagung Sigfrids durch seine Witwe.

Der Gegensatz der Attila-Söhne, den die Kéza-Bestätigung für die Vorstufe I wahrscheinlich macht, findet mithin eine erste Art von Bestätigung in der Edda. Von Gunther, von Attila, vom Hort sehen wir bisher nichts. Auf dieser Stufe kann jedoch — das soll unsere Untersuchung noch näher erforschen — Krimhild irgendwie am Untergang ihrer Stiefsöhne beteiligt gewesen sein, und auf eine noch unerkannte Art müßte Krimhilds echter Knabe umgekommen sein.

KRIMHILDLIED STUFE Ix. Denn nach der Liedquelle Kézas, dem wir uns weiter anvertrauen, waren in dem Erbstreit außer Dietrich von

Bern fast alle umgekommen; wohl auch der Proto-Hagen. Sagen wir es gleich: abermals stimmt kein anderer Text zum ungarischen als das soeben rehabilitierte dritte Atli-Lied: „Mit dreißig Tapfern / kam Thjodrek her; / von ihnen allen / nicht einer lebt".[1] Ein Zufall? Man hielt bisher, weil die beiden andern Atli-Lieder nichts davon sagen, den hier geschilderten Aufenthalt Dietrichs am Attila-Hof für jung. Aber wiederum: wie hätte der eddische Dichter, falls er tatsächlich in einer späten Zeit schuf, seinen Hörern noch den Waffenmeister Hildebrand unterschlagen können und dürfen! Dieser als Einziger überlebende Dietrich *(Kéza; Guđr. III)* hat, wie sich wird beweisen lassen, der Frühstufe angehört.[2]

Vorher hatte Dietrich an Attilas Hof gelebt — mit andern germanischen Verbündeten Attilas — geruhsam und als geehrter Gast, so lautet Kézas Bericht. Und der Ungar, der so genau über Dietrichs Helm und seine Wunde Bescheid weiß, kennt ausdrücklich die Hunnenbekämpfung Dietrichs in der „Krimhilt-Schlacht" aus der Zeit n a c h Attilas Tod (ebenso Stufe Ia). Nicht nur der Befund aus der *Guđrúnarkviđa* bringt zur Annahme, daß „Dietrich am Attila-Hof" in früher Zeit eine Rolle gespielt haben muß.[3]

Zunächst sei wiederholt, daß wir uns nicht entscheiden wollen, ob die Einbeziehung Dietrichs rein dichterische oder ob sie geschichtliche Gründe gehabt habe. Im ersten Fall lockte es den *Krimhild*-Dichter, seinem Personal den wirksamen Helden der *Rabenschlacht*-Dichtung Stufe I/II einzuverleiben. Solche Übernahmen pflegen zu erfolgen, wenn sich eine ähnliche Situation auftut, die dem Helden Gelegenheit bietet, seine charakterlich bezeichnende Stellungnahme zu wiederholen; eine solche Situation hätte es gegeben, wenn eine bestimmte Annahme W. Mohrs zuträfe, von der sogleich die Rede sein soll.

Die andere Möglichkeit: Baesecke (schon Bleyer 488) vermutet, im ältesten Lied vom Attila-Hof habe der Vater Theoderichs, Theodemer, ursprünglich diejenige Rolle gespielt, die später auf den Sohn übertragen wurde. Ich möchte das sehr gerne glauben. Es spricht dafür, daß Theodemer irgendwie in die Dichtung eingegangen sein dürfte (H. Schneider), und daß dann erklärt wäre, warum ihn die Dichtungen so oft erwähnen und doch nie irgendetwas über ihn zu sagen wissen (Baesecke). Ein Haupt-Indiz fand ich bei Baesecke nicht genannt, nämlich die Tatsache, daß die *Guđrúnar-*

[1] Dem entspricht auch die Prosaeinleitung zu *Guđrúnarkviđa II:* „þjóþrekr konungr var meþ Atla ok hafþi þar látit flesta alla menn sína. þjóþrekr ok Guþrún kærþu harma sín á milli."

[2] Da ein späteres Zeugnis dieser Stufe das *Hildebrandslied* ist, müßte der Heimkehrer Hildebrand, falls er Dietrich von Anfang an am Hunnenhof begleitete („alter Hunne"), ursprünglich unter den Gefallenen gewesen sein.

[3] K. Lachmann hat unter dem Eindruck Kézas diese Ansicht geteilt, glaubte aber plötzlich „auf die ungarische Saga vielleicht doch zu viel Gewicht gelegt zu haben" und verzichtete wieder auf die frühe Anwesenheit Dietrichs *(Zu den Nibelungen und der Klage*, 1836, 347 ff.); G. Heinrich hielt an ihr fest (Pallas nagy lexikona, V 249).

kviða III einmal aus Versehen (!) þjóðmarr statt þjódrekr schreibt; daran hatte einstmals schon Chadwick (*The Growth of Literature*, I, 200) die Vermutung geknüpft, daß „die Geschichte ursprünglich von ihm (Theodemer, der sich ja tatsächlich am Attila-Hof aufhielt) erzählt wurde."

Wenn tatsächlich schon im frühen Lied — und entgegen dem Zeugnis des *Alten Atli-Liedes* — Dietrich in die blutigen Kämpfe am Hunnenhof einbegriffen gewesen wäre, so müßte nachgewiesen werden,

a) daß die Atli-Lieder nicht von jeher so wuchtig-schlicht waren, sondern daß sie bloße Abrisse, Verkürzungen eines viel ausgedehnteren Geschehens gewesen sind. (vgl. bereits Wilmanns, *Untergang*, 1903, p. 4!!)

b) welche Rolle der Dietrich der Lieder bei seinem frühesten Auftreten am Hunnenhof gespielt habe.

Der Nachweis *a* wird durch die gesamte zweite Hälfte des vorliegenden Bandes geführt werden, und zwar, wie ich hoffe, unwiderlegbar. Ohnehin lag es längst nahe, sich die Erzählweise des altgermanischen Heldenliedes mehr in der homerisch-breiten Art des ältesten Zeugnisses, des *Hildebrandlied*-Fragmentes, oder des angelsächsischen *Finnsburg*-Bruchstücks vorzustellen — und nicht im stenogramm-ähnlichen, manieristisch verknappten, oft krampfartigen, wenn auch poetisch höchst wirksamen Isländer-Stil der *Edda*[1]. Heuslers These „vom Lied zum Epos" ist — auch für das Romanzenproblem — zu modifizieren: vom Großlied teils zum Epos, teils zum Kurzlied.

Der Nachweis *b* wird aufs äußerste erschwert, weil uns das 13. Jahrhundert zwei völlig widersprechende Meinungen dazu überliefert.

Einerseits kennt die *Rabenschlacht*-Epik den Ostgoten Dietrich als den besonderen Schützling und Freund der Attila-Gattin Helche, als den Rächer der Helche-Söhne und als ultima ratio hunnischer Kampfkraft gegen germanische Nachbarn (den Ostgotenkönig Ermanarich). — Andererseits kennen ihn Kézas Quellen als den blutigen Austilger der Hunnen, als den Gegner des Attila-Sohnes aus erster Ehe und Vorkämpfer für Attilas germanische Gattin Krimhild und ihren Sohn.

Wer hatte nun ursprünglich recht? Ich habe in diesem Abschnitt ein Reihe von Erkenntnissen vorzulegen, die die Waagschale zugunsten der zweiten Auffassung sich neigen lassen. In den Abschnitten über *Krimhildlied Stufe II* und *Rabenschlacht Stufe III* wird dann zu überlegen sein, wie es zu der herrschenden Auffassung der uns erhaltenen Epenschicht kommen konnte.

---

[1] Auch Heusler gelangte in Fällen, wo ein Vergleich eindeutig möglich war, zu Eingeständnissen in dieser Richtung. Etwa zu Sigfrids Ermordung: „Für die Urstufe läßt uns die Edda so ziemlich im Stich: das alte Lied mit Sigurds Waldtod ist in dieser Strecke ein bloßer Schatten" (*Nib.s.* [3], 259f.). Meist ist ihm das Fehlen eines Motivs in der *Edda* Beweis für dessen Nachträglichkeit (Vorverlobung 311 usw.), doch hält er richtig, aber unkonsequent trotzdem Giselher für alt, — während nach Wilmanns, *Untergang*, 1903, p. 23 (beistimmend Hempel, *Nib.st.* 92) Giselher eine späte Neuentlehnung aus der *Lex Burgundionum* wäre. Und der Giselher des *Vidsið*?

Für ein altes Lied über Dietrich als Hunnenbekämpfer spricht:

a) Die Geschichte. Kein historischer Gote ist uns als Schützer der hunnischen Attila-Söhne bekannt, ganz im Gegenteil war Dietrichs Oheim Walamer ein Hauptanstifter der blutigen Nedao-Schlacht, in der Ellak und seine dreißigtausend Hunnen fielen. Ein Gegner unserer Auffassung müßte einen vernünftigen Grund wissen, warum von jeher Dietrich im Widerspruch zum gotischen Verhalten gegenüber den Attila-Söhnen geschildert worden sein soll.[1]

b) Die Brückenstellung Kézas zwischen geschichtlichen und dichterischen Tatsachen. Wenn Dietrich für die Partei Krimhilds kämpfte (Kéza; NL, ThS), muß er — auf der Vor-Sigfrid-Stufe — für die burgunder Gäste oder jedenfalls gegen diejenigen Attila-Söhne, die nicht der Krimhild entstammten, gekämpft haben. Mit dieser naturgemäßen Erwägung stimmen die Quellen Kézas überein.

c) Der oben geführte Nachweis, daß der bösartige Anschlag Herkjas (= Helches) im eddischen Lied *Guđrúnarkviđa III*, der sich gegen Gudrun (= Krimhild) und Dietrich gemeinsam richtet, aus Gründen des damaligen Kreka-Helche-Bildes alt sein muß.

d) das bisher ungelöste Rätsel, daß Dietrich in etwa der Hälfte der ihm geltenden Dichtungen gegen Feinde kämpft, die alle unbekannt sind. Man hat sich damit abgefunden, sie als eine nun einmal gegebene Sonderprovinz beiseitezuschieben. Aber wie kam Dietrich ursprünglich zu diesen Kampferlebnissen mit Riesen und Unholden, die allerlei barocke Namen tragen? Greifen wir dasjenige Epos heraus, das noch den klarsten Bau hat, Dietrichs Bezwingung des Riesen Ecke. Da sind drei fürstliche Frauen, die den starken und nicht unsympathischen Riesen-Jüngling zum Angriff gegen Dietrich aufhetzen. Der Held schlägt ihm das Haupt ab, aber es tut ihm leid um seinen Gegner, und er wirft dieses Haupt vorwurfsvoll den Hetzerinnen zu Füßen. Daß die Dreizahl der Frauen dem Volkslied- und Märchenstil entspricht, wurde oft hervorgehoben. Sollte der Ursprung des Gedichts anderswo zu suchen sein, so werden wir eine einzige dietrichfeindliche Aufhetzerin zugrundelegen.

Zu dieser Ecke-Tötung gibt es nun in den vermeintlichen Dietrich-Apokryphen eine unleugbare Variante, mit ganz dem gleichen Schluß; daß eines der beiden Lieder vom andern abstammen müsse, hat noch keiner bestritten, — bloß hat niemand erwogen, ob nicht etwa der „Ecke" das

[1] Das gilt erst recht für die Theorie, in die man sich verstrickt, wenn man ein urtümliches Lied von der Rächung der Attila-Söhne begründen will. 1. muß man Theodemer statt Theoderich voraussetzen, 2. daß Theodemer rätselhafterweise nicht auf der Seite seines Bruders Walamer gestanden hätte. Vgl. W. Mohrs Hypothese der Ur-Historie: „Feinde bedrohen das Hunnenreich. Attilas Witwe schickt ihren jungen Sohn Ernak zusammen mit Theodemer in den Kampf. Ernak fällt, und Theodemer kehrt nach verlorener Schlacht als Unglücksbote zurück" (*Anz. f. dts. Alt.* 62, p. 127).

jüngere Glied darstellen könne. Es ist die Ths-Erzählung von den zwei Dietrichen, deren Verfasser, wohl weil er zu träge war, an Stelle des von ihm verdrängten Namens — sei es Ecke oder ein anderer — einen neuen zu erfinden, den wunderlichen Einfall hatte, Dietrichs Gegner gleichfalls Dietrich zu nennen. Da das Werk sonst eine Variante zum „Ecke" ist, so müßte man erwarten, daß wiederum die Aufhetzerin, die den Kampf verlangt, sich an Dietrichs Gegner wendet. Diesmal wendet sie sich jedoch an Dietrich selbst. Es wäre wertvoll zu wissen, welche der beiden Fassungen darin die neuere ist. Nehmen wir einmal an, daß es ursprünglich eine Aufhetzung des Jünglings gegen Dietrich war: warum gibt es dann diese zweite Fassung, in welcher der Kampf — wenn auch ziemlich rätselhaft — Dietrich auferlegt wird? Nun, weil in dieser Variante Helche persönlich, die Hunnenkönigin, streitsüchtig ist und weil es ja in der Zeit, da das Gedicht entstand, bereits ein Gemeinplatz war, daß Dietrich von dieser seiner Dienstherrin abhängig sei. Den älteren Charakter aber trägt in diesem Punkt die Aufhetzung Eckes.

Helche also wünscht den Zusammenstoß Dietrichs mit ihrem eigenen Vetter, einem Helden aus Griechenland[1] oder Rußland! Es ist der durch Helches Leichtsinn aus der Gefangenschaft entkommene Sohn Waldemars von Rußland. Dietrich mißt sich mit ihm im Kampf. Da ihm dieser Mann nie die geringste Kränkung zugefügt hatte und nur das böse Verlangen Helches an allem schuld war, wirft er ihr wütend das Haupt vor die Füße.

Wie beim eddischen *III. Gudrunlied* kann man sich unmöglich vorstellen, warum bei einem überall verbreiteten idealen Kreka-Bild eine solche Charakterzeichnung neu erfunden werden konnte. Und nun gar hier, außer der Edda, ein zweites Mal? völlig unabhängig vom ersten, und in völlig anderem Rahmen! Der Schluß ist nunmehr zwingend, daß diese Helche als bösartige Gegnerin Dietrichs — übereinstimmend mit Kéza! — zur alten Lieddichtung gehört haben muß. Drei solcher Zeugnisse können für niemanden ein Zufall sein.

Nun aber ist die Frage, mit welchem Gegner, dem er offenbar innerlich gar nicht so feind war, Dietrich da kämpfte. Es bedarf keiner Eigennamen-Alchimie, indem wir etwa den jungen Ecke mit dem wegen seines machtvollen Kampfes so gerühmten[2] Attila-Sohn, dem jungen Ellak gleichsetzen, den die Ostgoten töteten. Auch wäre es eine Arbeit für sich, die zahllosen Riesenkämpfe Dietrichs nach hunnischen Relikten zu durchspähen. Aber aus jenem einstmals beliebten Kampf des Hunnentöters Dietrich, das ist für mich kein Zweifel, stammen die meisten dieser Unholdfabeleien. Es wird jetzt klar, warum diese Sonderprovinz des angeblich

[1] Man identifiziert von jeher Dietrich Valdemarsson der ThS mit *Dietrich von Kriechen* (Rosengarten D, = *Sterke Diderik)*.

[2] Baesecke vermutete, Cassiodor habe, als er 526/533 seine Gotengeschichte schrieb, ein gotisches Lied gekannt, in dem Ellak gepriesen worden sei (*V. u. F.*, I, 209).

mythischen Dietrich entstand. Seine Hunnenkämpfer-Vergangenheit war in Widerspruch geraten zu einer neuen Rolle Dietrichs, zur Freundschaft mit den Hunnen. So wurden seine alten Gegner durch Phantastik unkenntlich gemacht, zu halbgrotesken Gestalten vermummt und enthistorisiert. Wird man einen dieser vermummten einstigen Hunnen hinter seiner täppischen Riesenmaske hervorholen können?

e) Den gewissenhaften Leser des Nibelungenliedes wird der Name Nudung (*ThS:* Naudung von Valkaborg) in seltsame Skrupel stürzen. Ich erinnerte eingangs daran, wie dieser Nudung in mittelhochdeutscher Epik als der Sohn Rüdigers (laut *Biterolf* und *Rosengarten CD*) und als Neffe Dietrichs dasteht. Nach den deutschen Quellen (*Buch von Berne*) hätte Witege ihn in der Rabenschlacht erschlagen, (*ThS*) als Begleiter der Helche-Söhne. Seltsamerweise ist Nudung in seinen ausführlichsten Zügen nicht in Ravenna, sondern fest am Hunnenhof verwurzelt. Blödel, Fürst der Walâchen (*Biterolf* 13057) — der historische König Bledla, Attilas Bruder und Mitinhaber des hunnischen Doppelkönigtums — möchte durch Heirat in das Erbe des Erschlagenen eintreten. Die NL-Aventiure *Wie Bloedelîn erslagen wart*, macht den Eindruck, als sei ihr Blödel ursprünglich als Töter Nudungs bekannt gewesen. Als Dankwart im NL Blödelin erschlägt, begleitet er dies durch einen Hohnspruch auf die Bräutigams-Absichten Blödels, der sich Hochzeit mit Nudungs reicher Witwe erhofft habe. „daz sî dîn morgengabe zuo Nuodunges briute.“ Es ist ganz der Stil der Reden, welche die Vollziehung einer Blutrache zu begleiten pflegen. Über Dankwart, eine der nachträglichsten Gestalten im NL, schreibt Baesecke: „Der ganze Auftritt (des Alarm-Rufs) mit der Aristie Dankwarts ist Zutat wie er selbst, und so fiel Blödelin nicht durch seine Hand“ (*V. u. F.*, *I* 263). In der ThS ist an der entsprechenden Stelle Gernot der Töter, und *Blödels* Ende rächt auf der Stelle Rüdiger, indem er Gernot erschlägt. Wie? Rüdiger, Dietrichs Gefährte, nähme Rache dafür, daß man den vermutlichen Mörder seines Sohnes tötet? So denn doch nicht; auch dem *ThS*-Erzähler muß dieses Bedenken gekommen sein und so setzte er an Stelle von Blödelins Namen den unverfänglichen des ausgeliehenen Sachsenhelden Osid (= Hosed).

Verfänglich genug aber bleibt das NL. Rüdigers Gattin Gotlind vergießt verstohlene Tränen über ihren Sohn Nudung, den der Dichter so beflissen wie möglich totschweigt — und ihr Gatte kämpft gleichzeitig als Parteigänger Blödels! desgleichen Rüdigers Waffenbruder Dietrich, Nudungs Oheim! Wo immer Nudungs und Blödels Namen in der mittelhochdeutschen Dichtung auftauchen, werden sie gleichsam schleunigst wieder vertuscht, wie etwas überaus Peinliches. Und sie sind in der Tat peinlich — nämlich für die angebliche Waffengemeinschaft Dietrichs und der Hunnen. Wenn Attilas Bruder sich schuldig gemacht hatte gegenüber dem Neffen Dietrichs, so war es klar, daß im Leben der Amelungen am Hunnenhof tragische Konflikte bereitstanden. Konnte zumal Dietrichs alter Gefährte Rüdiger dann die Rachepflicht dem Sohn gegenüber ganz vergessen?

Dafür, daß es nicht bloß eine Vermutung ist, den Heiratsplänen Blödels sei eine Nudung-Tötung vorangegangen, fand ich nun einen bisher unausgewerteten Anhaltspunkt, — zugleich ein Zeugnis dafür, daß, wie das NL jedermann vermuten läßt, einstmals ausführlich über Blödel, den Hunnen, der in die Familie seines Opfers hineinzuheiraten gedachte, gesungen wurde. Es ist wunderlich, daß man den Bledla-Zeugnissen nicht ausführlicher nachspürte, da doch gerade er als eine eindeutige historische und nur durch die Dichtung, nicht durch die Geschichte bevorzugte Gestalt, höchste Wachsamkeit hätte erregen müssen[1].

Es gibt zwei altertümliche färöische Balladen von *Greivin av Gansalin* und drei dänische des 16. Jahrhunderts von *Greve Genselins Bryllup* (Grundtvig, *Danmarks gamle Folkeviser*, Nr. 16), — die dänischen bereits im letzten Stadium des Zersungenwerdens ins Närrische und Groteske. Man hat von jeher die Teil-Identität dieses Königs Kanselin (Guncelin) mit Blödel gewußt, aber das Ganze für einen späten Ableger angesehen. Der Held wird durch seine Mutter aufgereizt, gegen Iver Blaa in den Kampf zu ziehen; er tötet ihn (in beiden färöer Liedern; Dänisch gewährt er ihm doch noch Pardon), nachdem Ivar den verballhornten altheidnischen Ruf tat „Hilf jetzt, Ulff und Asmer Grib[2]." Und nun will Genselin gar die Schwester (Dän. A, B) oder Schwestertochter (C) des Erschlagenen heiraten, Schön Solentaa (fär. Sólinita, Sólita). Da kommt es aber zu dem seltsamen Festgelage, an dem Fru Kremolt dabei ist und bei dem schließlich Tische, Bänke und das Feuer wild werden.

Wieder erkennen wir in zwar verschwimmenden, aber unmißverständlichen Umrissen einen Vorgang aus einem alten Lied am Hunnenhof. Dem Hochzeitsgelage Blödelin=Guncelins geht hier eindeutig seine Tötung des Verwandten seiner Braut voraus. Am Anfang also Aufhetzung des Attila-Bruders durch eine Frau — „Mutter" brauchte nicht die Schwägerin Helche zu sein, wir erinnern uns an den schlechten Ruf der hexenhaften Attila-Mutter in der *Edda*. Dann: er tötete den Neffen Dietrichs, Nudung, den Rüdiger-Sohn; aber als er bis zu Hochzeitsabsichten weiterschreitet, ereilt ihn die Rache. Durch wen? Durch Rüdiger? Durch Dietrich? Unmöglich, daß sie auf seiner Seite kämpften.

---

[1] Heusler schreibt: „Er war in der Dietrichsage überliefert" (*Nib.s.* [3], 64); er nimmt richtig an, daß Blödel, bevor er in den Gunther-Attila-Zusammenhang eintrat, bereits mit Dietrich zusammen eine Rolle gespielt habe.

[2] Den vorchristlichen Sinn hat Grundtvig enträtselt durch den Vergleich mit dem Vers eines schwedischen Liedes „Hilf nun Oden Asagrím" bzw. in der entsprechenden färöischen Variante: *Oðin Æsagrá*. — Getötet wird in der dänischen Ballade durch Genselin nur „Jung Telmantin" (Tellemant Tin, Tilventin), der ihm ungebührlich antwortet; aus der färöischen Form Telvantin schloß Grundtvig auf den Dietrich-Kämpen Dietleib.

f) Aus den Gründen, die wir nun durchschauen, war man höchst geschäftig, Bledla in einen tolpatschigen Berserker und Eisenbeißer zu vermummen, ihn die Rolle „des Rennewart spielen" zu lassen (W. Mohr, a. a. O. 137), des plumpen Riesen, — was durch den Anklang an das Wort *blöde* noch gefördert werden mochte. Wie schon im NL sollte vermieden werden, die Kluft zwischen Amelungen und Hunnen dadurch spürbar zu machen, daß an die Hintergründe der Hochzeit Bledlas, an den Tod Nudungs, gerührt wurde. — Nun liegen die Dinge jedoch vielleicht noch komplizierter. Die Tötung Nudungs brauchte ja nicht gerade eine Meintat gewesen zu sein, und das Heiratsbegehren nicht eine Frechheit oder habgierige Berechnung. Eine gewisse Achtung für Blödel müßte man voraussetzen, wenn er in Dänemark zum Handlungsträger einer Ballade werden konnte. Mehr noch, es muß ihn irgendetwas Freundschaftliches mit Dietrich verbunden haben. Denn wie soll man sich anders den seltsamen Vorgang erklären, daß Blödel, gleichzeitig mit seiner riesischen Verwandlung, allenthalben als Freund und Mitkämpfer unter Dietrichs Kämpen auftaucht. So erscheint er in Fassung B des mhd. *Virginal*-Epos; in der dänischen Ballade von den *Dietrichkämpen* (Fassung H, von 1595) gehört er gleichfalls zu diesen. Auch als Dietrich in einem letzten Ausläufer des *Hamđirliedes*, der niederdeutschen Ballade *Ermenrikes Tod*, an die Stelle der ursprünglichen Ermanarich-Töter eingesetzt wird, ist der zwölfjährige „König (!) Blödelinck" sein grotesker Begleiter, der im Keller ein hyperbolisches Gemetzel anstellt. Hier hat nun W. Mohr eine eigenartige Beobachtung gemacht: als König Blödelinck durch Dietrich für tot gehalten wird, klagt dieser: „Wapen! owe dat ick hir quam! / Nu hebb ick jo vorlaren / Könink Blödelink, minen alderjungsten Man!" W. Mohr möchte diesem Ausruf ein ehrwürdiges Alter zuschreiben und führt ihn letztlich auf Dietrichs Klage um die Etzelsöhne zurück. Die Beziehung leuchtet ein, aber wenn Mohr auf die auffällige Verjüngung Blödels hinweisen könnte, so erklärt sich doch nicht, wieso denn dann Blödel gerade an die Stelle der Helche-Söhne getreten sein sollte und warum anderwärts Blödel gleichfalls als Dietrichs Freund auftaucht. In Erwägung dessen muß die Möglichkeit offen gehalten werden, daß — falls man hier ein altes Relikt zu sehen bereit ist, — der Klageruf Dietrichs von jeher und immer dem getöteten König Bledla galt. Denn erstens mochte der Dietrich des ältesten Liedes die Tötung des starken Königs ähnlich aufrichtig bedauert haben, wie er ausdrücklich den Tod seines Gegners Ecke — bzw. des Vetters der Helche — beklagte (war Blödel eine Variante Eckes oder des Helche-Vetters? und die böse Attila-Mutter frühe Variante der Helche?). Zweitens mußte der gotische Sänger unbedingt von einer Spannung in der Attila-Familie wissen. Es müßte sogar überraschen, falls sich n i c h t die Sage und womöglich gar ein Lied an das Gerücht geknüpft hätte, welches mehrere Geschichtsschreiber von damals aufzeichneten: nämlich daß der Tod Bledlas um 444/445 die Folge seines Gegensatzes zu seinem Mitregenten Attila war. War

Bledla aber mit Attila uneins, so konnte er in tragischer Zwiespältigkeit halb auf die Seite des Theodemer und Ardarich von 454 rücken. Wir wissen nicht, ob Bledla, der ja das Jahr 454 nicht erlebte, von Anfang an unserem Lied angehörte, ob er erst gleichzeitig mit dem Auftreten Attilas und als dessen gotenfreundlicher Gegenspieler einrückte, etwa als Variante zu Dietrichs Klage um Ecke; — ob zu der Zeit, als das erste Lied gedichtet wurde, überhaupt alle genaueren Lebensdaten bereits verschwommen waren. Dennoch hat unsere Annahme nicht nur trotz einiger hypothetischer Voraussetzungen die Wahrscheinlichkeit für sich, sie ist in Wahrheit bisher allein in der Lage, das große und anders gänzlich rätselhafte Prestige des Bledla-Namens während eines Jahrtausends epischer Dichtung zu erklären.

g) Einen siebenten Anhaltspunkt dafür, daß Dietrich im ältesten Lied nicht auf der Seite der Hunnen stand, bietet schließlich das NL selber dadurch, daß es gegenüber dem Fremdvolk der Hunnen ein herzliches Gefühl der Verbundenheit unter allen Nicht-Hunnen voraussetzt. Kaum erblicken Hagen und Dietrich einander, als jeder freudig bewegt die Hände des anderen ergreift (Str. 1750); Amelungen und Nibelungen, wir müssen es glauben, kennen einander von früher; Dietrich verbietet den Seinen, beim Turnier gegen die Nibelungen anzutreten, verbietet später Wolfhart die Teilnahme am Kampf und nur der Tod Rüdigers bestimmt ihn selbst zum Eingreifen. Der Leser nimmt dergleichen aus Gewohnheit allzu leicht für selbstverständlich. Aber auch dies — ebenso wie noch in der dänischen Ballade *Kong Diderik og hans Kaemper* die Zugehörigkeit Hagens zur Dietrich-Schar — scheint zurückzuweisen auf ehemalige gemeinsame Kampfbruderschaft gegenüber den Hunnen. Jetzt leuchtet ein, was Frühere als Hauptargument für ein *spätes* Eintreten Dietrichs verwertet hatten; nach Hempels Ansicht *(Nib.st.* 104) beispielsweise „stellte die ältere *Rosengartendichtung* die in der ThS wiedergegeben ist, die Nibelungen mit Dietrich auf die gleiche Partei, kannte also vielleicht ihre tragische Gegnerschaft noch nicht". —

Wenn bei alledem der uns textlich erhaltenen dichterischen Gestalt Dietrichs irgendetwas fehlen dürfte, was sie zum lebensvollen Besitz der Nachwelt und der Nachdichter noch unserer Tage macht, — so liegt die letzte Ursache vielleicht in jener Zeitstufe, zu welcher unser nächster Abschnitt übergeht; jener Zeitstufe, in der man die älteste Konzeption Dietrichs umkehrte, des Ostgoten, der den Bledla, Ecke oder wie seine einstigen Hunnengefährten geheißen haben mögen, zu bekämpfen gezwungen war. Mit dieser Umwandlung ist es, als sei der Gestalt Theoderichs für alle Zeiten etwas von ihrem unentbehrlichsten und ungreifbarsten Lebensnerv durchschnitten worden. Der Vorgang beginnt in dem Augenblick, als der echte, auch historisch bedeutungsschwere Lebens-Spielraum dieser Ostgotengestalt aufgehoben wurde, nämlich zur Zeit unmittelbar nach Attilas Tod. Sobald ein Dichter die im Gunther-Lied ansässige dichterische Gestalt Attilas neben Theoderich stellen wird, wird es mit der Gewichtigkeit Theoderichs zu Ende gehen, mag ihm auch noch, bis ins NL hinein, manches an schiedsrichterlicher Weisheit belassen bleiben. Die Ausstrahlungskraft der alten dichterisch erfaßten Theoderich-Gestalt wird gebrochen sein. Ein Fremder wird geboren — „ich armer Dietrîch" —, der ihm wenig mehr ähnelt, dessen Unglück und *unsaelde* von nun an durch die Unfreiheit gegenüber dem hunnischen Diensthern etwas Glanzloses und Mattes aufweist, über das alle äußere Bewegtheit und alle fein erfaßten Gemütsbewegungen nicht wegtäuschen.

KRIMHILDLIED STUFE Ia UND Ix. Nach alledem rundet sich das Bild eines selbständigen Liedes, das durch mindestens sechs geschichtliche Personen bestimmt wird. Bis zu diesem Punkt unserer Untersuchung wären als provisorisches Zwischenergebnis folgende Umrisse erkennbar:[1]

Der nach dem hunnischen Brauch der Vielweiberei lebende Attila hinterließ zwei Witwen, eine Griechin (Kreka), Mutter von zwei (drei? mehr?) Söhnen, und eine Germanin, Mutter eines Sohnes. Zwischen den beiden Frauen herrschte Gereiztheit. Da die Germanin (Gepidin? Tochter Ardarichs?) Grund hatte, auf ihren Sohn Aldrian (Ardarich?) stolz zu sein, mußte Kreka — die einen tapferen Kämpen ihres Blutes im Vetter und in Ecke besaß, — zur Verleumdung greifen. Sie unterstellte der Gegnerin einen Skandal in ehelicher Beziehung — ein Vorwurf, der nur durch eine Rechtfertigung außergewöhnlicher Art zu beheben war.

Attilas ostgotischer Berater Theoderich (Theodemer?) setzte sich mit Erfolg dafür ein, daß das Doppelkönigtum an je einen Sohn dieser beiden Frauen überging, an Chaba und den jungen Aladarius-Aldrian. Der tapfere und gewaltig starke Bruder Attilas, Bleda, dem Theoderich offenbar in Achtung zugetan war, beabsichtigte, die Schwester (Witwe?) eines Germanen zu heiraten, den er selbst (nach anderer Fassung: Witege) auf Anreizung durch eine Frau (seine Mutter; etwa die böse Attila-Mutter der Edda?) erschlagen hatte, — die Schwester des Nudung, des Rüdiger-Sohnes. Gegen diese Heirat herrschte im Kreis der Goten heftige Feindseligkeit. Zum Zusammenstoß kam es bei einem Festgelage (beim Brautlauf Bledas oder bei einer Totenfeier für einen Kreka = Vetter?). Kerka (= Herkja-Helche), die Griechin, reizte einen starken, noch knabenhaften Hunnenhelden (Ecke; einen ihrer Söhne? Ellak?) zum Kampf gegen Theoderich auf. Krimhild, die Germanin, verließ sich auf einen starken Stammgenossen, einen alten Kampfgefährten Theoderichs (den späteren grimmen Hagen; war es ihr Bruder? ihr Halbbruder?)[2]. *Irgendwie hatte auch sie tätigen Anteil (sagte sie arglistig*

---

[1] Rekonstruierte Handlungsverläufe sind in Kursiv-Druck wiedergegeben, Inhaltsangaben nach überlieferten Texten in gewöhnlichem Druck.

[2] Trifft diese Erwägung zu, die erst auf *Stufe II* des *Krimhildliedes* nachweisbar wird (vgl. *Kap. VI)*, so erhält die oben besprochene Tatsache, daß Krimhild nach ungarischem Zeugnis des 16. Jahrhunderts Ardarichs Tochter und nach ThS Aldrians Tochter ist, eine ganz verwunderliche Bestätigung. Denn „Aldrian" heißen nicht nur die Söhne — ehelich — von Krimhild (ThS) und — unehelich — von Hagen (ThS), sondern laut NL auch Hagens Vater, also der Großvater des Hagen-Sohnes Aldrian (zur späteren Version eines elfischen Hagen-Vaters s. unten S. 110, n. 1). Was nun aber das NL über diesen älteren Aldrian weiß, paßt aufs allergenaueste zum geschichtlichen Gepidenkönig Ardarich, (laut Jordanes) dem Lieblingskämpen Attilas. Der Attila des NL sagt über Hagens Vater (man

dem jüngsten Söhnchen der Griechin, es solle den Grimmigen ins Gesicht schlagen? ThS, Klage, AHB). Der Kampf brach aus, als der Grimmige diesem Sohn, „König“ Orte, das Haupt abschlug. Es fiel dann auch wohl der älteste Sohn König Chaba (=Kewe=Gewa). Auch Theoderich griff in den Kampf ein (nachdem man seinen — herulischen? — Mitkämpen Rüdiger erschlug?). Er tötete den starken Hunnenjüngling (Ecke), nicht ohne Kummer, und warf dessen Haupt in bösem Zorn der Aufhetzerin Helche vor die Füße. Ein Gote tötete Bledla, indem er mit grimmigen Worten den Todeshieb als eine Morgengabe zur Einheirat in Nudungs Familie deutete (wehklagte Dietrich an Bledlas Leiche?). König Aldrian und sein grimmiger Mitkämpfer kamen beide ums Leben (Erschlug Dietrich schon damals denjenigen, der den Tod des Krimhildsohnes verursachte? War es schon damals ein Germane, war es schon damals womöglich König Aldrians eigener Mitkämpfer, der Waffenmeister Hagen? Werden wir später die Umstände erklärt finden, um deretwillen der Krimhildsohn durch seinen eigenen Verwandten und Mitkämpfer getötet worden wäre?). Da unter den Germanen einige durch gegenseitige Tötung umkamen, herrschte lebhafte Schadenfreude unter den Hunnen. Eine Minderheit von Hunnen opferte sich auf Seiten der Aladarius-Partei auf. Kein Germanenfürst (oder gab es d o c h *einige rächende Überlebende, welche irgendwann den letzten Hunnen vollends den Garaus machen? Vorläufer eines rächenden Sohnes?) außer Dietrich blieb nach diesem Kampf am Leben.*

Dieses Lied nennen wir das „Ungarische Krimhildlied“, weil es in wesentlichen Zügen durch den Hofkaplan Simon Kéza um 1285 resümiert worden ist. Schon Kéza hat auch das tragische dichterische Pathos des Geschehens zusammenfassend gekennzeichnet: daß nämlich nicht einfach auf der Seite Chabas die Hunnen und auf der Seite des Krimhildsohnes die Germanen gestanden hätten, sondern daß die Konflikte mitten durch die beiden Völker gegangen seien. In den uns erhaltenen Fassungen werden die Hunnen ja sehr global behandelt und die individuellen Feinheiten auf ihrer Seite verwischt. Aber alle echten Reste der Lieder aus der gotischen Klassik erweisen, daß man zu dieser Zeit beim Hunnen die volle menschliche Eigenart nicht weniger streng ehrte als beim Landsmann. Das stimmt zu dem, was uns bisher die Zeugnisse hergaben. Die Vorstellung, daß ein gotisches Lied, wenn es die Tapferkeit des Hunnen Ellak rühmte, darum auch die hunnische Partei ergriffen haben müßte, ist — leider — nur für unsere Zeit bezeichnend, nicht für die Blütezeit des Germanentums.

Für den Augenblick nun fassen wir noch einmal alles in ein negatives Ergebnis zusammen: Die sämtlichen bisher erlangten Feststellungen bestätigen das eine: nicht nur ist es unumgänglich, mit Forschern wie Steche, Mohr und andern „die Dether-Widga-Handlung“ und die „Attila-Söhne-Handlung“[1] zu unterscheiden. Es besteht auf dieser ältesten besprochenen Stufe überdies noch keinerlei Möglichkeit für den Dietrich des Hunnenhofes, daß er — neben seiner ravennatischen Rache für Diether (= Dietmar)

hielt es bisher für eine unfundierte junge Fabelei): *Wol erkande ich Aldriânen, wan der was mîn man./ lob und michel êre er hie bî mir gewan* Str. 1755. Der historische Ardarich wäre dann nur in Gestalt seines gleichnamigen Enkels, dem ein tragischer Tod nachgesagt wurde, in das Heldenlied aufgenommen worden.

[1] W. Mohr, a. a. O., p. 139; vgl. Th. Steche, *Das Rabenschlachtlied*, 1939. — Schon Mohr fragt übrigens p. 125 bedenklich, was dann an Gehalt für die auf die Helche-Söhne eingeschränkte Rabenschlacht übrigbleibe.

— die Hüterschaft oder die Rache für die Söhne der Helche hätte übernehmen können. Im Gegenteil: zu seinen frühesten Gegnern Odoaker und Ermanarich hatte Dietrich hier nun diesen und jenen feindlichen Hunnenkämpen hinzu erworben, von denen der Ecke-Dichter und andere Epiker noch lange zehrten. Dietrichs echte Rolle damals — in Kézas Aufzeichnung ist sie festgehalten — war es, in der dramatischen Auseinandersetzung zwischen den Attila-Söhnen zunächst zu vermitteln, bei Kampfesausbruch aber natürlich die Partei Krimhilds, die germanische, gegen Chaba zu ergreifen. Ob er schon, so wie später, den Mörder des Krimhild-Sohnes seine Tat büßen ließ, ist nicht erschließbar.

KRIMHILD-LIED, STUFE II. Erst nachdem Krimhild, die Thronfolger-Mutter, als Hauptgestalt dem Kampf seinen Namen gegeben hatte, wird das faßbar, was wirklich erlaubt, von „Nibelungenlied" zu sprechen. Mag man es auch pedantisch nennen, so wollen wir gleichwohl festhalten, daß für Stufe I keineswegs sicher ist, ob der Töter der Attila-Nachkommenschaft (Hagen?) und der von Gunther geopferte Bruder (Giselher? nach Heusler) ursprünglich identisch waren, bzw. welcher von beiden ursprünglich den Namen Hagen, Sohn des Agacien[1], führte. Solche Bedenken sind am Platz, auch für die Frage, ob von jeher Krimhild eine Burgunderin und ob sie von jeher eine Guntherschwester gewesen war. Für gesichert lassen wir vielmehr nur gelten, daß sie die germanische Mutter eines Attila-Sohnes war. Um das zu glauben, wird man mit Recht verlangen, daß man dann diesen Sohn im *Alten Atli-Lied* nachweisen müsse, wo ihn noch niemand sehen konnte; daß er da ist, nämlich als der „achte Mann", wird sich unten mit aller wünschenswerten Präzision beweisen lassen.

Voraussetzung für die Ansetzung der Stufe II sind mir zwei Annahmen, von denen die erste ohne Bedenken bleibt. Erstens: Attila und Gunther waren von jeher untrennbare Partner; dafür, daß einer ohne den andern einem ursprünglichen Lied hätte angehören können, gibt es schlechterdings kein Zeugnis. Zweitens: wenn die Ereignisse von Stufe I nach Attilas Tod

[1] *Waltharius.* Etwa zu Agazjo (= der Feige, Redselige, nach Lachmann, *Krit.*, 245)? Nicht unmöglich, aber unbeweisbar ist, daß Hagen als Sohn oder Gegenstück des Aetius, Agetius (390—453) galt, jenes kriegstüchtigen weströmischen Oberbefehlshabers (seit 425), der mit dem Westgoten Theoderich auf den katalaunischen Feldern die große Wende in Attilas Machtstellung herbeiführte, vorher aber, seit seiner Emigrantenzeit am Hunnenhof, jahrzehntelang Vertrauensmann der Hunnen gewesen zu sein scheint. Ein geschichtsdeutender Zeitgenosse, der über den gepidisch-ostgotischen Frontwechsel grübelte, hätte jedenfalls sehr leicht darauf kommen können, den Aetius schon damals mit seinem anfänglichen Gegner Ardarich zu verbinden. Denn was die westgotische Aetius-Schlacht für Westeuropa bedeutete, das bedeutete die ostgotische Ardarich-Schlacht 454 für Osteuropa: die endgültige Befreiung des Abendlandes von den Mongolen. — Zur Hagen-Herleitung von Aetius vgl. H. Grégoire a. a. O.; Aetius als Sohn des Alarich, verknüpft mit dem Aldrian der ThS: R. Heinzel, *Über die Walthersage*, Wiener Sitz. Ber. 117, 78 f.

sich abspielten, kam auch Gunther nicht vor; sollte Krimhild schon damals seine Schwester gewesen sein, so war das dichterisch belanglos. —

Für die Frage, wann nun Attila-Gunther in das „ungarische Krimhildlied" eintraten *(Krimhildlied Stufe II)*, sehen wir uns vor zwei Möglichkeiten gestellt.

Entweder der *Burgunden-Untergang*, das Lied von Gunther und seiner mit den Hunnen verknüpften Schwester (Gudrun?), war bereits als unabhängiges Lied abgeschlossen (Heusler, Schneider, Baesecke). Dann wurde es nunmehr mit dem *Krimhildlied* verschmolzen auf der Grundlage einer starken Zentralstellung der germanischen Attila-Gattin.

Oder: ein burgundischer oder fränkischer Sänger nahm an der Witwe im gotischen *Krimhildlied I* solchen Anteil, daß er seinen Hörern mitzuteilen wünschte, wie es sich mit der Herkunft und Eheschließung der Heldin verhalten habe. Er machte sie (falls sie es nicht zufällig ohnehin war) zur Burgunderin und — mit dem neuen Namen Gudrun? — zur Schwester des bisher vielleicht nur durch Sage, nicht durch Dichtung berühmten Königs Gunther — freilich ohne gegen den bereits eingebürgerten Namen Krimhild anderswo als bei den Nordgermanen (welche das Lied zuletzt erreichte) durchzudringen. Aus Sage oder freier Erfindung belebte er zusammen mit Gunther auch den Hunnen Attila und machte ihn zum Besieger Gunthers. Für den Ostgoten Theoderich dagegen konnte er wenig Anteilnahme aufbringen; dieser hatte denn wohl zum größten Teil zu weichen.

Für die erste Annahme spricht das Motiv der Rache an Attila. Falls dieses, wie allgemein angenommen, aus den Umständen von Attilas Tod sich ergab, müssen die Gerüchte noch frisch gewesen sein, damit sich eine Dichtung an ihnen nähren konnte. D. h. es kann nicht viel Zeit nach Attilas Tod verstrichen sein, das Guntherlied müßte dann sehr alt und somit eigenständig gewesen sein. Ein Skeptiker könnte ihm vielleicht sogar nur die Horterfragung zubilligen wollen, die Frauenrolle aber und dann erst recht auch die Rache in Frage stellen; und schließlich die Horterfragung allein als zu mager für ein eigenständiges Lied bezeichnen. Diesen Einwand würden unsere späteren Nachweise zerstreuen können, insofern wir zur Horterfragung eine bisher noch unbeachtete Vorgeschichte als alten Bestandteil auffanden.

Aber freilich könnten alle Szenen erst spät durch den Verfasser von *Krimhildlied Stufe II* erfunden worden sein. Um jedenfalls nicht unvorsichtig zu sein, habe ich daher nicht das GUNTHER-LIED, als sei es ein nachweisbar eigenständiges altes Lied, neben die anderen aufgeführten Lieder gestellt; Ansatzpunkte hätte der Verfasser ja im Ungarischen Krimhildlied finden können: die Ehe mit Attila und die germanischen Verwandten als Hofgäste. Wohl scheint mir die bei weitem größere Wahrscheinlichkeit dafür zu sprechen, daß es dieses Lied einst gegeben habe. Aber doch eben nur eine Wahrscheinlichkeit. So rate ich, um nicht auf unsicheren Grund zu bauen, sich lieber mit einer Ungewißheit abzufinden.

Festzuhalten haben wir jedenfalls die ursprüngliche Zusammenhanglosigkeit zwischen dem Erbstreit nach Attilas Tod und dem Anspruch Attilas auf Gunthers Gold. Wie dieser Gegensatz sogar noch aus dem bloßen NL heraus spürbar empfunden wird, läßt sich an einer der impressionistischen Thesen D. von Kraliks hübsch aufzeigen.

Nach unseren ältesten Zeugnissen zur Nibelungendichtung, nämlich der skaldischen Lyrik des 8./9. Jahrhunderts, sind Erbstreit und Nibelungenstreit eines und dasselbe (vgl. oben S. 30f); „Nibelungen" lautet der Familienname einer Sippe offenbar, welche sich (wie ich an der Krimhild-Sippe nachzuweisen hoffe) selbstmörderisch bei einem Erbstreit gegenseitig aufrieb. Daß das nicht auf die Gibich-Brüder zutraf[1], hat Heusler klar erkannt, der denn auch mit Recht eine erst spätere Identifikation mit diesen annahm („und so gebrauchte man nun die Namen Nibelunge und Gibichunge — oder Burgunden — gleichdeutig nebeneinander; der Burgunden-Untergang war eine ‚Nibelungennot'. Diesen Schritt setzt schon die älteste eddische Dichtung voraus"). D. von Kralik hatte darüber hinaus die richtige Empfindung, daß der offenkundig archaische Titel „Nibelungennot" irgendwie nicht recht zur Gesamtheit dessen stimme, was das NL hier zu bieten hat: „wenn die ursprüngliche Fassung des Epos mit den Worten ‚Das ist der Nibelunge Not' endet, so ist hier, wie ja längst erkannt wurde, gleichsam der Titel einer benützten poetischen Vorlage wiedergegeben, die ... nur den Untergang der nibelungischen Helden als dramatische Handlung szenisch vorführte"[2]. Und zwar spürte D. von Kralik nun so stark wie vorher niemand, daß ein innerer Gegensatz bestehe zwischen einerseits der zum Kampf treibenden Krimhild und dem andern Antrieb, dem Hortbegehren Attilas. Ja, er ging bis zu der tollkühnen und, wie sich jetzt nachweisen läßt, zutreffenden intuitiven These, es müsse zwei völlig verschiedene Lieder gegeben haben (durch ein ganz abwegiges Komödienlied vom „frisch-fröhlichen Sieger und spaßhaften Zauberkünstler" Sigfrid rundete v. Kralik die beiden zur „Trilogie" auf). Im Unterschied zum Lied der „Horttragödie" hätten, meint er, im andern Lied Blödel und Hagen (mit Volker) als Vertreter der respektiven Gegnerscharen die Aufmerksamkeit auf sich gezogen[3]. Beweise für seine Eindrücke gab v. Kralik nicht. —

[1] Wie sehr Heusler seine Erklärung dieses uralten Zeugnisses durch das späte Wandermärchen ‚Schiedsrichtertum bei einem um Kostbarkeiten entbrannten Disput zweier Zwerge (Nibelunc, Schilbunc)' als fragwürdig empfunden haben muß, ergibt sich aus seinem Zugeständnis: „Wenn im 8. Jahrhundert fränkische Familien den Personennamen *Nibelunc* gebrauchen, nahmen sie ihn gewiß von den Wormser Königen, nicht von dem Albengeschlecht" (*Nibel.sage*[3], 55 f.). Daß es von jeher so war: Wilmanns, Anz. 18, 96; H. Schneider u. a.

[2] In: *Von deutscher Art in Sprache und Dichtung*, Stuttg. 1941, II 225.

[3] Ich habe hier nur das mit meinen Erkenntnissen Gemeinsame herausgehoben. Die übrigen Vermutungen Kraliks — und es ist der weitaus größere Teil — treffen nicht ins Schwarze: die Gleichung nibelungisch = albisch = „fluchbeladen" = hortgebunden; der Halbdämon Hagen; von Krimhild heißt es: „Sie giert ja auch nach dem fluchbeladenen Nibelungenhort" usw.

Das Zusammenglühen der beiden so völlig anders gelagerten Geschehnisse, des Erbstreites und des Hortstreits, ist im *Krimhildlied* die Leistung der II. Stufe. Die Flamme, durch die es geschah, kann nur die leidenschaftliche Seele der Krimhild gewesen sein, die von jetzt ab als Burgunderschwester deutlich ist. Im *Ungarischen Krimhildlied* muß sie auf den Untergang der Helche-Söhne gedacht haben, und wir werden feststellen können (Kap. VI), daß es auch auf der zweiten Stufe noch so war. Gegen deren Ende aber muß die Zersetzung eingesetzt haben, und zwar offenbar im Zusammenhang mit der Ausbreitung des Rachemotivs. — Wohl sind Erp und Eitill *(Altes Atli-Lied)* noch immer die Attila-Söhne, die durch Krimhild dem Tod überantwortet werden, — aber es sind nicht mehr Helche-Söhne, sondern Krimhild-Söhne — und sie werden benötigt als das Racheopfer, mit dem die Burgunderschwester Gudrun-Krimhild jetzt den Gatten Attila im Innersten treffen will, den Mörder ihrer Brüder. So ist es (unter Verzicht auf den dritten Sohn) im *Atli-Lied:* so ist es, mit Beibehaltung des dritten Sohnes, in einer noch älteren, bisher unbekannten Fassung, wie ich zeigen werde. Diese Zersetzung des Drei-Brüder-Verhältnisses nehmen wir als das klassische Kennzeichen der endenden II. Stufe, das völlige Verschwinden der beiden älteren Attila-Söhne als Kennzeichen für die III. Durch die allmähliche Ausbürgerung der Helche-Söhne nach Ravenna wird nicht nur der Erbstreit gegenstandslos, — auch Helche, die bisherige Gegenspielerin, wird überflüssig, wird zur verstorbenen Vorgängerin aus erster Ehe, wird für neue Verwendung frei. Da auf diese Art nun auch Dietrichs Schiedsrichteramt im Erbstreit erlosch, erlangten im selben Maße seine Bindungen innerhalb des hunnischen Hofpersonals das Übergewicht über das, was ihn als Germanen mit den vier fremden Burgunden, Gunther, Giselher, Gernot und Hagen hätte verknüpfen können. Vor allem messe ich dem mächtigen dichterischen Eindruck, den die Wehklage des Goten über gefallene Hunnenhelden gemacht hat (Blödel? der junge Ecke; Helches Vetter), ganz entscheidenden Einfluß zu.

Denn zum ersten: Dietrich wird dadurch jetzt zum Hunnenfreund vereinfacht. Jetzt erst wird die Verknüpfung seiner Landvertriebenheit und seines Exils bei Attila und Helche innerlich möglich; ja, die Schutzherrschaft über Dietrich wird nun sogar das letzte bißchen Daseinsrecht, welches der einstigen Gegnerin Dietrichs, Helche, auszuüben übrig gelassen wird, nachdem sie durch das Auftreten Attilas und durch die allmählich (Übergang von Stufe II/III) einsetzende Sohnes-Enteignung zugunsten von Krimhild künftig aus dem Nibelungenkreis verstoßen wird, dem sie einst tätig angehörte[1]. Gegenüber der engen Verknüpftheit Helches mit Diet-

[1] Alte Tradition aus *Krimhildlied Stufe I* dürfte sein, daß Helche erst nach dem Tod ihrer beiden Söhne stirbt (ThS, usw.). Auch daß sie vor ihrem Tod eine Verwandte mit Dietrich vermählt (ThS), kann in irgendeinem ungreifbaren Zusammenhang mit dem einstigen Kampf gestanden haben.

rich bleibt übrigens spürbar, daß Attila der später Hinzugekommene ist und daß jene beiden einander „länger kennen". Helche ist es — nicht Attila, wie die Forschung als älteren Zustand richtig erkannt hat — die dem Berner dann die zwei Söhne (hierfür werden sie ihr belassen) in die *Rabenschlacht* mitgeben darf. Sie ist es, welche die für *Rabenschlacht Stufe III* (älteste Schicht) bezeichnende ergreifende Schlußfrage stellen wird bei der Meldung vom Heldentod: „wie werten sich diu kint?"[1]

Zum zweiten erwirkte wohl überhaupt erst die Hunnenbeklagung Dietrichs, daß jetzt einem Dichter, demjenigen von *Rabenschlacht Stufe III*, dieser Einfall der in der Rabenschlacht getöteten beiden Hunnensöhne kam. Dietrich mußte Gelegenheit zu weiteren Hunnenbeklagungen erhalten, das Publikum konnte sich an ihnen nicht satthören, es wartete beim Auftreten Dietrichs darauf wie auf die stretta eines Virtuosen . . . „ich armer Dietrîch". Dietrichs Leid hat in der *Rabenschlacht* noch immer eine bewegende Schönheit. Aber wer ein Ohr für Verse hat, hört mühelos, daß die Klage dem Berner ein wenig zu leicht von der Kehle geht, etwa wie einem Sänger die Verzweiflungsarie nach der hundertsten Vorstellung. Dietrichs Wehklage um Orte und Scharpfe ist bereits weniger echt als sein Bedauern um den Riesen Jung Ecke.

Aus dem *Krimhildlied* wurde das alles mehr und mehr hinausgedrängt. Der Untergang Bledlas, die Aufhetzung durch Helche, die Klage Dietrichs mochten jetzt in riesischen Abenteuer-Mären verdämmern. Im *Krimhildlied* der II. Stufe mußte Raum geschafft werden für die sarkastische Überlistung Attilas durch Gunther. Gunthers Halbbruder Hagen kam zugut, was vom grimmigen Wüten seines Vorgängers gegen die Attila-Söhne vorhanden war[2]. Der Guntherbruder übernahm die ganze Erbschaft des Gemetzels unter den 30000 Hunnen des Jahres 454, so sehr, daß wir uns fragen müssen, welche Rolle denn diese Gestalt eigentlich im Rahmen des Gunther-Attila-Konfliktes ursprünglich gespielt haben möge. Denn schwerlich wird jemand glauben wollen, Hagens einzige Funktion sei einstmals gewesen, nur der mögliche Verräter zu sein, dem daher nach Gunthers Anweisung rechtzeitig das Herz aus der Brust geschnitten werden mußte. Von den überlieferten Nibelungentexten aus gesehen müßte diese Frage ernstlich Verlegenheit schaffen.

Schon die spätere Entwicklung läßt sodann erkennen, daß im Hinblick auf Hagens Todesart die Entscheidung im Fluß blieb. Da der Vorgänger

---

[1] Diese Stelle, in ThS in richtigem Zusammenhang erhalten, legt der erhaltene deutsche Text Dietrich in den Mund, als er Witege verfolgt. Auch die Vorstellung daß die Söhne Kampfverbot hatten, heimlich entwichen und nur zufällig und in Sommerkleidern (statt: gut gerüstet, aber immer noch zu leicht für Witeges Wunderschwert Mimmung) in den Kampf gerieten, wies Mohr als jung nach.

[2] Die „vielsagende Neuerung: Hagen wird über Gunther erhoben" (Heusler, *Nib.s.*[3], 66) dürfte ältere Gründe haben als Hagens spätere Rolle als Sigfrid-Mörder und Objekt der Rache Krimhilds.

von Hagens Rolle, in *Krimhild Stufe I*, natürlich ein anderes Ende genommen haben muß — wir kennen es nicht —, so lag es nahe, daß in diesem Punkt Unsicherheit herrschte; ja, das Experimentieren um Hagens Tod dürfte noch auf der II. Stufe[1] (wie wir zu zeigen haben werden) bis zu einem idealistischen Opfertod für Hagen gegangen sein.

RABENSCHLACHT, STUFE III. Es ist in der frühmittelalterlichen epischen Liederdichtung noch mißlicher als später, von „Einflüssen" zu reden. Vielmehr sollte man davon ausgehen, daß die Liederdichter sich dauernd nacheinander ausrichteten. Wie das Volkslieder-Repertoire heutzutage, so war die Zahl der gesungenen Heldenlieder damals überschaubar. Es gab keine Neuerung, keine Verballhornung, sei es in der Genealogie, der Charakterzeichnung, der Handlungsführung, zu der von den andern Sängern nicht Stellung genommen wurde, ja mehr noch: Stellung genommen werden m u ß t e. Man sang diese Lieder nebeneinander, die gleichen Leute sangen und hörten sie, und es wird nie an Richtigstellern und Übereinstimmungsfanatikern gefehlt haben. Wurden die Abweichungen und Widersprüche unüberbrückbar, so wich man in neue Namen aus, und wenn das Glück es wollte, setzte sich von da aus eine neue epische Figur durch. Schon Heusler begründete einige seiner Feststellungen damit, daß „dieselben donauländischen Dichter vor gleichen Hörern heute das *Burgundenlied* und morgen *Dietrichs Flucht* vortrugen" (Nib. s.^{3}, 67).

So sagt man über die III. Stufe des *Rabenschlachtliedes* etwas Fundamentales, wenn man ausspricht, sie sei in erster Linie eine Anpassung des *Rabenschlachtliedes I/II* (des vor-hunnischen Dietrich!) an den Stand der gewaltigen Umwertung, in welche die Dietrich-Gestalt[2] durch den Deichbruch von *Krimhild II* (Attila!) hineingerissen worden war. Die hartnäckigen Versuche, die Entwicklung des Dietrich-Stoffs aus ihm selbst und aus der Geschichte heraus zu verstehen, sind daher, wie ich meine, großenteils in die Irre gegangen.

---

[1] Falls nicht etwa Kézas Vergleich mit den Drachenzahn-Männern als ältere Vorstufe herangezogen wird.

[2] Ich sehe den älteren Dietrich im hunnischen Zusammenhang lediglich für *Krimhildlied Ix*. Anders Bleyer (Beitr. 31, 505), der ihn pannonisch-ostgotisch als Kämpen „ursprünglich wahrscheinlich gegen die westlichen Völker . . neben Attila . . als Vasall" annimmt: Dietrich-Theodemer ging „seines Landes verlustig, ursprünglich durch Attila". Dagegen sei „Eroberung Italiens . . Dietrich gegen Odoaker-Ermanarich", in Italien gedichtet — Bleyer fragte nicht, wie Ermanarich nach Italien kam, — und nachträglich mit jenem pannonischen Dietrichlied entweder in Italien oder erst in Deutschland verschmolzen worden. Daß die Attila-Söhne nicht mehr durch Dietrichs bewußte Schuld umkommen, erfolge „nach Beeinflussung durch die italische Tradition" (565); aber Bleyer führt nichts an, wie dieser Zustand von dorther erklärbar würde. Dafür, daß Dietrich ungeachtet des Rabenschlachtsieges Exulant bleibt, vermutet Bleyer kompilatorische Vorausschau: „er mußte den Kampf der Hunnen und Burgunden

Die Symbiose personalverwandter Lieder geht so weit — noch sind die Möglichkeiten einer solchen Forschungsmethode wenig genutzt — daß die Umstellung eines Liedes auf die Auffassung eines andern rückwirkend als ein Zeugnis dienen kann für die Eigenart jener damaligen, seither vielleicht verlorenen Mär. Sobald demnach im Zusammenhang der *Rabenschlacht* erstmals Attila auftrat, können die Züge, die er trägt, aufschlußreich sein für diejenigen, die er im Augenblick des Entleihungsvorgangs dort trug, von wo man ihn auslieh. Wir wollen diese mögliche Auskunft über den archaischen Bestand im *Krimhildlied II* nicht verschmähen.

Der Attila nun, der in *Rabenschlacht Stufe III* eintrat, gleicht nicht dem grausamen Wüterich der *Atli-Lieder*, er ist nicht straff wie jener, eher ist er schlaff, ein humaner, gerechter, ja edeldenkender Herrscher, der in Deutschland bis zur völlig passiven, unbeteiligten Belanglosigkeit verdünnt wurde. Die Forschung ist im ganzen geneigt, diesem Widerspruch durch die Annahme zweier örtlich verschiedener Auffassungen auszuweichen[1]. Halten wir aber aus dem *Rabenschlachtlied* fest, daß der „edle" Attila im *Krimhildlied* bis mindestens in die II. Stufe, also recht weit zurückreicht, wenn wir auch zunächst die Frage noch hinausschieben, worin denn die edeln Züge dieses scheinbar nur goldgierigen Mörders gelegen haben sollen. Wäre es nur um des Asyls willen, welches er Dietrich gewährt, so hätte A. Heusler recht, wenn er den beiden *Atli-Liedern* mit ihrem abschreckenden Bild Attilas den künstlerischen und zeitlichen Vorrang einräumt[2]. Halten wir indessen die Möglichkeit offen, ob die Verdüsterung des

abwarten" (563). In zwei Punkten stimme ich Bleyer zu. Auch mir scheint Kéza insofern verläßlich, als der Etzel-verbündete Dietrich der *Rabenschlacht* nicht „erst infolge seiner Verbindung mit Etzel, also sekundär und unorganisch" (558) in den Krimhildkomplex aufgenommen wurde, und als nun, wie schon R. Heinzel erkannt hat (*Ostgot. Heldensage* 55 ff.), „der Tod der Söhne Etzels vor die Vermählung mit Krimhild verlegt werden mußte" (573). Im Zusammenhang mit dieser „Verschiebung in . . dem Zeitpunkte des Verderbens der Söhne Attilas . . trat die Erinnerung an die Befreiung der Germanen von dem hunnischen Joche vor der an die Eroberung Italiens immer mehr zurück. Sie konnte sich nur mehr als Episode behaupten" (Bleyer 517, n. 3).

[1] So denkt Baesecke an eine burgundische (Attila-) und bairische (Krimhild-) Tradition; „der König, der den gefeiertsten Helden [Dietrich] ein Menschenalter lang gütig an seinem Hof beherbergte, konnte nicht seine Schwäher an demselben Hofe verräterisch umbringen" (*V. u. F.*, I, 275).

[2] Zur Erklärung des gütigen Hunnenkönigs bedarf Heusler ausgerechnet der Befreier Europas von den Attila-Söhnen, der „Ostgoten, seiner Dienstpflichtigen". Die hätten dies Idealbild „aufgebracht und den Baijuwaren vererbt". Das „fränkische" Bild vom Tyrannen Attila habe daher für südostdeutsche Nibelungendichtung umgearbeitet werden müssen, so sei der Etzel des NL zustandegekommen (*Nibelungensage* [3], 57f.). Dieser geographischen Zweiteilung widerspricht, wenn dann doch in der *ThS* Attila, obwohl „aller Männer geldgierigster", als edle Unschuld auftritt. Heusler half sich, indem er „Mischung" annahm (ebd., 70); „Mischung" herrscht aber auch im *Waltharius* und im Bayern des 12. Jahrhunderts, nach den Hinweisen, welche Hempel gab (*Nib.st.*, 102), obwohl er widerspruchslos dem Dogma folgte (vgl. Matthäi, ZfdA 46, 6, 17, 21).

Attila-Charakters nicht überhaupt erst nach der Abzweigung zu *Rabenschlacht III*, also gegen Ende von *Krimhild II* mit einer gleichzeitigen Ausmalung des Motivs „Rache an Attila“ eingesetzt habe.

Aber ist es wirklich Personal aus der Krimhilddichtung, wenn Attila und, wie wir es im vorhergehenden Abschnitt darstellten, Helche und ihre Söhne mit Ravenna verknüpft werden? Viele Forscher schauen noch immer aus nach irgendeinem allenfalls zu findenden geschichtlichen Ereignis, welches, ähnlich wie bei der Odoaker- oder Diether-Handlung, unmittelbar die Tötung der Helche-Söhne und die Unterstützung der Amelungen durch Helches hunnisches Hilfsheer als fundiert erweisen könnte. Nach diesem Ereignis wird man ewig vergebens suchen, denn es ist nie vorgefallen. Oder will man weiterhin, wie es trotz allem augenscheinlichen Widersinn so oft geschieht, Theodemers Goten von 454 hartnäckig auf die historisch verkehrte Seite stellen, nämlich zu den Verlierern Ellaks[1], weil doch Dietrich, wenn er schon jedesmal seine Rabenschlacht gewann, wenigstens zwei getötete Attila-Söhne unter seinen Mitkämpfern zu verzeichnen haben müsse.

Man wird aus dieser Verstrickung nie herausfinden, wenn man sich nicht klar macht, daß die Texte einen völlig eindeutigen Widerspruch enthalten:

A) Entweder fallen die Söhne Attilas und Gudrun-Krimhilds, Eitil (nurnordischer Name) und Erp, auf Betreiben von Attilas Gattin Gudrun *(Edda)*.

B) Oder die Söhne Attilas und Helches, Orte (nicht-gotischer Name) und Erpfe (Scharpfe)[2], fallen durch Ermanarichs Recken Witege.

Da nur eines von beiden das Ursprüngliche sein kann (zwei unabhängige Ur-Lieder anzunehmen ist bei der Lage der Dinge absurd) und da den Namen Erp-Erpfe nur das ostgotische Heldenlied kennt, so muß man den Mut haben, eines von beiden offen als eine dichterische Sekundärform anerkennen zu wollen; und dieser Mut verlangt dann, daß man im Fall der Meinungsverschiedenheit um bessere Begründungen ringt. Ist man sich also im Hinblick auf Erp darüber einig, daß „zweimal zu sterben“ nicht möglich ist (Baesecke), so sollte für die *Rabenschlacht* nicht in die Ausflucht ausgewichen werden, „daß die Wiederkehr des Namens Erp im *Burgunden-Untergang* nicht durch Gleichsetzung der beiden Träger erklärt

---

[1] Wenn Baesecke zur *Rabenschlacht* schreibt (V. u. F. I, 207): „Den Anstoß zu diesem Liede gab Ellaks verhängnisvoller Tod“ und wenn er das ursprüngliche Fehlen Attilas betont („Etzel ist eingeflickt“), so ist daran im wesentlichen falsch, daß Baesecke die dazwischen liegende dichterische Wanderung über *Krimhildlied Stufe I* und *II* nicht beachtete. So muß er sich denn später ratlos bekennen (I, 274), als ihn eine Ahnung beschleicht, die gleichen Ereignisse von 454 wären auch im *Alten Atli-Lied*, „in der Schlachtung Erps und Eitils und der Vernichtung des Hauses abgebildet“.

[2] „Scharpfe, Verderbnis aus Erpf, ist Erpr“ (R. C. Boer, *Die Sagen von Ermanarich und Dietrich*, Halle 1910, p. 147).

werden kann" (Baesecke I 274). Gleichsetzung? Wenn zweimal der Attila-Sohn Erp auftritt, ist er nicht „gleichgesetzt", sondern es ist die gleiche Figur. Und dann kann nur die Frage sein, ob die Attila-Söhne enger zur Attila-Gattin gehören oder zum Ermanarich-Gefolgsmann, d. h. in einen geschichtlich gleichzeitigen oder wesentlich früher gelagerten Rahmen (so wird man die Frage stellen, wenn man der Priorität einer Tötung der beiden durch ihre Stiefmutter Krimhild zuneigt). Bzw.: ob die beiden Söhne, da sie im *Atli-Lied* und *NL* sicher sekundär als Krimhild-Söhne erscheinen, nicht dort ursprünglich zu Hause sind, wo sie uns echt, nämlich als Helche-Söhne entgegentreten (so wird man die Frage stellen, wenn man die Priorität der Tötung durch Witege vertritt).

Daß man sich von der längst vertrauten Vorstellung eines Ur-Liedes über die hunnische *Rabenschlacht* und über den Tod der Helchesöhne durch Witege trennen muß, ergibt sich aus den folgenden Erwägungen:

a) Weder die Vidigoja- noch die Ermanarich- noch die Theoderich-Zeit, noch der ravennatische Raum stimmen zu den Attila-Söhnen.

b) Die einstige Unabhängigkeit des Liedes über Dietrichs Blutsverwandten Diether und seine Tötung durch Witege wird allgemein anerkannt[1]. Daß die Mittötung der Helche-Söhne hier ein Zusatz ist, steht außer Zweifel; eine eigene (oder gar archaische) Handlung scheinen sie nicht zu haben[2], sie teilen nur einfach das von Haus aus bereits feststehende Schicksal Diethers.

c) Tritt als dichterischer Kern der hunnischen *Rabenschlacht* Dietrichs Beklagung der gefallenen Hunnen hervor, so gibt es diese Hunnenbeklagung Dietrichs offenbar auch anderswo und dort in einem geschichtsnäheren Zusammenhang, nämlich im Krimhild-Bereich in Beziehung auf Herkja-Helches Vetter (älter wohl: Ecke) bzw. auf Bledla, — ein Zusammenhang, der überdies mit Kézas Bericht über Dietrich als Bekämpfer Chabas, den er selbst zum König einsetzte, in Einklang ist.

d) Nicht nur Kézas Zeugnis, sondern fast der gesamte Umfang unseres Bandes dient dem Nachweis, daß im *Krimhild-Lied* ursprünglich nicht ein Hortstreit, sondern ein Erbstreit vorlag, und daß am Tod der Helche-Söhne Krimhild mindestens ein Interesse gehabt haben muß, weil es um die Alleinherrschaft des Halbbruders der Helche-Söhne, des Krimhild-Sohnes ging. Der Haupt-Einwand der „Rabenschlacht-Partei", die Übertragung der Mutterschaft von Helche auf Krimhild, wird dann geringfügig bzw. findet seine Erklärung: im Krimhildlied wurden die Helche-Söhne

---

[1] G. Baesecke; W. Mohr; D. v. Kralik findet solche Verkoppelungen als ein Aufsplittern der Empfindungen „schon an und für sich recht befremdlich" (*Anz. f. dts. Altert.* 62, 1944, 62).

[2] Gegen ein selbständiges altes Lied von den Helche-Söhnen: D. v. Kralik (ebd. 60).

später[1] unter dem Einfluß des Gunther-Themas — und des Motivs der Krimhild-Rache gegen Attila — zu Krimhildsöhnen verwandelt (Erp: in der *Edda*); als Helche-Söhne waren sie gegen Ende der „*II. Stufe*" für anderweitige Verwendung frei[2].

e) Ein bisher unbekanntes Zeugnis (s. Kap. VI) bekundet, daß die Szenen sich in einer Parallel-Variante zwischen zwei älteren Königssöhnen und ihrem Stiefbruder abspielten. Das Zeugnis ist auch sonst unabweisbar parallel, besonders zum *Atli-Lied.*

f) In der gleichen Schlacht wie die beiden Attila-Söhne Orte und Scharpfe wird ihr Erzieher erschlagen und zwar von der gleichen Hand[3]. Ein Blick ins Kymrische soll uns zeigen, daß auf einer etwas älteren Vorstufe des NL bei sonst völlig gleicher Szene der Erzieher und seine Tötung fehlt. Erst das NL bringt die Erschlagung des Erziehers. Demnach konnte der NL-Komplex die Erziehertötung erst relativ später weitervermitteln. Die Parallele ist unmöglich ein Zufall. Man muß sich also entscheiden: entweder kam das Motiv aus der *Rabenschlacht* ins NL, oder aus dem NL (dann spät) in die *Rabenschlacht*.

g) Daß das letztere der Fall war und daß also mit den Helche-Söhnen die einstmals gotische *Rabenschlacht* eine späte Leihgabe aus der ursprünglich burgundisch-fränkischen Nibelungendichtung empfing, findet einen

---

[1] Von dieser u. a. in der Edda erhaltenen Abzweigung, die ich *Krimhildlied IIb* nenne, glaube ich annehmen zu sollen, daß sie für das NL, das ich von *Krimhildlied IIa* ableite, nicht vorauszusetzen ist, und daß sie nicht unbedingt früher zu sein braucht als *Rabenschlacht III.* Darin trenne ich mich von der Auffassung, welche R. C. Boer über Erpfe und Orte in *Krimhild IIb* und *Rabenschlacht III* äußerte. „Man muß schließen, daß die Namen, so auch die Gestalten aus der Nibelungenpoesie stammen; als die Dichtung die Söhne Attilas nicht länger von der Mutter umbringen ließ, konnte sie über die Namen und Gestalten verfügen" (*Sagen von Ermanarich*, 1910, p. 86 f.).

[2] Heusler dagegen setzte Erphe und Orte als Söhne Krimhilds für das früheste *Krimhildlied* des 5./6. Jahrhunderts (nach seiner Meinung fränkisch) an: *Nibelungensage*, [3]1929, 45. Gegen Heuslers Theorie, daß Krimhild schon in diesem Lied — unter „denkbarer" Anknüpfung an Thyestes — ihre beiden Söhne geschlachtet habe (als Hagen-Sühne: „Wie Hagens Herz zur Schau getragen ward, so reicht Grimhild die Herzen der Kinder dar . . Hagen muß in dieser Sage mit Grimhild blutsverwandt sein" 51), erhob bereits H. Schneider Einspruch. Die Tötung Orts durch Hagen deutete Heusler als Rest der Szene der gebratenen Knabenherzen: „Hier rettete man, was zu retten war . . . immer noch opfert sie ihr Kind der Rache . . es ist nur noch einer . . Aus dem letzten Gastmahl ist es in das erste gezogen . . Krimhild ist keine Medea mehr" (*Nib.s.*[3], 60f.). Heusler selbst aber hatte bereits den Vorgang vermutet, für den ich die Nachweise jetzt erbracht glaube: „Einen dritten geschichtlichen Anstoß könnte man darin finden, daß Attilas Söhne — genannt werden Ellak und Ernak — bald nach des Vaters Tod verschwinden. Daraus hätte ja die Hinschlachtung der beiden Unmündigen etwas völlig Neues gemacht! . . Erphe erinnert an Ernak" (ebd. 49).

[3] Helpfrichs Töter ist Witege (*ThS.* Die Stelle ist so alt, daß sie mhd. bereits wieder verwischt ist; doch ist sie auch im mhd. nach Nachweis von W. Mohr, p. 144, noch als Rest vorhanden).

Beleg darin, daß auf der älteren Stufe der uns faßbaren *Rabenschlacht* die Helche-Söhne nie ohne ihren Erzieher Helpferich (nord. Hjalprekr) auftreten[1]. Dieser kann aber niemals aus dem gotischen Umkreis stammen, denn er trägt einen typisch fränkischen (in späterer Zeit auch burgundisch bezeugten) Namen, Chilperich; sein ursprünglicher Platz ergibt sich daraus, daß er als Inbegriff des Erziehers in der Lebensbeschreibung Sigurd-Sigfrids *(Völsungensage)* auftritt.

h) Auch sonst dürfte die *Rabenschlacht* von der Schlacht in der Etzelhalle geerbt haben. R. C. Boer stellte im Epos von *Dietrichs Flucht* „gestohlene Motive wie das Bluttrinken des NL" fest *(Die Sagen von Ermanarich*, 1910, 142). Das könnte jedoch auch ein vereinzelter Vorgang sein. —

i) Vielleicht zu verbinden mit der in unserm Zusammenhang gewonnenen Einsicht ist schließlich eine halb historisierende, halb sagenmäßige Stelle der *Kaiserchronik* (ed. E. Schröder, V. 13856 ff.). Dort fallen Etzels Söhne nicht durch Dietrichs Feind Witege, sondern durch des „jungen Dietrîch" Vater Dietmâr. Und überdies nach Etzels Tod! (ein Argument für die oben S. 72 f. dargelegte Möglichkeit, daß Theodemer, der beim Neusiedler See regierende Bruder des in Niederpannonien waltenden Walamer, das Original der Dietrich-Rolle darstelle?) Zwar hat der Erzähler der *Kaiserchronik* geschichtliche Darstellungen gekannt, und es läßt sich schwer unternehmen, den Anteil bloßen Fabulierens in seinem Bericht festzulegen. Dennoch, als Ganzes wirkt auch in diesem Bericht ein auffälliges Interesse für Dietmar und Meran:

Die Herrschaft in Meran hatte der alte Dietrîch durch Etzel verloren, aber Dietrichs Sohn Dietmâr, im langobardischen Exil aufgewachsen, übernahm sie alsbald, nachdem Etzel in seinem Blut ertrank, wieder und verweigerte die Forderung der beiden Etzel-Söhne, Blödel und Fridel, Tribut zu zahlen und Meran preiszugeben. Im Kampf gegen Dietmar, den Vater des „jungen Dietrîch", fielen die Etzelsöhne und die meisten Hunnen. —

So kann fortan mit bestem Gewissen angenommen werden: *Rabenschlacht Stufe III* verdankt die Tötung der beiden Helche-Söhne, vielleicht samt Klage und Fluch ihrer Mutter, und jedenfalls Dietrichs Hunnenbeklagung nebst der Attila-Gestalt dem *Krimhildlied.* Teils waren es Varianten erfolgreicher Stücke von drüben, im Sinn einer Anpassung an das drüben entstandene neue Dietrichbild; teils auch Übernahme von drüben überzählig werdenden Motiven. Wie bereits für den Zuwachs in *Rabenschlacht Stufe II*, erfolgt abermals in *Rab. Stufe III* der Anschluß dadurch, daß dem entsetzlichen Ermanarich und seinen Mitschuldigen weitere Opfer vorgeworfen werden, und daß Dietrich noch weiter zum Schmerzensmann wird. Die Helche-Söhne waren ein verwegenes Leihgut, aber der Erfolg von *Rabenschlacht Stufe III*, der größte deutsche Literaturerfolg bis zu Luthers Bibel-

[1] Siehe die vorhergehende Fußnote.

übersetzung[1], gab dem Wagstück recht. Der Dichter kümmerte sich nicht darum, daß der Töter von Attilas zwei älteren Söhnen in *Krimhild Stufe II* anders hieß: nun mußten sie durch den Dienstmann Ermanarichs, den Mitschuldigen Sibichs, Wittich[2], ums Leben kommen. Dietrichs Abhängigkeit von Attila wurde verstärkt, indem man für die Mordtat den alten Verlust Dietrichs, Diether, zusätzlich beizog (vielleicht zusammen — neben dem Ravenna-Schauplatz — mit alten, uns nicht mehr greifbaren Umständen in *Rabenschlacht I/II*); außer seinem Diether bekam Theoderich künftig die beiden Helche-Söhne mit zu rächen[3], und in Kürze war erreicht, daß man sich Dietrich ohne seine beiden Schützlinge Ort und Scharpf nicht mehr vorstellen konnte. Mit souveräner Gleichgültigkeit ging der resolute Dichter darüber hinweg, daß die Helche-Söhne nicht vor Ravenna, daß sie irgendwie bei Gelegenheit eines Sippenstreites gefallen waren. Und die Auswirkung seines Riesen-Erfolgs blieb im Lager der *Krimhild*-Sänger nicht aus, wo man ja bereits dabei war, die geopferten Helche-Söhne in geopferte Krimhild-Söhne umzuwandeln. Eine Art Panik muß eingesetzt haben, ob das Ende der Helche-Söhne beim Burgunderbesuch noch aufrecht zu erhalten sei.

KRIMHILD-LIED, STUFE III („Mittelschicht"). Das Lied ist abermals, wie das vorherige, das Ergebnis einer Anpassung an die durch ein Nachbarlied geschaffene Lage. Man kapitulierte vor dem erfolgreichen Parvenu, dem Dichter von *Rabenschlacht Stufe III*, der auf allen Registern des *Sibich*-, des *Rabenschlacht*- und des *Krimhildliedes II* zu spielen begehrte und es blendend vermochte. Der Dichter von *Krimhild III* überließ ihm bald kampflos Erpf und Ort und begnügte sich damit, von jetzt an nur noch den übriggebliebenen Attila-Sohn beim Burgunderbesuch getötet zu wissen, den Sohn der Krimhild, der ja, wie uns das *Ungarische Krimhildlied* sagte (wenn auch noch ohne daß wir die Umstände erfuhren), von jeher in den Kampf um die Nachfolge Attilas den Tod gefunden haben muß. Diesen Verzicht auf zwei der Söhne stellen wir künftig als Kriterium für den Begriff „Mittelschicht der Nibelungendichtung" auf. Aus der Ausbürgerung der

---

[1] Man braucht nur die Zeugnisse durchzusehen, die Wilhelm Grimm zur *Deutschen Heldensage (1829, ³1889)* gesammelt hat: mehr als auf sämtliche übrigen deutschsprachigen Werke zusammen wird auf die Dichtung „von frowen Helchen kinden" *(Meier Helmbrecht)*, von „die Helchen kint" *(Fabel von Wolf und Geiss)* usw. bis zum Ende des 16. Jahrh. angespielt.

[2] Hinter Wittich verschwand allmählich Odoaker ganz. Daß Odoaker zunächst noch den Eintritt Attilas überdauerte, erscheint bloß durch die *Quedlinburger Chronik* um 1000 bezeugt; in ihr legt Attila noch ein gutes Wort für Odoaker beim endlich siegreichen Dietrich ein.

[3] Wenn ich oben zu erwägen gab, daß Theoderich ursprünglich vielleicht seinen Vater Theodemer zu rächen gehabt habe, so spricht dafür: jene Angleichung im Alter an den jüngsten Helche-Sohn, die aus Theodemer einen kleinen Bruder hatte werden lassen, hatte jedenfalls der ältere Helche-Sohn — Chaba-Geva — in *Rabenschlacht Stufe III* mit durchgemacht.

beiden nach Ravenna läßt sich jetzt verstehen, warum der durch Hagen getötete Attila-Sohn bald Aldrian, bald Ort(lieb) heißt (Bescheid auf Einwand „xy", s. o.)[1]. *ThS* und *AHB* lassen erkennen, daß der übriggebliebene Sohn Aladarius-Aldrian nun auch von der Todesart seiner verschwundenen Stiefbrüder erbte. Ein einzelner *Krimhild*-Dichter jedenfalls wollte sich den Namen des bisher durch Hagen erschlagenen Helche-Sohnes Ort nicht rauben lassen; aber auch er war — um nicht auf einem Widerspruch zum Attila-Sohn Ort des jetzt allmächtigen Liedes *Rabenschlacht Stufe III* ertappt zu werden — gezwungen, diesen wenigstens in Ortlieb umzubenennen (unser Bescheid auf „Einwand z", S. 70). — Durch das Ausscheiden ihrer Stiefsöhne verlor Krimhild, bisher dank ihrem Mutter-Ehrgeiz im Thronstreit eine der Hauptpersonen, an dramatischem Daseinsrecht; bevor sie es durch die Sigfrid-Rächung neu erwarb, konnte sowohl ihr Dulderinnen-Dasein als ihre Rächung der Brüder ausgebaut werden.

Was Dietrich betrifft, so hatte der Dichter der neuen „klassischen" *Rabenschlacht* wärmstes Mitleid für Dietrichs unverdiente Unglückserlebnisse verbreitet: besonders schuldlos war sein Dietrich am Tod der Attila-Söhne, die er hatte hüten sollen. Künftig wurde es nun schlechterdings unmöglich, ihm auch nur noch den Schatten einer Stellungnahme gegen irgendwelche Hunnen nachzusagen zu wagen. Dietrich — den einstigen Sieger gegen den Attila-Sohn erster Ehe (Kéza!) — mußte der neue *Krimhild*-Dichter nun noch weiter zähmen. Er machte ihn nicht gerade ausdrücklich zum Rächer des im Burgunderstreit erschlagenen Attila-Sohnes — diese Servilität gegenüber der neuen *Rabenschlacht* hätte nur gelangweilt. Aber Dietrich ist es, der im *Krimhildlied* Gunther und Hagen nun im Dienste Attilas überwältigt. —

Die weitere Entfaltung des Stoffes, in der Dietrich keine neuen Probleme mehr bietet, die Anfänge der Brandstiftung *(Krimhildlied Stufe IV)*, Krimhilds neues Ethos der Treue zum Gatten, Übertragung der Horterfragung an Krimhild und epische Entmündigung Attilas (Spätschicht), können hier beiseite bleiben. Zu dem jetzt skizzierten Bild der Entwicklung wird noch eine erhebliche Beweis-Arbeit nachzutragen und vor allem wird die Andersartigkeit des *Alten Atli-Liedes* zu rechtfertigen sein. Gelingt das jedoch, dann wird nicht nur der anscheinend unvereinbare Bericht des *Ungarischen Krimhild-Liedes* seine feste Stätte an den Ursprüngen der Entwicklung gefunden haben. Es wird dann eine Reihe dunkler Rätsel, die sich von jeher um Dietrich und seine Nibelungen-Rolle und über die Nibelungen-Genesis auftürmten, ihre Lösung gefunden haben.

[1] Sieht man Orte-Ortlieb ohne die Beziehungen zu Aldrian und nimmt man mit Heusler die Medea-Tat als das Ursprüngliche, so erregt „der später auftretende zweite Attilasohn, indem er so gänzlich ohne Beziehung zu dem ersten dasteht" (Hempel, *Nib.st.* 49), notwendigerweise höchsten Argwohn; konsequenterweise hielt Hempel den Ortlieb-Auftritt für junges Leihgut aus einem unbekannten fremden Epos! Gerade dieser Auftritt aber erweist sich als Bestandteil von *Krimhildlied Stufe* I.

III. Das deutsche Nibelungenlied, nach Abzug des Nachträglichen

Greifen wir nun die Dinge wieder da auf, wo wir sie im vorletzten Kapitel ließen. Während die Beteiligung Dietrichs — nach den Ergebnissen von Kapitel II — nicht erst der jüngsten Schicht des NL angehören kann, gehört zum Nachträglichen eine ganze Anzahl von Einzelheiten. Um der Vorgeschichte des NL näher zu kommen, ist als Ausgangspunkt eine von jenen Zusätzen entledigte Überschau des älteren Bestandes nötig.

Es ist eine alte Erfahrung und sie spricht für die hohe Kunst des deutschen Nibelungendichters, daß sich den Lesern die Einhelligkeit und Widerspruchslosigkeit des Ganzen stark einprägt. Ihr natürlicher Widerstand gegen die Annahme älterer heterogener Bestandteile wird weichen, wenn sie ein genauer Vergleich der Fassungen auf die unzähligen Widersprüche und mysteriösen Einzelheiten aufmerksam gemacht hat.

Diese Gegensätze treten hervor, wenn wir es unternehmen, nach Abhebung der lückenfüllenden spätesten Stufe (der oben S. 58 f. aufgeführten Punkte a—e) den verlorenen, im Umriß noch undeutlichen älteren Schichten näherzurücken. Sie machen einen erheblichen Teil des Überlieferten aus. Ich werde nicht alle Einzelheiten aufführen, aber, wie ich glaube, alle wesentlichen und darüber hinaus einige bisher für unwesentlich gehaltenen. Um ganz festen Boden unter den Füßen zu behalten, lasse ich zunächst die Widersprüche und Unterschiede zwischen dem Nibelungenlied einerseits und den übrigen Zeugnissen andererseits, mit wenigen (ausdrücklich angegebenen) Ausnahmen, beiseite. Erst im V. Stück werde ich die nur außerhalb des Nibelungenlieds bezeugten Züge nachtragen (gekennzeichnet durch Zahlen mit nachfolgendem Buchstaben a). Sie werden die Probe darstellen, ob unsere Gesamtthese dadurch an Wahrscheinlichkeit verliere.

Den Dichter des deutschen NL kennzeichnet die folgende zusammenhängende Kette von Zügen:

1. Der Dichter kennt nicht bloß zwei Brüder (*Atli-L:* Gunnar und Högni), sondern drei bzw. mit Hagen — der im NL[1] Gefolgsmann und *mâc* ist — vier

[1] Abwegig wird noch neuerdings angenommen, hier gebe das NL den ursprünglicheren Zustand, so Fr. Panzer, *Studien* a. a. O., p. 144. Dagegen vorsichtig H. Schneider: „Über Högnis Stellung zum Burgunderhaus läßt sich noch nichts

Brüder. Die Verwendung von „ihr viere" im Dialog des sterbenden Sigurd der ThS wirkt altertümlich[1]. Im deutschen *Seifridslied* und den nordischen Fassungen ist Hagen ein Bruder Gunthers. Giselher, der Name eines der Brüder, ist — ebenso wie der eddische Bruder Guthorm — geschichtlich neben Gundicarius bezeugt[2]. Folglich müssen die *Atli-L*[3], die ihn und, wie ich zeigen werde, den vierten Bruder gestrichen haben, im Vergleich zum NL-Bestand bereits eine Schwundfassung sein, — vielleicht in bewußter künstlerischer Ökonomie mit der Einsparung eines bestimmten Auftritts zwei von den vier Brüdern einsparend.

2. Der das Königtum ausübende unter den Brüdern tritt psychologisch und als Handelnder in den Schatten gegenüber demjenigen Bruder — nennen wir ihn den „Grimmigen" — den sein herber bitterer Stolz, seine erstaunliche Witterung für Gefahren, welche ihm und seinen Brüdern drohen, seine beißenden, knappen Reizreden, welche Kampf entfachen, unvergeßlich und einzigartig charakterisieren, und der von Beginn an eine Hauptschuld an der ganzen blutigen Katastrophe trägt. Sein grimmiger Wille ist „niht ze kurze wîle guot", NL, *Str. 1918* (ThS: „Da rief König Gunnar zornig: Nur Böses kannst du tun, jetzt wie immer. Du bist nur vergnügt, wenn du Böses tust"; *Klage 3803* f.: „niemen in kunde strîts gewern .. / man gesah nie man sô ungern leben") — *Atli-L:* Högni ist farblos, passiv, ohne Charakter, Gunnar ist allein der Handelnde, insoweit er listig dem goldgierigen Atli die Falle stellt, Högni zu töten.

3. Dem „Grimmigen" steht vom Beginn des 2. Teils an (hier ausdrücklich vorgestellt: „Wer der Volkêr waere .. *Str. 1477*, vorher farblos und ohne Fiedel) unzertrennlich zur Seite der Meister des Besänftigenden, der die Sorgenden in Schlummer versenkt, „süezer und senfter", *Str.* 1835. Die *Str.* 1477 (nach Heusler, *N.s.* 199, höfischer Zusatz) betont, man habe ihn nur wegen seiner Geigenkunst Spielmann genannt, eigentlich sei er ein Herr gewesen. — *Klage* 1594: „Er was gar ein hobesch man / unt diente gerne vrowen". — *Rheinische Urkunde* 1130/31: Folkirus ioculator.

4. Die Erzählung beginnt damit, daß bei den Brüdern, als Werber um die Hand ihrer Schwester, Boten eines fremdländischen Königs (Attila) eintreffen[4]. Der hatte schon eine andere Gattin gehabt (*NL:* Helche, *ThS:* Erka, Tochter des Königs Osantrix von Wilzenland, die ihn sterbend vor einer Gattin aus „Aldrians Geschlecht" warnt; *Historiker Priscus:* Kerka, die Byzantinerin; *Kéza*, 13. *Jh:* Tochter des Griechenkaisers Honorius; *Olahus*, 16. *Jh:* Herriche, Tochter des Griechenkaisers Honorius). Seine Boten (*Ths:* der Sohn seines Bruders Ortwin) treten mit einem Aufwand auf, wie niemals ein König ihn aufbot (nie künic deheiner, *Str.* 1156; boten nie getruogen also hêrlîch gewant, *Str.* 1182). Es folgt ein Gespräch, in dem nach Befragung die Boten bestellen, ihr Herr erbitte die schöne Schwester der Brüder zur Frau. Die Verbindung kam nach einer Ratssitzung zustande.

5. Als einziger opponierte der Grimmige *(fehlt in ThS)*, ohne aber durchzudringen. Sechshundert Rosse hätte man haben müssen, um den Nibelungenhort

---

Endgültiges sagen. Sicher aber ist es ein unerlaubter Apriorismus, hier auf Seiten des NL das Ursprüngliche suchen zu wollen". Hempels Überzeugung ist, daß Hagen als Halbbruder vorauszusetzen sei (*Nib. stud.*, 209).

[1] H. Schneider, *German. Heldensage*, I 86; durch die Edda-Lieder werden „zwei echte Brüder" als frühester Zustand wahrscheinlich (ebd.), im Unterschied zur Halbbruderschaft.

[2] Der *Vidsið* erwähnt Giselhers Namen. „So ist wahrscheinlich, daß er in einer kleinen Rolle von jeher der Liedhandlung angehört hat" (H. Schneider, *Germ. HS*, I, 191).

[3] Vgl. auch G. Baesecke, Vor- und Frühgeschichte, 1940, I 269.

[4] Nach Heusler nicht früher als um 1160, *Ältere Not* (*Nib.s.*,[3] 1929, 82).

als Mitgift mitzuschaffen; der Grimmige durchkreuzte das mit der schnöden Ausrede: „Si'n habent ouch niht der rosse, die in solden tragen", *Str.* 1273. Der Schwester wurden immerhin so viel andere reiche Schätze mitgegeben, daß die Fremden nicht einmal dies alles mitnehmen konnten (ThS: Gunnar gibt Sigurds Roß Gran als Geschenk mit; Grimhild zu Attila: „Meine Brüder . . wollen mir keinen Pfennig davon — von Sigurds Goldschatz — gönnen". Nach *Klage* 1403/4 war es Hagen, der Krimhilt den Hort nahm). Das NL, so schreibt Heusler über den Übergangsabschnitt zwischen I. und II. Teil, „erzählt umständlich, wie im vierten Jahr nach Sigfrids Tod die Könige den großen Hort aus dem fernen Nibelungenland nach Worms schaffen, wie dann Hagen rät, den Schatz, die Morgengabe Kriemhildens, nicht in ihrer Gewalt zu lassen, und wie er ihn, während seine Herren außer Landes sind, in den Rhein versenkt, was ihm den Zorn der Fürsten zuzieht und Kriemhild mit neuem Leid beschwert". Zwei widersprechende Motive überkreuzen sich hier. Das eine war, wie Heusler abstrahierte: gemeinsames Eingeweihtsein Gunthers und seines Bruders in einen von beiden im Rhein weislich versteckten Schatz, — aus dem *Guntherlied.* Übrig bleibt, aber von einer ursprünglichen anti-hunnischen Aktion alsbald zu einer Kränkung der künftigen Hochzeiterin Krimhild umgedeutet[1]: Hagen, sobald er sich allein befand[2], verhinderte, daß Krimhild ihre Hochzeits-Morgengabe wegführen konnte. Diese „Gewalttat Hagens" (Heusler) und seine Rosse-Provokation haben die gleiche Absicht: Sie müssen als Auseinanderspaltung eines ursprünglich einheitlichen, gegen die Hunnen-Hochzeit gerichteten Anschlags gedeutet werden, der leider nicht mehr klar rekonstruierbar ist. „Der höfische Hohn, Hagen als Mephisto" — laut Heusler *Nib.s.*³ 197 erst im NL geschaffen — stand hier offenkundig im Vordergrund.

6. Beim Abschied sagte einer der Brüder: „Swenne daz du, vrouwe, bedurfen wellest mîn, / ob dir iht gewerre, daz tuo mir bekant: / sô rîte ich dir ze dienste in daz Etzelen lant" *Str.* 1292. Viel Ehre, Liebe und Lob wurde der ankommenden Königin in ihrem neuen Reich erwiesen. Sie verschenkte zwölf Armspangen an die Frau ihres Geleiters; nachdem „der künec Etzel bî Kriemhilde lac," *Str.* 1365, machte sie sich bei vielen durch ihre Gaben bekannt, *Str.* 1366. Dann führte ihr Gatte sie von Wien über Heimburc und Misenburc zu Schiff „unz in daz hunnische lant" nach Etzelnpurc. In siebenjähriger Ehe (so beginnt die NL-Aventiure *Wie Kriemhilt ir leit gedâht ze rechen*) brachte die Königin einen Sohn zur Welt, und er wurde Ortliep (ThS: Aldrian) genannt. Heimweh nach ihren Brüdern[3] mischte sich mit der Erinnerung an das, was der Grimmige auf dem Gewissen hatte (in ThS ist nur davon die Rede, daß die Brüder ihrer Schwester das Gold nicht gegönnt hätten; im eddischen *Oddrúnargrátr* rächte sich Atli an den Brüdern für die Schmach, die Gunnar ihm antat, als er ihm seine Schwester Oddrun zur Kebse machte; Atlis Frau ahnte nichts vom Vergehen ihres Bruders).

---

[1] Erst im NL, vermutete Heusler! „Worum es unserm Meister zu tun war —: das Versenken des Hortes sollte zum Erlebnis der Heldin werden. Es geschieht nicht mehr aus Mißtrauen vor künftigen Feinden (den Hünen), sondern bedeutet eine weitere Gewalttat Hagens an der Witwe" (*Nib.s.*³, 154).

[2] Daß dieses sonderbare „Verreisen" der andern ein Vorwand des Erzählers ist, um von einer Einzeltat Hagens berichten zu können, durchschaute Heusler scharfsinnig. Auf der Suche nach einer Erklärung meinte er, der Dichter habe die andern Brüder entlasten wollen; um aber „sich das Prachtstück am Schluß, die Trutzrede des letzten Burgunden", nicht zu verderben, mußte er nachträglich zweimal, *Str.* 1140 *und* 1742, doch ein Mitwissertum der Brüder andeuten.

[3] „Das nächtliche Gespräch Krimhilds und Etzels kennt dort nur das Sehnsuchtsmotiv, von Gold ist nicht die Rede" (H. Schneider, *Germ. HS*, I, 96).

7. Es kam schließlich dazu, daß die Frau eine Einladung veranlaßte, die ihren Brüdern — Gunther und Giselher sind erwähnt — durch zwei Spielleute mit „brieve unde botschaft“ übermittelt wurde: sie sollen kommen „und mich dâ mite scheiden von aller mîner nôt. / diu Hiunen wellent wænen deich âne vriwende sî. / ob ich ein rîter waere, ich kœme in etwenne bî, *Str.* 1416[1].

8. Der königliche Bruder besendete alsbald seine besten Krieger aus mehreren Landen und befahl sein Land der Hut eines seiner Helden — Rumolt — an. — Wolfram, *Parzival* 12544 spottet über Rumolts friedfertigen Abschiedsrat („er bat in lange sniten bœn / und inme kezzel umbe drœn“)[2]. — Die Königinmutter warnt vor der Reise, weil sie schlechte Vogel-Träume gehabt habe, „von engestlîcher nôt, / wie allez daz gevügele in disme lande wære tôt“. Hagen aber verwarf das: die Fahrt müsse „zen êren“ verlaufen. Aber als sie an die Donau kommen, wird er kleinmütig, wofür ihm Gunther „durch iuwer selbes tugende“ die (erste!) Rüge erteilt. Hagen weiß durch zwei Donauweiber, die „swebten sam die vogele“, daß den Nibelungen kein „kêren widere“ bevorstehe; nur der Kaplan kam „hin wider zuo dem Rîne“. Die zweite Rüge (Dublette?) erhielt Hagen durch Gêrnôt (wegen der schlechten Behandlung des Umkehrers, des Kaplans): *taet' ez ander iemen, ez sold' iu wesen leit*, Str. 1577. Hagen betonte (auf den Einwand, die „widervart“ sei ohne das von ihm zerstörte Schiff unmöglich), „an disem wâge“ (Fluß) solle für die Feigen eine Grenze sein.

9. Als der König mit seinem Heer an das Donau-Hochwasser gelangt war *(daz wazzer was engozzen)*, wollte er es an einer Furt durchwaten. Der Grimmige aber durchkreuzte diese Absicht als zu gefährlich: auf einem einzigen Fährboot, das er beschaffte, setzte er allein die Zehntausend über, und zwar dank seines Einfalls, daß er sein Schildband, *sciltvezzel*, dazu verwendete, das in zwei Teile zerklaffte Ruder zusammenzuknüpfen.

10. Nach der Überfahrt zerstörte er absichtlich das einzige die Donauufer verbindende Schiff, auf dem eine Rückfahrt möglich gewesen wäre. — ThS: Dem Hagen, dem gesagt wurde „ihr mögt alle unversehrt über diesen Fluß kommen, aber niemals zurück“, zerbricht das Ruder, dem Gunnar das Steuerband; beides wird ausgebessert; das Schiff nicht zerstört. — *Grönländ. Atli-L., Str.* 34: ihr Schiff geht den ankommenden Burgundern aus Unachtsamkeit in Trümmer.

11. Mit dem ersten Krieger, der gegen die Ankömmlinge ausgestellt war, nahm es einen für ihn schimpflichen Ausgang. Der Grimmige machte ihn wehrlos, indem er dem Schlafenden seine „waffe abgewann“ (ThS: da der Schlafende sein „Schwert so unter sich gelegt hatte, daß der Knauf vorguckte, zog Högni das Schwert heraus und schleuderte es fort. Dann stieß er dem Mann mit dem rechten Fuß in die Seite“).

---

[1] Das klingt für eine listige Lüge fast zu echt. Gab es daneben eine alte Tradition, in der Attilas Frau ahnungslos ihre Brüder einlud —, im Einklang mit dem alten Burgunderlied: „Von Attila selbst ging das Blutbad aus“ (Heusler, Nibel.s.[3], 48)? War sie es, die den Verfasser des AHB im 15. Jahrh. so verwirrte, daß dort Grimhilt „aller wölffing feindin die auß der hünen lant warent“ ist. „Da ging sie zuo hagen von Troy und bat in das er die held czuo jm neme vnd ein gereiß vnd hader anfieng also die hünneschen held all erschlagen würden“. Ist diese späte Rückkehr Hagens in seine alte Rolle als Kämpfer für Krimhilt Zufall? Oder eine Verwirrung auf Grund von widerstreitenden Fassungen, die sich in Umlauf befanden, darunter solchen der ältesten Schicht?

[2] „Diesen letzten Warner und Landpfleger, samt seiner betonten Einführung, nahm unser Mann aus dem älteren Buch herüber“, benannte ihn aber nach dem bereits siebenmal erwähnten Küchenmeister, d. h. Seneschall, den er besonders liebevoll ausmalte (Heusler, *Nibelungensage* [3], 113).

12. Mannen seines Schwagers grüßen in dessen Auftrag den herannahenden König, in freundlichem Gedenken an die gemeinsame Verwandtschaft.

13. Die Szene, wie die Ankömmlinge die unter den durchnäßten Kleidern verdeckten Waffen unwillkürlich enthüllen[1]. Diese Aufdeckungsszene läßt nichts Gutes für einen friedlichen Aufenthalt der Eintreffenden ahnen. Von vornherein wurde ihnen unter dem Schein friedlichen Empfangs der Untergang gerüstet. Aber die Fallen, die ihnen gestellt wurden, durchschaute scharfsichtig der Grimmige, *Str.* 1746; ja er zog das heimlich Geplante in sarkastischen Reden ans Tageslicht. Sein Scharfsinn ist so unheimlich, daß es wirkte, als habe ihn einer gewarnt.

14. Der fremde König, der Gatte der Schwester, stellte die Frage, wer dieser auffallendste unter den Ankömmlingen sei und ein Begleiter seiner Frau erteilte Auskunft. Krimhild, aus dem Fenster schauend, sprach beim Anblick der wohlausgestatteten Bewaffnung ihrer Brüder,, Nu wol mich mîner vreuden" – worin sich, nach Heuslers Erkenntnis, aus der älteren Schicht „ein Wort der bruderfreundlichen Grimhild durch die Jahrhunderte getragen" erhielt![2] – (*ThS:* Die Frau selbst[3] schildert vom Turm aus das Herannahen ihrer Brüder: Attila „trat hinaus in die Laube und beobachtete die Nibelungen"); in der Reihenfolge an richtigerer Stelle als in NL, nach Heusler (*Nib.s.*, 278; vgl. Baesecke, V. u. F. I 262).

15. Die nächste Aventiure beginnt, nach dem Nachtessen, mit einer auffallend herrischen Rüge Volkers an die sich drängenden Hunnen: Kämpen hießen zwar alle, aber gleicher Art seien sie nicht. Und Hagen heißt die Hunnen höhnisch schlafen gehen; aus ihrer Absicht werde heute doch nichts mehr. Der Schlafsaal, den man den Gästen anweist, wird in seiner Herrichtung ausführlich beschrieben, *St. 1824–26.* Volker bot sich Hagen als Gesellschafter bei der Nachtwache vor der Tür an. Um Mitternacht geschah, daß Volker „einen Helm scheinen sah / fernher aus einer Finsternis". Hagen wollte die Meuchler näher herankommen lassen, jedoch kam „ein der Hiunen recken" – sicherlich der Anführer der Schar – dahinter, daß es Volker ist, der da an der Tür stand mit licht glänzendem Helm[4], „ouch lohent im diu ringe / sam daz viuwer tout" *(Das muß auffallen! Warum wird hier Hagen vergessen? Wieso plötzlich diese Aufmerksamkeit für Volker?).* Zornig gedachte Volker zu ihnen zu gehen und „Märe zu erfragen". Da ihn Hagen zurückhielt, rief Volker, um zu erweisen, „daz si ungetriuwelîche vil gerne hêten getân", die Schar zum Kampf und schleuderte den Wegeilenden sein „pfî" über die nächtliche Heimtücke nach.

16. Der nächste Tag begann mit einer drohenden Machtentfaltung der Gäste, die einem Krieger des Gastgebers das Leben kostete. – *Grönl. Atli-L, Str.* 30,

---

[1] Daher die Fiktion des Kleidertrocknens, mit Duplikat in Bechelaren. Nach Heusler in der „Älteren Not"; nach H. Schneider (*Germ. HS* I, 99) noch jünger. Die Vorstufe für diese Prägung der „Szene der Verhüllten Waffen" läßt *Atli-L.* erkennen: Gudrun entdeckt entsetzt das Ungepanzertsein der geliebten Brüder.

[2] Den 4. Vers dieser Strophe deutet Heusler mit Recht als die spätere Schicht, in welcher erst nachträglich Krimhild zur Feindin ihrer Brüder wurde. Die Einführung Attilas jedoch hielt Heusler für Zusatz des NL (*Nibelungensage*³, 279f.); ebenso Baesecke, *V.u.F.*, I 269.

[3] Mit Recht schreibt H. Schneider: „Der Auftritt *Wie er niht gen ir ûfstuont* entnimmt dem älteren Epos kaum ein paar Verse" (*German. HS* I, 100f.).

[4] Augenscheinlich eine Variante zu dem vorherigen Helmblitzen, durch welches Volker aufmerksam wurde. Sollte hier die Variante eine ursprüngliche andere Art, wie Volkers Identität jenem Hunnen bekannt gemacht wurde, überdeckt haben?

35–38: Beim Eintreffen am Atli-Hof, noch vor dem Empfang, tötete Högni auf der Stelle einen Krieger Etzels, als dessen verheimlichte Tücke enthüllt war[1].

17. Nun setzte sich das Königspaar mit den Gästen an die Tafel. – Vermutlich um 1160 („Ältere Not"): „Das überkommene Glied, Kriemhildens Bittgang, erscheint verdreifacht: eh sie den Schwager Blödel gewinnt, hat sie zwei vergebliche Gänge getan, zu Etzel und zu Dietrich" (Heusler, *Nib.s.*,[3] 1929, 84).

18. Vier Mannen des Gastgebers brachten „Ortlieben, den jungen künec, dan / zuo der fürsten tische", *Str.* 1913 (*der Name dagegen bei Kéza*, 13.*Jahrh.*: Aladarius; *ThS:* Aldrian). Der königliche Wirt wies diesen seinen einzigen Sohn „güetlîchen" seinen Schwägern und bot ihnen an, sie mögen das Kind in ihrer Heimat aufziehen und ihm „vil genædeclîchen tuon", *Str.* 1916 als einem dereinstigen Bundesgenossen. Der Grimmige aber meinte, das Kind werde schwerlich zum Mann erwachsen: „Man sol mich sehen selten ze hove nâch Ortliebe gân", *Str.* 1918. – In der Überarbeitung 15944 sagt Etzel: leb ich deheine wîle / ich gib' im drizzech lant. – Kéza: zwei Attilasöhne werden König, Chaba und Aladarius.

19. Mitten zwischen die Äußerungen des Grimmigen ist als Fremdkörper und auf verändertem Schauplatz der Untergang der Burgunderknechte eingeschoben. Ironisch sprach er gerade die Schwester, den Schwager und seine eigenen Verwandten im Sinn einer Vergeltung an, *Str.* 1960, als die Botschaft vom Blutbad eintraf. Sie bewirkt, daß der Grimmige handelt[2].

20. Sein Schwert trifft tödlich den Knaben (König Ortlieb), so daß „der küniginne 'z houbet spranc in die scôz, *Str.* 1961. – In *Atli-L.* beginnt der Kampf damit, daß die Etzel-Krieger drohend nach Gunnar greifen, worauf es heißt (*übers. Genzmer*): „Sieben erschlug / mit dem Schwert Högni, / in heiße Flamme / flog der achte". Früh oder vielleicht von jeher muß neben der Überwältigung durch Attilas Plan die Vorstellung gestanden haben, daß nicht er den Kampf ausbrechen ließ, sondern die Streitlust Hagens[3]. – *Dän. GH:* Hagen erschlägt den König Ottelin (vgl. NL „Ortlieben den jungen künec"). – *Völs. S.:* Hagen „stieß manchen in das Feuer, das in der Halle brannte."

21. „Dô huop sich under degenen ein mort vil grimmec unde grôz", *Str.* 1961; „dô hôrt' man allenthalben von wuofe grœzlîchen schal", *Str.* 1972.

[1] Der Tötung des arglistigen Einladers Wingi entspricht die Tötung des Einladers Werbel durch Hagen (also letztere nicht erst Schöpfung des NL, wie Heusler *N.s.*, 212, annimmt): *Atli-L.*, *Völs. S.* Werbel dürfte schon in *Krimhildlied Stufe I* aufgetreten sein: in Ungarn beschäftigte man sich volksetymologisch (*Vér* = Blut) mit ihm. Kéza schreibt von einem der Hauptleute, die unter Arpad Ungarn eroberten: „Pro eo enim Werbulchu est vocatus, qui cum auus eius in prelio Crimildino per Teutonicos fuisset interfectus, et id ei pro certo constitisset, volens recipere vindictam super eos, plures Germanicos assari fecit super veru, et tanta crudelitate in eos dicitur exarsisse, quod quorundam quoque sanguinem bibit sicut vinum" (Buch II, cap. 1, 19).

[2] Bevor das *NL*, der jüngere Dichter, die Dankwart-Gestalt erfand, ist nach Heusler vorauszusetzen, „daß Blödel draußen die Knappen niedermacht: sichtbar wurde er erst wieder als Hüter der Hallentür. Der Jüngere wollte das Knappenblutbad nicht hinter der Bühne lassen." (*Nib.s.* [3], 160).

[3] „Das Etzelporträt schon der älteren Not wird derart gewesen sein, daß sich ein Verrat durch ihn ausschloß" (H. Schneider, *Germ. HS*, I, 102). Heusler für den Zeitraum des 8. Jahrhunderts: „Wie der Dichter es begründete, daß Hagen dem Kinde den Garaus macht, bleibt uns unbekannt: nach der jüngeren Sage hat der Bursche seinen Oheim durch eine Maulschelle gereizt; aber dies kann man kaum schon einem Gedicht aus der Zeit des *Hildebrandliedes* zutrauen" (*Nib.s.* [3], 61).

22. Die Königin rief nach Geleit aus dem Kampfgetümmel „oder ich belîbe tôt", *Str.* 1985, und einer der Gäste (im NL ist es Dietrich) erhob darauf einen so lauten Ruf, daß der königliche Bruder seiner Schwester Abzug für alle mit Ausnahme der Feinde gewährte. Von Dietrich heißt es dann im NL „under arm er beslôz / die edeln küneginne; der sorge was grôz", *Str.* 1995, und er, gefolgt von seinen Amelungen, geleitete sie und ihren Gatten so aus dem Saal[1].

23. In der nächsten Aventiure *(Wie si die tôten abe wurfen)* tragen die Gäste auf den Rat eines der Brüder siebentausend Tote aus dem Saal, wobei mancher, der bloß „mæzlîchen wunt" ist *(der sîn sanfter pflæge er würde noch gesunt, Str. 2014)*, durch das Hinabgeworfenwerden das Leben verlor. Der Geiger Volker scherzte, die Feinde draußen klagten darum so sehr, weil sie nun Wundpfleger sein sollten *(nu solden si beruochen der vil sêre wunden lîp*, 2015*)*, und zugleich verhinderte er durch einen wohlgezielten Wurf, daß ein feindlicher Markgraf seinen Vetter aus dem Totenhaufen rette *(Str.* 2016*)*.

24. Die nun folgende Saalbrand-Aventiure beginnt damit, daß es die Gäste jammert, wie sogar der jüngste der Brüder dem Untergang ausgeliefert sein werde; und „si sprâchen" untereinander (dem Stil der alten Epik zuwider, in der die Sprecher stets mit Namen genannt sind): wäre er doch nie mitgezogen, denn nun habe er und seine Brüder ihr Land der Verwaisung überantwortet, *Str.* 2093. Später verläßt Giselher, der, obwohl Sieger *(ThS:* über Rüdiger), durch Wolfhart *(ThS:* Hildebrant) fallen wird, den Saal *(gê wir an den wint)*.

25. Fast wäre ihnen durch die feindlichen Krieger das Verlassen des Saales genehmigt worden, eine Warnung macht diesen aber bewußt, daß sie dann alle verloren wären, *Str.* 2096—2100. Nur falls der Grimmige allein „ze gîsele geben" würde, solle den Gästen das Leben gerettet sein; aber das verwerfen dessen Mitstreiter als ehrenrührig, *Str.* 2104—2107. — *Völs. S.:* „Da ward ein Stillstand im Kampf"; ein Zwiegespräch zwischen Atli und Högni folgt, das die Feindschaft vertieft. — *Kéza:* Angehörige des Hunnenlagers kämpfen auf Seite der Krimhildsippe mit.

26. Alsbald stecken die Feinde Feuer an den Saal — do quelte man den recken mit fiwer dâ den lîp, *Str.* 2111.

27. Der Grimmige aber empfiehlt als Rettung, zu den Toten zu gehen und deren Blut zu trinken, wofür ihm denn auch Dank gesagt wird. Dâ von gewan vil krefte ir eteslîches lîp, *Str.* 2113—2117.

28. Von Rauch und Hitze gepeinigt, findet der Grimmige den Ausweg, sich an die Wand zu pressen; von den „Bränden" sagt er: tret si mit den füezen tiefer in daz pluot, *Str.* 2118/19! Die Rettung einiger Nibelungen gelingt, weil sie sich unklarerweise in einer Wölbung befinden[2] (NL, Handschrift C). — In ThS erzwingt Högni durch seine Anstrengung die Sprengung einer Garten-Steinwand, an der er sich seltsamerweise befindet: nach den Worten von 29*a* (s. unten) beschließt er, „daß wir uns mannhaft einen Ausweg aus diesem Garten suchen. Es war aber eine Steinwand um den Garten gezogen, fest gefügt wie eine Stadtmauer. Diese Steinwand steht noch heute" *[in Soest]*. Die Niflungen „brachen die Mauer mit aller Gewalt nieder und ließen nicht eher nach, bis eine Bresche in der Mauer war. Högni sprang sofort hindurch". So kommen auch Giselher, Gernoz, Folker und andere davon (Variante ThS_1). Högni sprang zu einer Halle (?) hinauf und stemmte sich mit dem

[1] Heusler hielt die Geleitszene für eine Erfindung des NL; sie sei nötig geworden, weil das NL statt Blödel als Hüter der Saaltür Dankwart und Volker vorführte (*Nib. sage* [3], 215).

[2] HsC 2120: Die geste half daz sêre, / daz der sal gewelbet was: / dâ von ir deste mêre / in der nôt genas, / wan daz si zen venstern / von fiure liten nôt. / dô nerten sich diu degene / als ir ellen daz gebôt.

Rücken gegen die Hallentür, die verschlossen war *(Variante ThS₂ zur Steinwand!)*[1]. *Weitere Variante, ThS₃:* im Verlauf des Kampfes findet man Högni auf die Straße eilend. Als er seine letzte Trutzrede, unbesiegt, spricht, heißt es: „Er stand an der Stadtmauer." Jetzt in der dunklen Nacht seien Attilas Krieger wenig zahlreich. „,Müssen wir aber warten, bis es Tag ist, wird Mannschaft aus den Gauen herzuströmen. Dann werden wir mit einem solchen Heer zu tun haben, daß es über unsere Kraft geht, und ich weiß nicht, ob wir eine Heldentat vollbringen können, ehe wir unser Leben lassen. Es ist ein großer Verdruß, daß wir uns kein Feuer verschaffen (!?) können. Dann würden wir streiten!' Darauf eilte Högni mit wenigen Kameraden fort. Da in der Nähe war eine Küche. Dort holten sie sich Feuer, schleuderten es sofort ins Haus und verbrannten es. Da wurde es in der ganzen Stadt hell." — *(Letzte Variante, ThS₄):* Endlich war Högni müde, „und er wußte nicht, wie er zurück zu seinen Mannen kommen sollte. Er ging auf eine Halle zu, brach sie auf, trat hinein, wandte sich zurück zur Tür, lehnte sich gegen sie und ruhte sich so aus", worauf unmittelbar die Saalbrandstiftung und die Vernichtung eines Gegners durch Hagen „gegen die Steinwand" folgen[2].

29. Nun bricht der neue Tag an.

30. Einer spottet über die Feinde, die nun der Meinung seien, alle seien tot, *Str.* 2120/21. Bei denen vor der Halle kann man das Weiterleben der Belagerten in der Tat nicht begreifen, *Str.* 2126.

31. Auf diese 36. Aventiure, *Str.* 2081—2134 läßt dann der NL-Dichter die Rüdiger- und Dietrich-Aventiuren folgen. Als Letzte unterlagen der Grimmige, dann sein König, beide durch Dietrich zu Gefangenen gemacht. — Im *Atli-L.* und *ThS* wird zuerst durch Hunnen *(ThS:* Osið, „König Attilas Neffe") der König entwaffnet, und nach dem Befehl Attilas, ihn „zu bringen, und nicht zu erschlagen", in eine Grube geworfen.

32. Gefangen von einander abgesondert und nach dem Hort befragt *(fehlt in ThS)*, ist es der Grimmige, der — listig — die Verfügung trifft, daß eine Enthauptung vorgenommen werde, die seines mitgefangenen Bruders. — In *Atli-L* war es Gunnars List, der seines Bruders und Mitwissers Högni Herz (auch *Oddrúnargrátr*) verlangte, bevor er das Versteck des Horts preisgeben wolle.

33. So ist im NL das abgehauene Haupt, welches „bî hâre" vor den einen der beiden letzten Streiter getragen wird, das des Königs.

---

[1] Dieser Varianten-Charakter wurde längst bemerkt. Z. B. bei Hempel *(Nib.st.* 89 f.): „Der Ausfall durch eine Bresche der Gartenmauer . . vertritt nach gewönlicher Annahme, der ich mich anschließe, eine Szene des Epos, in der die im Saal eingeschlossenen Niflunge eine Bresche in die Wand brachen, vermutlich um dem angelegten Brande zu entgehen: Neckel, *Eddaforschung* 185 f; anders Polak, *ZfdA* 54, 448".

[2] Die Wunderlichkeit dieser letzten Stelle in ihrer gelehrten Verknüpfung mit dem „Iringsweg" (der nach Meißners Nachweis ursprünglich nichts damit zu tun hat), hat den Herausgeber der *Sammlung Thule* (II, Bd. 22, p. 409) ein „Mißverständnis" vermuten lassen. Daß jener Gegner, als er Hagen die Brünne zerhaut, „so viel vom Bein abschlug wie die größten Fleischstücke, die man für den Kochkessel zurechthaut", ist eine in ThS nochmals verwendete Hyperbel. — Was die Saalbrandstiftung betrifft, so wird sie vom Erzähler alsbald vergessen; ja, die Helden ziehen sich jetzt erst in die Halle zurück. — Heusler vermutet für den Zeitraum des 8. Jahrhunderts: „Um die Burgunden aus der Halle zu scheuchen, legt Krimhild nachts Feuer an. Sie brechen am Morgen aus" (*Nibelungensage*, ³1929, 64 f.). — Boer empfand die „Vorstellung, daß Hagen einen Ausfall tut", als nicht geheuer, und vermutete, das sei erst „unter dem Einfluß der in der jüngeren Überlieferung stets wachsenden Kriegerzahl entstanden" *(ZfdA* 47, 153)

34. Den Schluß bildet der Tod der unseligen Sigfrid-Rächerin (*ThS*, *AHB:* durch Dietrich; *NL höfischer:* durch Hildebrand). — Im *Alten Atli-L.* unterdrückt die Schwester der Gemordeten die Tränen und spricht einen Verwünschungs-Monolog (gegen den Gatten), *Str.* 31/2. — Im *Grönl. Atli-L.* findet sie es lächerlich, daß ihr Gatte sein Leid klage; möge es ihm schlecht gehen! Er sagt ihr rätselhafterweise, „Schuld bist du selber, / daß es so gekommen", und verheißt ihr eine bessere Behandlung: „Mägde sollen dich trösten, / treffliche Kleinode, schneeweißes Silber, / wie du selber es wünschest", *Str.* 53, 65—67. — In *Guðrúnarkviða III* beklagt sie die Nimmerwiederkehr der Brüder, und daß sie nun überdies vor der grundlosen Eifersucht des Gatten sich zu rechtfertigen habe; es gelingt ihr, wieder in die Gunst des beglückten Gatten zu gelangen.

35. Der Gastgeber-König lebt weiter. — Sprichwörtliche Redensart im damaligen Mittelhochdeutschen: „Etzel der Hiunen künec ist verlorn" *(v. d. Hagens Minnesänger II 105a)*. Etzels Überleben im NL ein „Sonderfall" (Hempel, *Nib.st.*, 50).

IV. Das kymrische Mabinogi von Branwen

Der Streit um das Alter der kymrischen Prosaerzählungen, die handschriftlich erst aus dem 14. Jahrhundert überliefert sind, bewegt die Gemüter nicht mehr mit dem gleichen Eifer wie einstmals, als es um die Frage eines *Ur-Perceval* oder *Ur-Ivain* ging. Einerseits zweifelt heute niemand mehr nach der Aufdeckung der altirischen Schätze an dem Alter vieler inselkeltischer, auch altkymrischer[1] Sagen, an historischen Traditionen, die bei aller Verworrenheit bis in die Zeit von Christi Geburt zurückreichen mögen und in Irland seit dem 8. Jahrhundert schriftliche Aufzeichnung fanden. Andererseits gibt es Erzählgut in altfranzösischer, wahrscheinlich anglonormannischer Sprache, welches von den Kymren unter reichlicher Einmengung von Eigenem als modernstes Literaturgewächs auf der Stelle bearbeitet wurde. Nicht nur im arthurischen Anhang zu den vier eigentlichen, klassischen[2] Mabinogion *(Pwyll, Branwen, Manawyddan, Math)*, sondern auch in diesen selbst ist nicht bloß urkeltischer Stoff enthalten; die *Pwyll*-Erzählung etwa ist eine altertümliche Form der international verbreiteten *Amicus- und Amelius*-Geschichte, die ihrerseits bis auf ein altägyptisches Märchen zurückweist. Daß in den vier klassischen *Mabinogion* Arthur keine Stätte hat, der bei den Kymren so beliebte Nationalheld, dem, nach Pokorny schon im 11. Jahrhundert, gaelische Könige und euhemerisierte Götter als Vasallen zugeordnet wurden, ist ein Anzeichen für das Alter dieser vier Erzählungen; es ist auch dafür ein Anzeichen, daß sie ursprünglich nicht den anfangs nordenglischen Kymren, sondern den einstigen südostenglischen Gaelen entstammen, — wobei der kymrische Anteil an der Neubearbeitung allerdings keineswegs unterschätzt werden sollte. Was ihre Datierung anlangt, so hat die Keltistik nicht immer scharf genug unterschieden zwischen einerseits den meist in Versform erhaltenen Sagensplittern, die sprachlich meist ins 8. Jahrhundert gehören, und andererseits deren Auslegungen, den oft spitzfindigen nachträglichen Prosaerzählungen, die mindestens drei Jahrhunderte später anzusetzen sind. Mit dieser Präzisierung, hier ausschließlich auf die alte nicht-arthurische Tetralogie eingegrenzt und mit einigen in diesem Zusammenhang unwesentlichen Ein-

[1] Die lyrischen Dichtungen — älteste Sammelhandschrift um 1175 geschrieben *(Das Schwarze Buch von Carmarthen)* — nehmen in zahlreichen Beziehungen auf diese Grundlage Bezug.

[2] Die Tetralogie scheint seit langem zusammengehörig gewesen zu sein: Loth, *Revue celtique*, 32, 422.

schränkungen, wird man dem Keltisten J. Pokorny glauben dürfen: „Diese Sagen (die *Mabinogion*) wurden im 11. Jahrhundert aufgezeichnet, datieren aber spätestens aus dem 8. Jahrhundert, da sie in kymrischen Gedichten dieser Zeit schon als bekannt vorausgestzt werden . . . Wie uns der Inhalt zeigt, sind es die Sagen der gælischen Bewohner von Wales, die nur in britisches (kymrisches) Gewand gehüllt sind. Wir wissen auch, daß die *Mabinogion* in Süd-Wales entstanden sind, einer Gegend, die damals ganz gaelisch und nur oberflächlich kymrisiert war"[1].

Die berüchtigte Phantastik und Sprunghaftigkeit der kymrischen Erzähler wird ähnlich wie die ihrer altgælischen Stammverwandten nicht zum wenigsten dadurch erzeugt, daß diese Mabinogion — wie auch ihr Name sagt — zugleich lehrhafte antiquarische Merkdichtung sein wollen. Erzählerische Grundfabeln werden weitgehend aufgegriffen zu dem Zweck, echt oder künstlich einem meist unverständlich gewordenen Vergangenheitserbe von viererlei Kategorien als Behälter und Sinnstütze zu dienen: keltischen Ortssagen (vielfach aus fabulösen Etymologien entwickelt); alten Sprichwörtern; dreigliedrigen Merkversen, „Triaden", zur alten Mythologie und Heldensage; Namenlisten aus dem gleichen Bereich.

Von solchen didaktischen Zwischenspielen, die sehr alt oder ganz jung sein können, zähle ich in „*Branwen, Tochter des Llyr*", dem zweiten der vier klassischen *Zweige des Mabinogi*[2], etwa ein Dutzend. Ihre Stellung ist in der folgenden Inhaltsangabe durch eckige Klammern [ ] gekennzeichnet. Die Zahlen in runden Klammern sollen an die Motivreihenfolge in dem zuvor hergestellten Bild der Nibelungen-Mittelschicht erinnern, und das heißt auf einen erstaunlichen Gleichlauf aufmerksam machen.

(1) Der Erzähler weiß von vier Brüdern. Zwei von ihnen sind aus anderem Erzählgut bekannt. Der Name des einen, Vran, Sohn des Llyr, ist der des legendären ersten christlichen Herrschers von Britannien (daher der Beiname Benedictus, *Bendigeit*). Der andere, hier eine passive Nebenfigur, ist der Titelheld des „*Dritten Zweiges des Mabinogi*", Manawyddan, Sohn des Llyr. Miteinander und mit der Erzählung haben beide ursprünglich offenkundig nichts zu tun. —

(2) Das Königtum übte unter den Brüdern in „Kymry" (Wales mit Cumberland), der „*Insel der Starken*", Vran aus. Er steht als Handelnder zeitweilig ganz im Schatten gegenüber seinem grimmigen Bruder Evnissyen, dessen Charakter sogleich umrissen wird: er „brachte seine beiden Brüder (ergänze: Halbbrüder) gegeneinander auf, wenn sie einander am meisten liebten". — (2a) Dieser „Feind des Friedens" war mit den beiden Llyr-Söhnen nur durch die gleiche Mutter, Penardim, verwandt. Sein Vater hieß Eurosswydd. — (3) Dem Charakter des Evnissyen war derjenige des Nissyen entgegengesetzt, der „war gut; er brachte den Frieden in die Familie, wenn man am gereiztesten war". — (3a) Dieser besänftigende Nissyen war der leibliche Bruder des grimmigen Evnissyen. —

(4) Die Brüder hatten eine Schwester, Branwen, Llyrs Tochter. Die Erzählung beginnt damit, daß ein fremdländischer Herrscher, der König von Iwerddon in

[1] J. Pokorny, *Der Ursprung der Arthursage* (Mitteilungen der Anthropol. Gesellschaft in Wien, 1909, 96).

[2] Ich folge der älteren Übersetzung von J. Loth, *Cours de littérature celtique*, Bd. 3, Paris 1889. Inzwischen erschienen zwei neuere englische Übertragungen.

Irland, Boten zu den Brüdern schickte. Deren Mannen waren „wohl überzeugt, daß sie niemals Männer gesehen hatten, die besser ausgestattet wirkten". Von König Vran befragt, bestellten sie, daß ihr Herrscher Matholwch Branwen zur Frau erbitte. Die Verbindung kam nach einer Ratssitzung zustande. Die Brüder und ihr künftiger Schwager fuhren nach Aberffraw, sie zu Land und er zur See, und die Hochzeit wurde gefeiert. „In dieser Nacht schliefen Matholwch und Branwen beieinander." — (4a) Der Irenkönig hatte sich als Freier selber zum Hof seiner künftigen Frau begeben und mit dem Kymrenkönig ein Abkommen getroffen. — (5) Als einziger opponierte der grimmige Evnissyen. Weil man ihn nicht um Erlaubnis gefragt hatte (die Gereiztheit des Nicht-Vollbürtigen?), kränkte er den Iren durch eine Provokation an dessen Rossen, wodurch er, wie der Erzähler eigenartigerweise verstanden wissen will, den Herrn der Rosse in Schmach und Schande gebracht hätte. Evnissyen schnitt ihnen die Lippen, Ohren, Schwänze und Augenbrauen ab. Vran, der königliche Bruder, war sehr bekümmert darüber, als sein beleidigter Schwager sofort ohne Abschied aufbrach. Vergebens suchten diesem die Boten Vrans zu erklären, den König treffe keine Schuld. Da schickte Vran seinen leiblichen Bruder Manawyddan mit zwei Begleitern, der dem Schwager zu erklären hatte, der Schuldige sei nur ein Halbbruder, und „es ist mir nun eben nicht möglich, mich seiner zu entledigen oder ihn zu töten". Dafür aber bot Vran dem Schwager Rosse [auch *Füllen:* Erklärung für den Ortsnamen *„Füllen-Erstattung"*, *Tal-ebolyon*] als Wiedergutmachung an, nebst Silberstäben und einem Goldteller. Nach einigen Erwägungen mit seinen Beratern fand der Schwager sich bereit, umzukehren. Freilich saß er nunmehr verstimmt an Vrans Tafel. — (5a) Eine völlige Übereinkunft wurde erst erzielt, als Vran seinen Gaben noch etwas hinzufügte, einen Kochkessel mit zauberischer Wirkung: „Tötet man dir heute einen Mann, so brauchst du ihn nur hineinzuwerfen, damit er sich am nächstfolgenden Tag so wohl befinde als je". — (5aa) Den Kessel, so erzählt er dem Schwager, habe ein riesenhafter, bösartig aussehender Mann, Llasar, und dessen noch riesenhaftere Gattin aus Irland herübergebracht. Dort [das weiß auch der Irenkönig, der den beiden am *„Kesselsee"*, *Llynn y Peir* begegnet war] hatten die beiden sich solche Greuel zuschulden kommen lassen, daß alle Schmiede Irlands ein gewaltiges eisernes Haus hatten erbauen müssen; in dieses hatte man die beiden durch Trank und Speise gelockt und ringsum ein Feuer entzündet, — doch drückte der Eingeschlossene eine der Eisenwände auf, und beide entkamen.

(6) Der Irenkönig führt seine Gattin zu Schiff nach Iwerddon, „wo man sie mit sehr großer Freudenbezeugung empfing. Kein hervorragender Mann, keine Edelfrau kam nach Iwerddon zu Besuch bei Branwen, denen sie nicht ein Halsband, einen Ring oder ein königliches Kleinod gab. . Sie verbrachte so ein blendendes Jahr, und es gelang ihr völlig, Ruhm und Freundschaft zu erlangen. Dann geschah, daß sie schwanger wurde. Nach gebührender Zeit gebar sie einen Sohn: man gab ihm den Namen Gwern, Matholwchs Sohn, und sandte ihn zur Erziehung zu den besten Männern Iwerddons". Im zweiten Jahr der Ehe wurde das Volk gegen seinen König unruhig, weil die Rosse-Provokation die Gemüter bewegte. „Seine Milchbrüder und seine nächsten Verwandten machten ihm offene Vorwürfe". Der Aufruhr war nicht anders zu bändigen, als daß der Beschluß zur Rache gefaßt wurde: — (6a) Branwen, zur Küchenmagd erniedrigt, hatte jeden Tag vom Schlächtermeister einen Backenstreich in Empfang zu nehmen. [*Branwen empfing durch Matholwch einen Backenstreich:* Stichwort einer Triade]. — (7) Branwen schrieb von dieser Not an ihren Bruder Vran und heftete den Brief ins Gefieder eines Vogels. — (8) Nach Empfang der Botschaft rief der Bruder seine Mannen zur Fahrt nach Irland zusammen. [In der Stadt *„Sieben-Reiter"* — daher der Name — ließ er sieben Statthalter zurück.] — (8a) Die Fahrt war von Beginn an eine Seefahrt. — (8aa) Die Überquerung der Gewässer geschah unter

unmittelbarem Eingreifen des Königs Vran. — (9) Der riesige Vran, der in kein Schiff paßte, durchwatete neben seinen Schiffen die beiden seichten Flüsse, die damals noch sein Land von Iwerddon trennten, und trug auf seinem Rücken überdies alle Musiker *(der Übersetzer J. Loth hält eine verderbte Lesart für möglich)*.

(14) Matholwch, der Irenkönig, der Gatte Branwens, wußte die bergartige Riesenhaftigkeit des Ankömmlings nicht zu deuten. In einer Gesprächsbefragung gab seine Frau, die das Herannahen der Brüder beobachtete, Auskunft. — (10) Die Iren zerstörten absichtlich die einzige, die Ufer des irischen Flusses Llinon verbindende Brücke, auf der ein Einfall in ihr Land möglich gewesen wäre. — (9a) Der Kymrenkönig gelangte mit seiner Flotte zuerst an zwei Ströme, wobei die Ausdehnung der Wasserfläche beschrieben wird: „Das Gewässer war damals nicht beträchtlich; er schritt durch Untiefen. Es gab nur zwei Ströme namens Lli und Archan. Seither haben die Gewässer ihren Bereich ausgedehnt". — (9) Vran dachte nun nicht mehr an ein Durchwaten, sondern [dies sei der Ursprung des — in allen waliser Sprichwortsammlungen verbreiteten — Sprichworts: *Wer Führer ist, sei Brücke*] hatte den Einfall, durch seinen eigenen Körper als Brücke die beiden Ufer zu verbinden und so durch seine einzige Kraft das Heer herüberzuschaffen. — (12) Mannen seines Schwagers „kamen ihn zu grüßen und ihm von Seiten ihres Herrn, seines angeheirateten Verwandten, zu huldigen". — (18 aa) In des Irenkönigs Auftrag künden sie an, dieser (34) verheiße seiner Frau eine bessere Behandlung, er wolle (18aa, 18) abdanken und sein Reich an seinen und Branwens Sohn abtreten, als Sühne für die schlechte Behandlung Branwens. Der Kymrenkönig war aber damit noch nicht zufrieden.

(15) Die Boten rieten ihrem Herrn zum Nachgeben und zur Besänftigung durch Erbauen einer Riesenhalle, in der Vran und die Seinen Platz fänden. „Dies alles geschah auf Rat von Branwen, die dem Land, dem auch sie angehörte, die Vernichtung ersparen wollte." Die Halle wurde gebaut (ohne Angabe der Zeitdauer).

(16) Gleich beim Einzug der Gäste enthüllte sich, daß die Gaelen mit verborgenen Waffen nichts Gutes im Schilde führten. Sie versteckten einen bewaffneten Mann (13a) in je einem Sack aus Tierhaut, den sie an den Säulen der Halle befestigten. Als Evnissyen eintrat, (13, 13aa) musterte er die Beutel und fragte einen Gaelen: „Was ist in diesem Sack?" „Mehl, mein Lieber", lautete die Antwort. (11, 16) „Er betastete ihn, bis er den Kopf fand, und umklammerte ihn, bis er fühlte, daß seine Finger sich im Mark durch die Knochen hindurch begegneten, und ließ ihn dann." Beim nächsten Sack wiederholt sich wörtlich dasselbe. Daß Evnissyen es 200 weiteren Kriegern ebenso machte, wird nur vermerkt; ein dritter Auftritt schließt ab: „Er fühlte Gewappnetes auf dem Haupt des Letzten, und ließ ihn nicht, bevor er nicht tot war. Er sang dann das folgende *englyn (= Lose Strophe, eines der drei irischen Haupt-Versmaße)*: ‚Sonderliches Mehl ist in diesem Sack, geschmeidige Krieger, kampfbereite: noch vor den Kämpfern ein vorbereiteter Kampf'".

(17) Das Königspaar setzte sich mit den Gästen an die Tafel und (18, 18aa) übertrug seinem Sohn die Königsherrschaft. Der Schlußteil lautet wörtlich: (18aaa, 18) „Bendigeit Vran ließ das Kind kommen; das Kind begab sich dann zu Manawyddan. Alle, die es sahen, gewannen es lieb. Es war bei Manawyddan, als Nissyen, Eurosswydds Sohn, es zu sich rief. Das Kind ging mit liebenswerter Miene auf diesen zu. ‚Weshalb', rief Evnissyen, ‚kommt mein Neffe, meiner Schwester Sohn, nicht zu mir? Würde ich nicht glücklich sein, mit ihm, kaum wäre er König von Irland[1], Liebkosungen zu wechseln?' — (18a) ‚Gern', sagte Bendigeit

[1] Scheinbar Unklarheit beim Mabinogi-Erzähler, ob der Knabe bereits König geworden war oder nicht.

Vran, ‚er soll hingehen'. Das Kind ging ganz fröhlich zu ihm. (19) ‚Bei Gott', rief Evnissyen, ‚die Familie rechnet nicht mit dem Mord, den ich jezt begehen werde'. (20) Er stand auf, ergriff das Kind an den Beinen, und bevor ihn jemand aus seiner Sippe anhalten konnte, schleuderte er das Kind, Kopf voran, ins brennende Feuer.

(22. 22a) Als Branwen ihren Sohn in den Flammen sah, wollte sie von dem Sitz, wo sie zwischen ihren beiden Brüdern saß, sich ins Feuer stürzen. Aber Bendigeit Vran ergriff sie mit der Hand und nahm seinen Schild in die andere. (21) Jeder ging alsbald im ganzen Haus zum Angriff über; diese Schar vollbringt hier den größten Tumult, den man je sah . . Jeder stürzte zu den Waffen. (22) Bendigeit Vran hielt Branwen zwischen seinem Schild und seiner Schulter. (15a, 23, 26) Die Gaelen machten sich daran, Feuer unter dem Wiederbelebungs-Kochkessel anzuzünden. Man warf die Leichen hinein, bis er voll war. (29) Am nächstfolgenden Tag (29a) erhoben sie sich als ebenso furchtbare Krieger wie zuvor, nur sprechen konnten sie nicht. Da Evnissyen auf dem Boden die der Wiederbelebung baren Leiber der Männer aus der ‚Insel der Starken' schaute, (24, 24a) sprach er in seinem Innern: O Gott, weh mir, daß ich der Anlaß dieser Vernichtung der Männer aus der ‚Insel der Starken' geworden bin. (25, 27, 27a) Schande mir, falls ich kein Rettungsmittel finde. Er lagerte sich zwischen die Leichen der Gaelen. Zwei barfüßige Gaelen kamen zu ihm, hielten ihn für einen der Ihrigen und warfen ihn (26) in den Kochkessel. (28) Er stemmte sich im Kessel so, daß dieser in vier Stücke zerbrach (28a) und daß ihm die Brust brach". Der Mann der bösen Zunge bewährte sich so als der mutigsten Aufopferung fähig. (28, 30, 30a) Dank seiner Tat entkamen von allen Kämpfenden sieben Kymren als einzige, darunter sein Halbbruder Manawyddan und altberühmte Sagenhelden wie Pryderi und Talyessin. (31) Als letzter starb Vran, (31a) durch eine vergiftete Lanze ins Bein getroffen. (32) Er „verfügte, daß man ihm das Haupt abhaue. (33) ‚Nehmt mein Haupt', sagte er ihnen". [Das Umhertragen des Vran-Hauptes soll in verworrenem Ausspinnen die mythologischen Stichworte vom *Siebenjährigen Mahl zu Harddlech*, vom *Gesang der Riannon-Vögel*, vom *24jährigen ‚Haupt-Fest'*, sowie zwei Triaden ausdeuten.] (34a) Außer fünf schwangeren Irinnen [Herleitung der *Fünfteilung* Irlands] überlebte Branwen das Gemetzel. (34aa) Sie folgte den Überlebenden ihres Volkes übers Meer in die Heimat zurück; gebrochenen Herzens starb sie mit einem Fluch auf ihre Geburt, klagend über ihre Mitschuld am Untergang zweier Völker. (35) Der Gastgeber-König, ihr Gemahl, wird im ganzen Schluß nicht mehr erwähnt.

V. Selbständige Nibelungentexte außerhalb des oberdeutschen Nibelungenliedes

Bisher ist für die zweite Hälfte der Nibelungendichtung, auf die sich unsere Untersuchung konzentriert, fast nur beigezogen worden, was in NL und ThS übereinstimmend ausgesagt wurde. Daß gerade bei der Gattenrache Krimhilds (Gudruns), für welche der Norden und Deutschland verhältnismäßig übereinstimmen, der Norden alte eigene oder auch nur niederdeutsche Züge erhalten habe, wurde oftmals lebhaft bestritten; namentlich für die Folkeviser hat H. de Boor mit großem Scharfsinn psychologische Gründe für die junge Entstehung der Sondermotive beizubringen gesucht. Im Sinne Heuslers und Hermann Schneiders halte ich die Anzweiflung jener niederdeutschen Liedquellen, auf die sich die *Thidrekssaga* beruft, für abwegig und meine, daß die Mabinogi-Parallele Beweise für das alte Gut aus Niederdeutschland beibringt, an denen es bisher fehlte. Ein starkes Eigenleben allerdings wird hier für die nordische Tradition auch jetzt nicht ersichtlich. Manche der Einwände Fr. Panzers gegen Heuslers Voraussetzung, krassere Züge der ThS seien archaischer als das NL, werden von unserer Rekonstruktion eines „westeuropäischen" Nibelungenliedes nicht aufgehoben. Von den nachfolgend aufgeführten rund zwanzig Punkten kann sehr wohl der eine oder der andere im Sinne de Boors ein spätes Zufallsprodukt, eine nur scheinbare Parallele sein. Was hier jedoch ins Gewicht fällt, ist, daß ein solcher Zufall sich nicht rund zwanzigmal auf engstem Umfang und am parallelen Ort einer gleichgerichteten Motivfolge zu wiederholen pflegt.

Abweichungen vom Nibelungenlied finden sich neben den eddischen Liedern und neben deren Zusammenfassung durch den 2. Teil der *Völsunga Saga* in folgenden Dichtungen:

ThS = *Thidrekssaga*

Dän. GH = dänische Folkevise *Grimilds Haevn*, Fassungen Aa, Ab, Ba, Bb, C; nach Heusler und H. Schneider ein Ableger der „Älteren Not", nbch R. C. Boer dem NL-Original am nächsten.

Dän. HvC = Dänische *Hvensche Cronik*. Nicht selten ist es, nach Hempel *(Nib.st.* 57), „daß der im allgemeinen durchaus fragwürdige Text Hv den ursprünglichen Sinn eines Motivs am besten bewahrt hat".

Fär. = Färöische Ballade *Högna-táttur* mit Varianten A—H: ich folge den Bezeichnungen bei H. de Boor, *Die färöischen Lieder des Nibelungenzyklus*, wo sich auch die älteren Haupt-Theorien über das genetische Verhältnis dieser nordischen Fassungen zusammengestellt finden. Neue Varianten jetzt in Chr. Matras ed., *Føroya Kvæði, Corpus carminum faeroensium*, Kbh. 1951. — Hier in Fär. und in der Edda der Name „Gudrun", bei den andern und auch in Völsungasaga „Krimhild".

AHB = Anhang zum *Heldenbuch*, 15. Jahrhundert.

Parallel zum *Branwen*-Mabinogi (vgl. oben Kap. III und IV die entsprechenden Nummern) und ohne unmittelbare Entsprechung im NL sind folgende Züge; sie sind durch Zusatz mit „a" bezeichnet.

(2a) *ThS:* Högni ist, genau wie Evnissyen, ein Halbbruder der drei Königsbrüder und ihrer Schwester durch seine Mutter; der Alb Aldrian habe Gunthers Mutter Oda-Ute vergewaltigt (im NL heißt es von Hagen und Dankwart nur: Aldriânes kint). Gunther erwähnt[1] bei Hagens Fahrtbedenken dessen Bastardtum. — Wäre Hagen der Vollbruder Gunthers, Guthorm-Gernots, Giselhers und Gudruns gewesen, so hätte ohnehin sein Name auf G-Anlaut alliterieren müssen.

(3a) Der Fiedler Volker wird in *ThS* von Hagen als sein Sippenverwandter zur Mitfahrt an den Hof Attilas aufgefordert! In *Dän. GH (B)* und *Dän. HvC* ist Volker der Bruder von Hagen und von Grimild. Im *Rosengarten* steht er in der Sippe als Schwestersohn.

(4a) *ThS; Fär:* der werbende König erscheint selbst am Hof seiner künftigen Frau, und diese kennt weder ein Sträuben, noch warnt Hagen, noch verspricht der Werber ihr Genugtuung (alles[2] im Unterschied zum *NL*). Im *Alten Atli-Lied* war Attila gleichfalls einst bei seinem Schwager Gunnar zu Besuch gewesen. Dort schworen sie einander die Eide (die später Gudrun an ihm rächt) „die einst du schwurst / bei der südlichen Sonne / und Siegvaters Felsen / bei dem Roß des Ruhbetts / und dem Ringe Ulls", *Str.* 32. — *Grönl. Atli-L:* Attila machte sich auf, die Witwe Gudrun zu werben und brachte sie mit Geleit in sein Reich, *Str.* 87.

(6a) *Gudrúnarkviða III:* Attilas Frau wird durch eine nebenbuhlerische Kebse, die Beschuldigung ehelicher Untreue und durch ein Gottesgericht gequält.

---

[1] „Sicher nicht Fremdkörper, sondern altes deutsches Sagengut, im Waltharius . . . nachgeahmt. Das NL mit seinem höfischen *Mâc*-Verhältnis hatte natürlich keinen Platz dafür" (H. Schneider, *Germ. HS*, I, 96); „Hagen war ursprünglich Halbbruder; man hat sich das Verhältnis bald so, bald so zurechtgelegt" (I, 193). Für Heusler (Nibelungensage, ³45), v. Kralik und andere war Hagen schon im ältesten Burgundenlied ein Albensohn. Dagegen dürfte Hempels Eindruck das Richtige treffen, dies sei „als rein dekoratives Motiv oberflächlich eingefügt worden, so daß es auf wenige Stellen der Dichtung beschränkt blieb. Von organischer Einarbeitung ist keine Rede."

[2] Scharfsichtig H. Schneider, *Germ. HS*, I, 95: „Sicher bot das ältere Epos hier kein Vorbild; wir erkennen die weitblickende Fügung des NL-Dichters". — Woher weiß die *Thüringische Chronik* des 16. Jahrhunderts, die auf Eisenacher örtliche Tradition verweist *(W. Grimm, DHS* ³1889, 343*)*: daß Attila sich an Gunthers Hof „verfüget, und damit er ihn zum Freund und Bundes-Genossen machte, nahm er seine Tochter Grymhildam zur Ehe, hielt *daselbst* mit ihr Beylager?!"

(8a) *Grönländ. Atli-L; Dän. GH:* die Fahrt ist von Beginn an eine Seefahrt. *Fär:* mit der Schilderung der Seefahrt vermischen mehrere Varianten Ausdrücke wie sie für eine Landreise (diese im *Alten Atli-L*) üblich sind; vgl. de Boor, *a. a. O.* 164. — Für die nordgermanische Frühform (Balladen und *sächs. Lied)* vermutet Hempel eine Meer- statt einer Flußreise *(Nib.st.*, 45).

(8aa) *ThS:* König Gunnar steuert; das von ihm zerbrochene Steuerband wird wieder ausgebessert. *Dän. GH*, *Fassg. A:* Gynter und Gierlo *(Gernot)* steuern.

(9a) *ThS:* Der Burgunderkönig gelangt mit seinem Heer auf der Fahrt zuerst an zwei Ströme, wobei die Ausdehnung der Wasserfläche beschrieben wird: „Dort, wo Rhein und Donau zusammenfließen *(sic)*. Es ist dort sehr breit, wo die Ströme sich vereinten.“ —

(18aa) *ThS:* Noch bevor die Gäste an seinem Hof eintrafen, gibt Attila ihnen bereits seltsamerweise (denn an List denkt der Erzähler nicht) durch Boten seine Abdankung — wegen Alters — bekannt: „Es scheint uns, daß es euch am ehesten zukommt, das Reich mit eurem Neffen zu verwalten als seinen Mutterbrüdern . . . Verwaltet das Land mit uns.“ — *Ungarn* 13.*Jahrh:* Aladarius, Sohn der Cremhild, wird Nachfolger seines toten Vaters Attila.

(17aa) *ThS:* Unmittelbar vor dem Eintreffen am Hof von Schwester und Schwager ging Högni „allein auf Kundschaft, weit weg von der Schar“. *Dän. GH:* Sofort nach dem Eintreffen erlauscht Hagen hinter der Tür, wie König Kanselin — nach Bugge die niederdeutsche Form: koninc Azzelin, nach Schneider Blödelin — (*Aa;* in *Ab:* Graf Guncelin; in *BC* Frau Kremolt) die Mannen dazu anhält, ihn zu töten. Da zeigt er alsbald seine Kampfkraft.

(13a) *ThS:* Bevor der Hallenkampf beginnt, waren an anderm Ort „frische Ochsenhäute ausgespannt“ als Hinterhalt. „Als nun die Niflungen aus dem Garten laufen wollten, glitten sie auf den Häuten aus. Dabei kamen manche zu Tode“[1]. *Fär:* Drei blutige Ochsenhäute werden vor der Tür am Estrich befestigt. Dies Zaubermittel bringt sofort Gunnar (*Ba C,H;* in *A BbD E* auch die beiden jüngeren Brüder) zu Tode, während Hagen das Hindernis mit einem gewaltigen Satz wohlbehalten überspringt. — *Dän. HvC:* Gremild streut Erbsen zwischen zwei auf den Boden gelegte Ochsenhäute, um Hagens Unverwundbarkeit, die durch einen Sturz verschwände, zu brechen; es gelingt ihr nicht. — *Anfang des Grönl. Atli-L, Str.* 5*:* bevor in der Burgunderhalle Högni eintrifft, werden die von den Attila-Boten gebrachten Gaben dort an den Säulen aufgehängt.

(22a) *ThS:* es wird ausdrücklich erzählt, daß beim ersten Zusammensitzen die Königin sich zwischen ihre beiden Vollbrüder Gunnar und Giselher (Gernot wird hier nicht erwähnt) setzte.

(18aaa) *ThS:* der Burgunderkönig bemühte sich als erster um das Kind seiner Schwester und gewann es lieb: „König Gunnar nahm den Knaben und trug ihn auf seinen Armen [zum Königsbau]“; später wird im Zusammenhang mit dem Kind nur Volker genannt: er habe neben dessen Erzieher gesessen.

(18a) *ThS*, *AHB*, *Fär.:* Das Kind der Schwester wurde beim Gastmahl in der Halle ausdrücklich aufgefordert, sich zum Sitz seines Oheims Hagen zu begeben, und es gehorcht. Die Mutter wollte, daß es dem Oheim ins Gesicht schlage.

(15a) *ThS:* Bei Ankunft der Schwäger ließ Attila an einigen Häusern der Hunnen Teppichschmuck befestigen, in andern Feuer (unerklärterweise) anzünden.

(25a) *Völs. S.:* Atlis Kampfansage, als seine Schwäger zu ihm kommen, ist, sie an die Vorenthaltung der Mitgift seiner Gattin zu erinnern („das Gold, das uns zukommt“) und „euch so das Neidingswerk (hier: der Sigfrid-Ermordung) zu vergelten“.

---

[1] Wohl auch im *Alten Atli-L.:* vgl. H. Schneider, *GHS, I,* 191 f. „Anmutslose Erfindung“ (Baesecke). „Bedenken erweckt in dieser Episode nicht weniger als alles“ (Hempel, *Nib.st.*, 55).

(29a) *Fär:* Am Abend des ersten Tages hatte Högni alle feindlichen Krieger getötet. Aber als der nächste Tag anbrach, standen wieder 12000 Mann vor ihm, die Gudrun in der Nacht lebendig zauberte. So begann er aufs neue das Töten, und noch ein drittesmal, dann sprach er, es sei ein übles Spiel: „Ich bin es leid im Hunnenland / Knechte niederzuhacken“, *Str.* 169. — *ThS:* Högni zu seinem Bruder Gunnar: „Mir sieht's so aus, als wenn viele Hunnen und Ömlunge gefallen sind. So viele hunnische Männer wir aber auch erschlagen haben, es strömen immer noch einmal so viel vom flachen Land nach. Es ist als täten wir nichts.“ Unmittelbar daran schließt sich sein oben Nr. 28 wiedergegebenes Anstemmen und das Zerbrechen der Wand. — *Ungarisch Kéza, 13.Jahrh:* Motiv der aus Drachenzähnen sich erhebenden (und listig vernichteten?) Krieger!

(24a) *Dän. GH, Fass. B:* Hagen tut den Ausspruch: nun lägen alle, auch Falckor (= Volker) tot, zum Unglück, „ussen“, sei die Fahrt getan.

(27a) *Dän. HvC:* Högni begab sich in einer Zwischenpause des Kampfes zu den Toten (in einen Zauberberg); die Toten sagten ihm, er werde in Bälde zu ihnen gelagert sein. — *Fär. (alle Fassungen außer B, C, H):* Högni begab sich in einer Zwischenpause des Kampfes zum toten Sigurd (in den Wald, auf Gudruns Geheiß), dessen Leiche ihm das Schicksalhafte des ganzen Geschehens erzählte[1].

(28) Es ist von einer Sprengung, von einer Eisenöffnung die Rede: *Dän. GH, B 25, 4:* „die Tür von Eisen sprang“ *(de dørre aff ierne spranck,* auf Volker bezogen). — *Fär.*, Str. 129 f. (2 Strophen): Gunnar haut sich durch eiserne Türen durch.

(28a) *ThS:* Högni kommt sich wie in einem Bratkessel vor, als ihm sein durch das Feuer (aus Dietrichs von Bern Glutatem) heiß gewordener Brustpanzer die Wunden beibringt, an denen er stirbt: „Jetzt verbrenne ich durch meine Panzerringe (der wörtlich gleiche wortspielnahe Stabvers im *Dän. GH:* nu brinn ek af minum brynjo ringum[2]). Wäre ich ein Fisch, wie ich ein Mensch bin, wäre ich bald gebraten zum Essen“. Der Erzähler endet: „Da griff König Thidrik ihn und riß ihm die Brünne ab“, — d. h. Hagens Tod wird noch hinausgeschoben, um das Motiv der Zeugung des rächenden Hagensohns anknüpfen zu können. — *Fär:* Högni starb an dem Gift, das ihm Dietrich (Tiđrikur Tatmarson) in den Brustpanzer spie. — *Grönl. Atli-L, Str. 15:* Högnis Frau träumte, sie sehe das Bettuch ihres Gatten brennen. — Die Balladengruppe hat den Saalbrand nicht, im Unterschied zur ThS (entsprechend Hempel, p. 53: das „ältere Epos“, im Unterschied zum „sächsischen Lied“).

(31a) *Grönl. Atli-L., Str. 21:* Gunnars Frau träumte: „Vom Ger sah ich, Gunnar, / dich ganz durchstoßen“, nachher stirbt er an Schlangengift, wie im *Alten Atli-L.* und *ThS.* — *Fär:* Statt König Gunnar starb Högni durch das Gift eines Lintwurms (in dessen Gestalt Tiđrikur Tatmarson auftritt). — *Grönl. Atli-L., Oddrúnargrátr:* Die Giftschlange, durch welche Gunnar trotz des Gegenmittels (Harfe), das ihm

---

[1] Die Verknüpfung mit den Quellen spricht gegen de Boors Erklärung *(a. a. p. 175):* „Die Absicht Gudruns ist es wohl, daß Sigurds von ihr aufgewecktes Gespenst Högni umbringen soll.“

[2] Boer *(Unters., II 105)* meinte dazu: „Der Dichter der ältesten Redaktion des NL wußte noch sehr gut, daß Hagens Brünne nicht von Flammen, die aus Dietrichs Mund hervorbrachen, wie die Saga erzählt, sondern von den Flammen des brennenden Hauses erhitzt war. Da er den Schluß des Gedichtes — Hagens Tod — nicht nach II bearbeitete, konnte er die Worte: *nu brinn ek af minum bryniu ringum* dort nicht brauchen; er nahm sie in die Szene auf, wo Hagen das Blut der Gefallenen trinkt. Aus dieser Redaktion des NL ging die Stelle in das dänische Lied über. Ein späterer Bearbeiter des NL aber hat sie entfernt“.

seine Schwester heimlich in die Grube hinabreichen ließ[1], schließlich gebissen wurde, war Atlis Mutter in Tierverwandlung.

(32a) *Völs. S.:* Beim Anblick des ausgeschnittenen Herzens von Högni rühmt der gefangene Führer der Niflungen-Sippe, Gunnar, das Verdienst des Toten („weniger bebte es noch, als er es in der Brust trug").

(34a) *ThS* betont die „Leere an namhaften Männern nach diesem Kampf im Hunnenland". — *Gudrunlied I:* Sigurds Witwe flucht Gunnar: „So leer von Leuten / das Land euch werde, / wie ihr geachtet / die Eidschwüre!"

(35a) Die Zeugung des Rächers an Attila. *Altes Atli-L; Guđrúnarkviđa II:* Der Schlafende wurde durch die Gattin (*Grönl. Atli-L:* und durch Hniflung, den Högni — mit wem? — zeugte) erschlagen. *Altes Atli-L:* dann samt der Halle verbrannt. — *ThS:* er wurde getötet durch Aldrian, den der gefangene Högni mit einer Ungenannten[2] in seiner letzten Nacht zeugte. Da hier nicht nur Högni Sohn Aldrians ist, sondern auch Krimhild durch Erka als „aus Aldrians Geschlecht" bezeichnet wird, konnte ein Inzest vorgeschwebt haben. Thidrek kam auf den Gedanken, eine Verwandte, Herrad, zur Pflege von Högnis Wunden zu bestimmen. Der Sterbende vertraute „einer Frau" (ursprünglich natürlich Herrad), mit der er die Nacht verbrachte, die Hortschlüssel an: „gib sie dem Knaben, wenn er erwachsen ist". Aldrian wächst am Hof Attilas (sic) auf. „Attila liebte ihn sehr". Auf einem Jagdritt forderte der Zwölfjährige den Bösewicht auf: „wir müssen beide zusammen reiten, ohne daß uns ein dritter folgen darf". — *Dän. HvC:* Bei der Zeugung spielt Täuschung eine Rolle: die böse Grimeld schickte — warum? — nacheinander zwei Dienstmädchen zu Hogen; der verweigerte ihnen den Beischlaf, wegen ihres niedrigen Standes; erst mit der dritten von Grimeld Gesandten, dem Edelfräulein Hvenild, zeugte er Ranche, der ihn — unsinnigerweise an Grimeld — rächen soll. Grimeld[3], die zur gleichen Zeit einen Sohn gebar, hieß Hvenild mit ihrem Kind ins gleiche Zimmer liegen. Im Gedanken an Hogens Warnungen vertauschte dessen Liebste die Kinder in den Wiegen, und wirklich tötete die böse Königin das Kind, das sie für Ranche hielt. Bei seinem 15. Lebensjahr hieß die Mutter Ranches diesen den Felsblock wegwälzen, unter welchem Hogen den Hortschlüssel verborgen hatte. — *Fär*[4]: Attila gewährte Högni hohnvoll, in der letzten Nacht mit der Jarlstocher Helvik zu schlafen; die gleiche Warnung und

[1] Das Spiel des gefangenen Gunther auf der Harfe schreibt Heusler dem ältesten *Burgunderlied* des 5./6. Jahrhunderts zu, aber ohne Erklärung, warum er gleichwohl am Gift umkam (*Nibelungensage*[3], 46).

[2] Auf seine Bitte verschafft sie ihm Dietrich, als Freundschaftsdienst. Zweifellos hatte der Erzähler eigentlich Thidreks Verwandte Herrad vor Augen, von der aber nur gesagt wird, sie habe Högnis Wunden verbunden.

[3] Die Frauenrivalität an Attilas Hof ist abermals eine Auswirkung des uralten Motivs der „Stiefbrüder-Spannung" *(Guđrúnarkviđa III)*. Erka-Kerka scheint hier unsinnigerweise durch Grimeld ersetzt, Krimhild durch Hvenild (= die Eponymin der Insel Hven, die im dänischen Sjøborg noch im 19. Jahrhundert zusammen mit einer andern Riesin, Grimild, als Erschafferin der Insel Hven gekannt wurde).

[4] H. de Boor, *Die Färöischen Lieder, p.* 180 ist überzeugt, daß der Bericht älter sei als alle Folkeviser-Dichtung. Er sah aber sowenig wie meines Wissens sonst jemand die Beziehung zur *Völsungensaga.* (Für diese fragte H. Schneider, *G HS* I, 161: „Gern wüßte man, ob das Inzestmotiv liedhafte Vergangenheit hat"). Niemand erwog, daß hier ein Inzest der (Halb?)geschwister Hagen und Krimhild zugrunde gelegen haben könne, und man sah darum auch nicht, daß er durch den (vergröberten?) der Zwillingsgeschwister Sigmund und Signy imitiert wurde. Die ThS-Vorlage scheint übrigens Vollgeschwisterschaft, durch den gemeinsamen Vater Aldrian, vorauszusetzen.

listige Vertauschung[1] gegen Grimeld — hier Gudrun — wie in *Dän. HvC;* dem Sohn Aldrian *(Ab Bd D*, sonst *Högni)* mußte später Helvik erst körperlich beweisen, daß sie seine Mutter ist; dann zeigte sie ihm Schwert und Schätze Hagens und dessen Gürtel mit dem Runenstock.

(35aa) Anhangsweise läßt sich allenfalls an eine Beziehung zum bisher noch ungedeuteten *Branwen*-Motiv Nr (5aa) denken: an die Verbrennung Attilas durch den Hagensohn. *Fär. Fassung A und E:* Der junge Rächer lockte Artala (Attila) und seine Gattin Gudrun in ein Schatzhaus, verschloß es mit Runen und ließ die beiden dort verhungern. In *ThS:* Er bereitete dies Schicksal Attila allein, im Schatzkeller; in *Dän. HvC:* Gremild allein im Schatzberg. Der Verfasser des deutschen Gedichts „*Die Klage*" will sich über Etzels Ende nicht näher aussprechen; vielleicht daß er „sich verslüffe in löcher der steinwende". — Auch der Zwerg, der am Ende des AHB den Berner weglockt, gehört vielleicht hierher. — *Grönl. Atli-L:* Atli ließ Gudruns Base in einer Höhle verhungern, *Str.* 53[2].

(34aaa) *Sig. kviđa en skamma:* Sigurds und Atlis Witwe zieht, nachdem diesen die Rache ereilte, übers Meer fort: „Heben werden / sie hohe Wogen / zu Jonakrs / Erblanden hin". — (*Völs. Saga:* gleichfalls seewärts Gudruns Double, Hjördis-Sigrlinn).

Diese zwanzig Hauptpunkte — mit einer weiteren Unzahl von parallelen Einzelzügen — machen einleuchtend, daß die nordische Sondertradition — die in einzelnen Fällen übrigens auch dem Deutschen nicht fremd zu sein scheint (2a?, 3a, 18a, 35aa) — dem *Mabinogi* von jeher näher stehend oder noch nicht so fern gerückt erscheint wie der gemeinsame Bestand NL-ThS. Die versponnenen Wunderlichkeiten der z. T. erst im 19. Jahrhundert aufgezeichneten nordischen Fassungen befremden zwar in jedem Zusammenhang, in den man sie stellt. Jedenfalls dürften sie auch für einen eingefleischten Zweifler schwerlich die Beweiskraft unserer Abschnitte III und IV schmälern. Wohl aber können sie die bisher noch nicht bewiesene Halbbruderschaft belegen, Attilas Werbungsbesuch, die Wasserausdehnung der zwei Flüsse; die Sitzordnung der Geschwister und die Aufforderung an das Kind beim Bankett; die außerhalb der Halle rätselhaftes Feuer anzündenden Hunnen, die zauberhafte Wiederbelebung, Hagens Tod an der Brustwunde, die Sprengung des Eisens und anderes, was sich jeder anderen Ausdeutung widersetzt und wovon schon ein kleiner Prozentsatz zum Nachweis einer Identität genügt.

---

[1] Durch dieselbe List rettete die Ino des Euripides ihr Kind vor Themisto; der Amphion-Sohn (vgl. auch Däumling!) entkommt so der Aidoneia. Wurde hier der Gift-Anschlag der Stiefmutter Helche (S. 122) variiert?

[2] *Grönl. Atli-L:* Atli brachte die Mutter der Gudrun, die nordische Grimhild, wegen ihrer Schätze ums Leben. Eine Abspiegelung davon könnte sein, daß in *Dän. HvC* Gremild — durch den rächenden Högni-Sohn — mit dem Schatz Nögling-Nibelungs im Berg verschmachtet. Wie denn auch sonst *HvC* und *Atlamál* zusammenstimmen (z. B. kehrt Glaumvör als Gluna, die warnende Gattin des Sigfred-Töters Hogne, wieder).

VI. Das verlorene Krimhildlied des Sigmund-Dichters

(Proto-Völsungen-Fassung)

Unter den Nibelungenquellen außerhalb des NL gebührt ein Ehrenplatz dem Bericht, welchen der Anfang der Völsungen-Saga und dessen vermutliche verlorene Grundlage, das sog. „große Völsungenlied", zum Ausgangspunkt genommen haben. Der Anfangsteil der Saga berichtet über zwei auch sonst bezeugte Helden, die mit dem Burgundenuntergang äußerlich nicht das geringste zu tun haben: Sigmund und seinen Gefährten Sinfjötli. Nicht als ob diese Anfangsteile bereits den Burgundenuntergang erwähnen würden. Das geschieht erst im Schlußteil der Völsungen-Saga, welcher sich diesen Gegenstand nicht entgehen läßt; und zwar hält sich dabei der Prosa-Nacherzähler streng an vermengte Motive der beiden Atli-Lieder, wobei er gleichzeitig in modernem Bewandertsein seine Heldin bereits als Sigurds Witwe auftreten ließ. Jenem Nacherzähler selber nun ist bereits nicht mehr bewußt, daß sein Anfangsteil, die Sigmund-Geschichte, Beziehungen zu den Nibelungen gehabt hatte. Um Klarheit zu gewinnen, welcher Art sie waren, darf man sich in diesem Kapitel einen großen Umweg nicht verdrießen lassen. Es wird dazu nämlich nötig sein festzustellen, was die verlorene alte Sigmunddichtung erzählte; dies wiederum wird uns im zweiten Band zu einer weiten Wanderung in vergleichender Literaturgeschichte nötigen.

Denn unser bisheriges Wissen von der halbverschollenen SIGMUND-DICHTUNG und ihrer möglichen Beziehung zur Krimhild-Hagen-Dichtung tappt eingestandenermaßen im Dunkeln. Schon 730, als die Angelsachsen davon dichteten, daß Sigmund an der Seite seines Neffen Fitela stritt, und schon um 850, als man im Norden ihrer beider Untergang wußte, kann der Bund zwischen der Sigmund-Geschichte und der Hagen-Geschichte geschlossen gewesen sein. Auf gemeinsame Züge ist überhaupt erst die neuere Forschung gestoßen, jedoch ohne sich offenbar Hoffnungen auf einen Beitrag zur Nibelungen-Vorgeschichte gemacht zu haben. Die Erkenntnis, daß es „Einfluß der Nibelungensage, d. h. eines Atli-Liedes" (welches?) für eine „jüngere Schicht" des Völsungenliedes gegeben habe, entspricht dem Stand der heutigen Forschung (H. Schneider, *GHs*, I 161; G. Baesecke, *V. u. F.*, I 282f).

Zunächst: was wissen wir bisher über jenen Helden Sigmund, bevor er, nicht viel mehr als sein Name, im völsungischen Eintopf scheinbar heillos zerstückelt und verwürfelt mit Nibelungenmaterial und unidentifiziertem Motivgut auftaucht? Man möchte sich die Antwort am liebsten sparen. Vier z. T. widerspruchsvolle Dinge nur ergeben sich aus den dichterischen Anspielungen: a) Sigmund führte das Waldleben[1] eines Vogelfreien, zusammen mit seinem Neffen Fitela (Sintarfizzilo = wahrscheinlich „der mit der sintergelben Fußfessel", d. h. entweder Pferd oder Wolf): *englisch um* 730. — b) Fitela war sein Sohn, und sie kamen beide ums Leben: *nordisch um* 850. — c) Fitela, obwohl sonst sein unzertrennlicher Begleiter, war nicht dabei (warum?), als Sigmund durch Tötung eines Lintwurms — dank seines trefflichen Schwertes — einen Hort gewann *(wie a)*. — d) Sigmund rächte den Tod seines Vaters Völsung *(wie b)*.

Daneben gibt es ein paar geschichtliche Vermutungen, die in scheinbar unlöslichem diametralem Gegensatz zum Punkt d[2] stehen. Sie sind zu vage, als daß man sie bisher verwerfen oder bejahen konnte. Es gab einen Burgunderkönig Sigmund, der 516—523 herrschte. In die Wildnis der schweizer Alpen vor seinen Feinden geflüchtet, wurde er durch seine Begleiter verraten (zweihundert Jahre später strahlte vom Kloster in Sankt Moritz, das er gegründet haben soll, sein Märtyrer- und Heiligenruhm aus); er soll sich durch seine Frau gegen seinen Sohn, den er von einer andern hatte, haben aufhetzen lassen, so daß er, als dieser, der ohne Schuld war, betrunken im Schlafe lag, ihn erdrosseln ließ, sehr zu seiner baldigen Reue *(nach Gregor von Tours)*.

Daß im Anfangsteil („Sigmund") der *Völsunga-Saga* der Gautenkönig Siggeir, Signy und deren zehn Brüder genetisch in irgendeinem Verhältnis zu Attila, Krimhild und deren Brüdern stehen mußten, konnte der Forschung nicht entgehen. Daß die ersteren in einer Reihe von Zügen Ableger der letzteren seien, zeigte H. Schneider an Hand von sechs Parallelen auf (*GHS*, I 148); sie sind im folgenden als „bisher a, b, c, e, f, g" bezeichnet. Zwei weitere (= „bisher d, h") betonte G. Baesecke 1940[3]. In Wirklichkeit

[1] Für G. Baesecke wäre die Dichtung vom Waldleben „der Grundstock gewesen, um den eine Ahnendichtung aufgebaut ist" (*V. u. F.*, I 287), während er starke Zweifel an der ursprünglichen Gewichtigkeit von Schwert und Vaterrache äußert. Das Motiv c hält er für eine Leihgabe der Sigfrid-Geschichte, während das Verhältnis bisher als umgekehrt galt. — Die vier einzigen Verszeilen über Sigmund, die in der *Völs.s* zitiert werden, berichten, daß er und Sinfjötli mit dem Schwert einen Felsen zersägten; vielleicht hat Kejser *(Efterladte Skrifter* I 348) recht, daß der Erzähler darüber hinaus kein Sigmundlied textlich kannte. Dann hätte er sich von den vier Versen aus die Felsengrab-Szene ausgemalt.

[2] Baesecke schob ihn beiseite; H. Schneider meinte, der Punkt könne wesentlich gewesen sein.

[3] Wenn Baesecke (*Vor- und Frühg.*, I 282) noch drei Punkte erwähnt „die bösen Ahnungen . . das letzte Bekenntnis . . den freiwilligen Tod der Heldin in den Flam-

geht, wie zunächst zu zeigen sein wird, die Parallelität viel weiter als man ahnen konnte. Voraussetzen möchte ich jedoch, daß die Saga sich in der Hand des Lesers befinde (ich zitiere sie nach der Übertragung der „Isländischen Heldenromane", ed. P. Herrmann, Jena 1923, *S. Thule* II, 21), so daß, ohne daß das Rankenwerk erwähnt werden müßte, hier nur die eigentliche Handlung zur Sprache zu kommen braucht. Die Zahlen als Rückverweise auf die Kap. III—V vermerkten Motive sollen angeben, welche von ihnen dem Völsungendichter für seine Verwertung vor Augen gestanden hatten. Der Anfang erinnert sogleich an die Hortverweigerung gegenüber dem Freier Attila, — aber auch an die Brüskierung des Freiers Matholwch.

Unsere Aufgabe wird eine doppelte sein. (a) Den ganzen zusammenhängenden Verlauf des Gunther-Untergangs (einschließlich der Rache des Hagen-Sohnes) als einheitliche Substanz des Sigmund(=Hagen) Berichtes herauszuarbeiten. — (b) Unsere gespannte Aufmerksamkeit auf die paar Einzelauftritte zu richten, die sich mitten zwischen den uns vertrauten Ereignissen vorfinden und die aus dem Gunther-Untergang (Krimhild II) „herausfallen".

Die Frage soll lauten: hatte die Vorlage der Völsungendichter etwa noch Szenen aus *Krimhild Stufe I* (Untergang der Helche- und Krimhild-Söhne durch Hagen) mit sich geschleppt, die dann bald danach — durch das Eigengewicht des Gunther-Untergangs — ausgeschieden und uns bisher verloren sind?

(4, 4a) König Siggeir trifft auf Schiffen bei Signys Vater und ihren zehn Brüdern ein und erlangt ihre Hand. Es wird sogleich Hochzeit gefeiert. Dabei tritt ein Unbekannter ein und fordert durch eine Gabe[1] die Ehre der Männer heraus. Dem Siggeir wird durch einen der neuen Schwäger — Sigmund — sein Versagen vorgehalten und (5) durch denselben die Abtretung dieser Gabe (des Schwerts), die er

men", so sehe ich davon in den Nibelungentexten nur so Schwaches oder Verschwommenes ausgebildet, daß die Beiziehung, mag sie auch alt sein, als Beweisgrund nicht ins Gewicht fällt. Sofern man unter „böse Ahnungen" die ausdrückliche Warnung der Schwester an die Brüder verstünde, ist die Verbindung zu den zwei Atli-Liedern und dem Prosa-Atli eindeutig. — Zu den 8 Parallelen, die B. Symons aufführte, — sie sind identisch mit a bis h — fügte er als neunte den ähnlich in extremis gezeugten Rächer (ohne jedoch dessen andersartige Provenienz zu unterscheiden: vgl. unten Kap. VII): *Unters. über die sog. Völs.saga:* Beiträge 3, 1876, 297. Für einen 10. Punkt jedoch, „Gestaltenvertauschung zwischen Signy und dem Zauberweib" griff er fehl mit der Parallele Gunther—Siegfried; die Parallele heißt Hvenild—Grimeld, oben S. 113.

[1] Ein Schwert (vgl. S. 116 das alte *Sigmund*-Motiv unter c!) muß aus dem Baum gezogen werden. Nach Schneider (*GHS*, I 160) und Baesecke (*V. u. F.*, I 282ff.) wäre das aus der Arthur-Schwert-Sage übernommen. Nicht beantwortet wurde bisher die Frage, warum es sich dann um ein Schwert im Baum und nicht, wie bei Arthur, im Stein handle. Die Parallele ist im übrigen kein Zufall; wie es zu ihr kam, vgl. Bd. II. Daß hier ein fremdartiger Sagenbestandteil Umdeutungen veranlaßte, ist spürbar. Und zwar war H. Schneider (ebd.) der Meinung, das Jüngere sei hier die Schwert-Kraftprobe: „Wie die Schenkung erfolgte, ist ... zweifelhaft. Der

mit Gold hatte aufwiegen wollen, verweigert. „‚Jetzt aber erhältst du es nimmer, wenn du auch dafür alles Gold anbietest, das du hast.' König Siggeir ergrimmte über diese Worte, und es dünkte ihn (5) spöttisch gesprochen zu sein.“ Er brütete Rache. (7. Es folgt „*bisher a*“: „Verräterische Einladung der Schwäger[1] durch Siggeir“). Signy äußerte vor der Abreise zu Schiff (7) die Ahnung, daß großes Leid entstehen werde, solang diese Ehe daure. (8a) Die Brüder und ihr Vater trafen nach Ablauf der verabredeten Zeit abends zu Schiff an der Küste des Schwagers ein. (*bisher b:* „die Warnung der Schwester, die ihnen entgegeneilt“; *c:* „Reckentrotz, der in der Gefahr nicht weichen mag“; *d:* „Mord an den beiden Söhnen der verhaßten Ehe“, *e:* „Kampf der wenigen Gäste gegen eine große Übermacht“).

Siggeir hatte zwei Söhne — mit Signy; doch schlief er auch mit einer Kebse. — (18a, 20) Signy ließ durch ihren Bruder diese zwei Siggeir-Söhne töten. *Dazu eine Dublette:* Signy sagte ihr Wort „und ich rate euch, daß ihr sie tötet“ zu Sinfjötli; der erschlug beide Siggeir-Knaben „und warf sie ins Innere der Halle, König Siggeir zu Füßen. (21) Der König erhob sich und rief seine Mannen auf, die Männer zu ergreifen . . . die aber wehrten sich wohl und heldenmütig.“

Diesen beiden Dubletten-Varianten, die als solche längst erkannt wurden, ging unmittelbar je ein Auftritt voran, der bisher unmöglich als (11, 13, 13a, 13aaa) Dublette hatte aufgefaßt werden können. Vor der ersten Dubletten-Variante (= Sigmund als Töter der Siggeir-Söhne) steht: Signys grimmer Bruder Sigmund erprobte die drei Söhne, die im Haus seines Schwagers geboren worden waren, und erkannte die Echtbürtigkeit nur des dritten, des jüngsten. Die Probe bestand im Betasten eines absichtlich mit einem gefährlichen Inhalt (einer Schlange) versehenen Mehlsacks. „Ich wagte nicht, den Mehlbeutel anzufassen, denn es lag etwas Lebendiges im Mehle“, war die identische Haltung eines jeden der beiden Nicht-Echtbürtigen; während Sinfjötli, der echtbürtige Sohn von Sigmunds Schwester, diese von Sigmund gerüstete Probe bestand, das Mehl ordentlich durchknetete und buk und dabei die Giftschlange erwürgte. „Ich bin nicht ohne Verdacht, daß etwas Lebendiges im Mehle gewesen ist, aber ich habe mit hineingeknetet, was darin war.“ Sigmund sprach seiner Schwester von der Trägheit des ersten und des zweiten Siggeir-Sohnes. Jedesmal sagte sie: „Nimm ihn denn und töte ihn; er braucht nicht länger zu leben.“[2]

---

schöne Auftritt der Saga erweckt den Verdacht später Entlehnung.“ Die Deutung des Unbekannten als Odin greift der Erzähler später stümpernd wieder auf: wenn Sigurd ein Roß erhält oder zur Rache gegen Lyngvi fährt — jedesmal taucht der Unbekannte in höchst entbehrlicher Weise auf.

[1] Durch eine Einladung an die Schwäger verdeckt der Hochzeiter nur oberflächlich seine überstürzte Abreise aus tiefem Gekränktsein („König Siggeir wollte damit wieder gutmachen, woran es der Hochzeitsfeier fehlte; denn er hatte nicht länger als eine Nacht bleiben wollen, und so zu verfahren, ist doch nicht Sitte der Männer“; vgl. des Hochzeiters Matholwch beleidigte Abreise von den Schwägern ohne Verabschiedung, im Mabinogi!).

[2] Geopfert ist hier das Motiv, daß der lederne Sack mit (angeblichem) Mehl aufgehängt ist (Mabinogi), und daß Männer darin waren, die sich wie Schlafende (daher Eckewart im NL!) verhielten. Ein Rest davon (zwei schlafende fremde Männer und „Wolfsbälge hingen über ihnen“) regte dazu an, an das Motiv der Tierhaut eine — recht stümperhafte — Werwolf-Fabelei anzuknüpfen, die uns hier das — in *Mab.* und *Altem Atli-L.* erhaltene — Ende des Knaben verdirbt. Für die Assoziation spielte wohl, wie Baesecke darlegte I, 284, die Tatsache eine Rolle, daß Sigmund und Sinfjötli („der mit der sintergelben Fußfessel“ = der Wolf?) von jeher als Verbannte und Waldgänger galten. Baesecke hebt richtig das

Der andern Dublettenvariante (= Sinfjötli als Töter der Siggeir-Söhne) geht unmittelbar vorauf: Die gleichen beiden, Sigmund und Sinfjötli, befanden sich in der Halle des bösen Gatten von Sigmunds Schwester Signy. Im Gedanken an einen überraschenden Waffenüberfall — auf den König — suchten sie ein Versteck hinter Bierfässern. Die zwei Siggeir-Söhne stießen auf die zwei versteckten Gewappneten. Deren geplanter Angriff schlug fehl, noch ehe er begann.

Wer nicht das *Branwen*-Mabinogi kennt, wird niemals für möglich halten, daß diese beiden Auftritte Varianten (in der Art der nachfolgenden zweifachen Söhne-Tötung) einer einzigen Szene seien. Am meisten trägt zur Unkenntlichmachung das Motiv bei, daß der Signy-Sohn die Gefahr, durch das Gift der Schlange umzukommen, übersteht, — eine nirgendwo sonst vorkommende, also vermutlich junge Erfindung (wir werden ihren Ursprung kennenlernen). Aber fahren wir in der Geschichte Signys, der zweiten Krimhild, fort.

Ein dritter Knabe lebte in des Königs Halle, mit dem sich Signys Familie voll und ganz verwandt fühlen durfte, genannt Sinfjötli. Er war nicht der Meinung, den Bruder seiner Mutter allein kämpfen zu lassen. Als mannhafter Streiter trat er an die Seite Sigmunds. „Sinfjötli schien dem Sigmund recht nach Art der Völsunge, dennoch glaubte er, daß er König Siggeirs Sohn wäre und dachte, Sinfjötli habe zwar den Heldenmut der Völsunge, aber die Bosheit seines Vaters.“ Sie verabredeten, wenn bis zu sieben Kämpfern einen von ihnen angriffen, sollte dieser nicht den andern um Hilfe rufen. „‚Diese Abrede laß uns nicht brechen‘, sagte Sigmund“. Er selber hielt sich nicht streng daran, denn als er mit sieben Männern zu kämpfen hatte, rief er bereits den Sohn seiner Schwester, der ihm denn auch das Töten abnahm. Bald danach hatte Sinfjötli mit elf Gegnern zu kämpfen und tötete sie, ohne um Hilfe zu rufen. Sigmund ergrimmte. “‚Warum riefst du mich nicht?‘ Sinfjötli entgegnete: ‚Ich wollte dich nicht um Hilfe rufen. Du brauchtest meine Hilfe dazu, um sieben Männer zu töten, aber ich bin ein Kind an Jahren im Vergleich mit dir — und doch rief ich dich nicht um Hilfe, um elf Männer zu töten.‘ Da sprang Sigmund so hart gegen ihn, daß er taumelte und fiel.“ Auf die sieben Kämpfe, die Sigmund eben hinter sich hatte, folgt so das Werfen eines achten Gegners, das sich verhängnisvoll auswirkt. Offenbar wird nun Sigmund von Reue über sein allzu reizbares Ehr-Empfinden erfaßt; und offenbar muß es mit der Versehrung des Knaben schlimm stehen. Jedenfalls „legte Sigmund ihn sich auf den Rücken, trug ihn heim und war um ihn beschäftigt“. (23 bis 30) Sigmund nahm das wundersame Blatt eines Baumes, durch das ein Wiesel genas, „legte es über Sinfjötlis Wunde, und dieser sprang sogleich gesund auf, wie wenn er nimmer wund gewesen“. Dann verbrennen sie im Feuer Wolfsbälge, in denen sie sehr zu ihrem Kummer hatten als Werwölfe gehen müssen.

Auch hier, wie in sämtlichen Szenen der Erzählung, taucht eine Dublette auf. Sie beschränkt sich allerdings — es läßt sich darüber streiten, aber ich glaube es später wahrscheinlicher machen zu können — lediglich auf den Schluß des soeben Berichteten. Daß ein so auf verhängnisvollen Wortwechsel und auf t r a g i s c h e n Zusammenstoß angelegter Auftritt damit enden soll, daß das Opfer wieder neu belebt werde, liefe dem Geist germanischer Konflikt-Epik durchaus zuwider. Baesecke sah denn auch in dem Lebenskraut — man findet es bereits bei Apollodor III 3 für die Wiederbelebung

Junge der Erfindung hervor: „Oheim und Neffe sind nicht Werwölfe, sondern sie kämpfen ‚mit Schwertern‘“ (I 284). — Vielleicht auch wurde eine Anregung des Liedes *Helgi Hundingsb. I* ausgesponnen (B. Symons: Beiträge 3, 1876, 300).

des Minos-Sohnes Glaukos — einen nachträglichen Märchenzusatz; noch sicherer bin ich in der Erwägung, daß bei der Dublette einer Sterbeszene ein stümperhafter Erzähler, da er seinen Helden nicht zweimal sterben lassen kann, ihn geradezu zwangsläufig beim ersten Mal wieder märchenhaft neu beleben wird.

In jener neuen Szene ist Sinfjötli nun endgültig vom Tod ereilt. „Sigmund stand auf, und sein Kummer ging fast ans Leben; er nahm die Leiche in seine Arme, ging in den Wald". (Unlogischerweise folgt dann die Einschiffung der Leiche auf einem geheimnisvollen Schiff, das den Toten für immer aus Sigmunds Augen entführt; Baesecke, I 282, sah darin einen „ausgesprochen keltischen" Zug[1]).

Auf den ersten Blick schon erweist sich das Wegtragen des von seinem Geschick ereilten Knaben als Dublette. Alles spricht dafür, daß vor der Aufspaltung die erste der beiden Varianten den echten Tötungsgrund und daß die zweite den echten Tod erzählte. Vom echten Tötungsgrund soll erst in Kap. IX die Rede sein.

Der Verfasser mußte für die zweite Dublette eine neue Motivierung beschaffen. Dieses Mal wollte er aber noch mehr, nämlich zwei Auftritte seiner Quellen motivisch miteinander verknüpfen. Zum einen gibt das färöische Högni-Lied folgende Variante. Dort steigt nach dem Eintreffen der Gäste die feindselige Königin — Gudrun — in den Keller und holt einen Trunk für Högni. Ihm aber, der allen Fallen gewachsen ist, sagt das rote Aufleuchten seines Rings, daß er Gift enthalte. Eine parallele, aber viel ausführlichere Szene hat der *Völs.*-Dichter. Wenn er nun an diese einen andern Auftritt knüpfte, so nehmen wir an, daß das, was beiden Auftritten gemeinsam ist, der autoritären, altehrwürdigen Tradition angehört haben dürfte; und das ist, neben dem Vergiftungsanschlag selbst, die Tatsache, daß dieser nicht gegen Sigmund-Hagen, sondern gegen den Signy-Sohn unternommen wurde. In allen drei Fassungen, *Fär.*, *Völs. X*, *Völs. Y* ist Hagen anwesend, und vermutlich war es so, daß er den feindseligen Anschlag durchschaute (*Fär.*, *Völs. Y*) und daß so der Bedrohte diesen heil (*Fär.*, *Völs. X*) überlebte.

Den Auftritt *Völs. X* kennen wir bereits. Es ist die „Neffen-Probe" in ihrer I. Variante, nur daß Vergiftungsanschlag (Y) und Weinschlauch-Anschlag (X) einander hier zu durchdringen scheinen. Statt mit einem Krieger erscheint der Mehlsack mit einer Giftschlange gefüllt, und der echte Völsungensproß hat die Gefahr bestanden (was in X am Ursprung stand, wird Kap. IX behandeln). Daraus entwickelte der Dichter nun mit einer stümperhaften Kombination ein neues Motiv: die zerknetete Giftschlange sei mit dem Mehl zusammen (X) zum Kuchen gebacken worden, und Sigmund habe ihn sich schmecken lassen, denn ihm konnte ja (nicht

[1] Die germanische Entsprechung — Sinfjötli in Walhall — begegnet schon in Eiriksmal, wie Baesecke I 283 mit Recht hervorhebt, — einer Dichtung auf einen in England Gefallenen, wohin die Sigmund-Saga gewandert war.

mehr wegen seines Scharfsinns, wie ursprünglich, sondern märchenhaft-grundlos) kein Gift gefährlich werden (Y).

Die zweite Dublette sollte nun, wie wir konjizierten, als Motiv-Ersatz für den Tod des Schwestersohns Verwendung finden. Also mußte er jetzt dem Giftanschlag unterliegen[1], obwohl ihm Sigmund die Gefahr enthüllt. Der Erzähler war so stümperhaft, daß ihm nicht gelang, auch nur die geplante simple Umdeutung wirklich durchzuführen.

Zunächst knüpft der *Völs.*-Dichter an den uns bisher bekannten Teil von Y an. „Sigmund war so stark, daß er Gift essen konnte, ohne daß es ihm im geringsten schadete; Sinfjötli aber vermochte es nur, daß das Gift von außen kam[2], doch nicht vermochte er es zu essen oder zu trinken". — Dann versetzt uns der Erzähler plötzlich in eine ganz ungewohnte Umwelt. Wir erfahren verblüffend und ohne Umstände, der königliche Vater des Signy-Sohnes — Sigmund — habe von einer andern Frau zwei Söhne[3], und diese Frau sei ihrem Stiefsohn, dem Signy-Sohn, feindselig gesinnt gewesen (er habe ihr den Bruder erschlagen). Zur Totenfeier ihres Bruders rüstete sie ein großes Gelage und brachte den Männern den Trank. „Sie trat vor Sinfjötli mit einem Horn und sprach: ‚Trink, Stiefsohn!' Er nahm das Horn, sah hinein und sprach: ‚Trübe ist der Trank.' Sigmund sprach: ‚Gib ihn mir' und trank ihn aus. Die Königin sprach: ‚Warum sollen andere Männer für dich Ael trinken?' Sie kam abermals mit dem Horne: ‚Trink jetzt!' und reizte ihn mit manchen Worten. Er nahm das Horn und sprach: ‚Vergiftet ist der Trank.' Sigmund sagte: ‚Gib ihn mir'. Zum dritten Male kam sie und forderte ihn auf auszutrinken, wenn anders er den Mut der Völsunge hätte. Sinfjötli nahm das Horn und sprach: ‚Gift ist im Trank.' Sigmund sagte: ‚Laß den Bart den Trank seihen, Sohn!' Der König war da schon sehr trunken, und deshalb sagte er das. Sinfjötli trank, und sogleich fiel er tot nieder". Sigmund verstieß die Giftmischerin, „bald darauf starb sie".

Den ersten Eindruck jedes Lesers faßte bereits Paul Hermann in einer Fußnote seiner Übersetzung zusammen: „Der Erzähler muß hier eine genaue Kenntnis eines alten Liedes gehabt haben", und gegen Ende müsse ein „Irrtum des Erzählers" mitspielen. In der Tat, was soll dies dreifache wiederholte Aufdecken des gleichen Anschlags, wenn ihm nachher doch unverständlicherweise Erfolg verstattet wird. Das uns unerklärliche Motiv der Betrunkenheit (des Vaters) läßt sogar an den Bericht vom Tod des historischen Sigmund-Sohnes (betrunkener Sohn) bei Gregor von Tours denken; dann könnte der tödliche Ausgang der Szene auch von dorther sich erklären.

---

[1] Diese Szene wollte Heusler allein als echt für Sinfjötli-Sintarfizzilo gelten lassen. Als Helfer seiner Mutter Signiu bei der Rache an Siggeir hielt er Sinfjötli für einen nachträglichen Zusatz und deutete dieses zweite der beiden *Sigmund-Lieder*, die er gelten ließ, als das Lied eines Rachebundes zwischen Bruder und Schwester, Sigmund und Signiu (*Nibelungensage*, [3]1929, 22). Beide Annahmen Heuslers werden durch die neuaufgedeckten Zusammenhänge widerlegt.

[2] P. Herrmann tut mit seiner Ausdeutung dieses Galimathias dem Erzähler zu viel Ehre an: „Ursprünglich sollte die Speise wohl den Helden gegen Gift feien" (p. 51).

[3] Wie der Dichter dem Sinfjötli unbekümmert dreierlei Rollen seiner Nibelungenquelle überträgt, so muß Sigmund zeitweilig die Attila-Rolle spielen.

Es ist nicht zu zweifeln, daß die färöische Fassung den Ausgang richtiger wiedergibt: Högni durchschaut die Giftmischerin und weist den Trank zurück. Den Dialog, samt dem jungen Partner, dem der Anschlag gilt, hat das Färöerlied geopfert; es bringt auch, zusammen mit *Völs.*-Variante 2 den Gifttrank, der älter ist als die Giftschlange von Var. 1, denn schon im 9. Jahrhundert umschreibt der Skalde Bragi Gift als „Völsungentrank"! Wenn nun Sigmund *der Krimhild-Bruder Högni* ist und sein Neffe Sinfjötli *der Krimhild-Sohn Aldrian, den er beschützt,* wer ist dann die böse Stiefmutter? Die Antwort kann unmöglich anders lauten als: Jenes Wort „Trink, Stiefsohn", sprach einstmals Herkja-Helche, *die Mutter zweier Königssöhne:* und zwar sprach sie es im ältesten Lied, als sie noch Krimhilds Nebenbuhlerin war und noch nicht die Idealität ihres späteren *Rabenschlacht*-Porträts besaß (vgl. Kap. II). Krimhilds Bruder durchschaut diesen Anschlag bei dem festlichen Gelage; und er macht ihn, wie im faröischen Lied vor Beginn des Kampfausbruchs, zunichte. Wäre der Anschlag der Königin auf den Stiefsohn gelungen, so wäre in *Völs. S.* schwerlich von einer bloßen Verstoßung der Schuldigen die Rede[1]. Warum nun der *Völs.*-Dichter das doch so plastische Motiv der Frauen-Rivalität opferte, ist völlig klar: Sigmund, der (nach Gregor von Tours) ursprüngliche Sohnestöter, erschien plötzlich aus Gründen, deren Rätsel wir zu lösen haben werden, als Vaterrächer. Da er zu dieser Rolle nun überdies jetzt die Hagen-Rolle auszufüllen hatte, und damit eine Schwester (Krimhild) erhielt, wurde auch sie zur Vaterrächerin. Krimhilds Anstiftung, die beiden Helche-Söhne zu töten, erhielt daher in Völs. S. eine Sonder-Motivierung: „Weil die mir zu träge zur Vaterrache schienen".

Aber kehren wir uns nun den bisher noch nicht besprochenen Teilen der Sigmund Geschichte zu. Diesen gesamten Rest sehe ich als lückenlos identisch mit den Abschluß-Szenen, die im Gunther-Untergang bezeugt sind. Nicht eine Szene, die nicht belegt werden könnte, — demnach ungleich mehr als die durch frühere Forscher festgestellten drei Nibelungen-Parallelen f, g, h.

[Bisher f:] „Gefangennahme der Überlebenden und Verbringung an einen Marterort." *[Bisher g:]* „Die bösartige Mutter des Feindes, die in Tiergestalt den Gefangenen den Tod bringt." *[Bisher h:]* „Anzündung der Halle."

Den gesamten Schluß erzählt die *Völsunga-Saga* in sinnvoll zusammenhängender, nur unwesentlich unterbrochener Reihenfolge. Und daß diese Schlußreihenfolge nicht bloß in zweimaliger, sondern sogar in dreimaliger

[1] In jungen Fassungen *(Grönl. Atli-L; Oddrúnargrátr)* könnte von diesem Motiv der Vergifterin die Anregung ausgegangen sein, Gunnars Ende im Schlangenturm weiter zu dramatisieren. Danach wäre Gunnar zwar zunächst durch die Harfe, die ihm seine Schwester reichte, vor den Schlangenbissen gefeit gewesen. Atlis Mutter aber verzauberte sich zur Schlange und brachte ihm das tödliche Gift bei.

Variierung erzählt wird, gewährleistet hinter äußerlicher Dissimilation einen umso größeren Reichtum an alten Einzelheiten. Die erste Dublette — künftig A genannt — hat der Erzähler ganz an die Spitze seines Berichts gestellt. Mit der dritten C schließt er die Geschichte des einen Sigmund-Sohnes ab und gewinnt durch geschickte Anknüpfung den Anschluß an die als nächstes folgende Geschichte, die jetzt für einen zweiten Sigmund-Sohn, Sigurd, einen Abriß des Gleichen wiederholt[1]. Daß A und B Dubletten sind, wurde bisher nur für eine Einzelheit erkannt: G. Baesecke nannte unter „Verdopplungen ... daß ... zweimal die Völsungen einem ausgeklügelten Tode preisgegeben werden, bevor es endlich zur Rache kommt" (I 282). Ich gebe die drei Fassungen nebeneinander, in der Reihenfolge der Handlung. Der Vergleich zu Kap. V mag kommentarlos für sich sprechen. Es erweist sich jetzt, daß das verbreitete bisherige Urteil hinsichtlich der *Atli-Lieder*, daß der Rächer Hniflung nicht „in ihre Zusammenhänge paßte"[2], voreilig war.

(31) **A:** Kaum den Schiffen entstiegen, wurden die Signy-Brüder (darunter Sigmund, auch ihr Vater ist dabei), welche die Warnung ihrer Schwester nicht hatten hören wollen, durch die Mannen ihres Schwagers Siggeir überwältigt, nachdem ihnen acht Durchbrüche durch die Feindesschar gelungen waren. Die Königin bat für das Leben ihrer gefangenen Brüder. König Siggeir gewährte es ihr höhnisch[3]: „Desto besser scheint es mir, je Schlimmeres sie erdulden und je längere Todesqual sie erleiden." — **B:** nachdem Sigmund und sein Mitkämpfer manchem der Angreifer einen Denkzettel erteilt hatten, wurden sie durch Siggeirs Mannen überwältigt. Der überlegte, „welchen Tod er ihnen bereiten solle, den sie am längsten fühlten". — **C:** Kaum den Schiffen entstiegen, begann Sigmund mit seinem Schwiegervater und seinem kleinen Heer den Streit gegen die zahlenmäßig weit überlegenen Mannen König Lyngvis, des Hundingsohnes, dessen Heer zum Kampf „nach Hunnenland"! gekommen war. Die großen Schätze, die Sigmund mit sich brachte, hatte er vorher versteckt. Nachdem (durch Odins Willen) sein Schwert in zwei Teile zersprang, sank er mit tödlichen Wunden nieder.

(32) **A:** Die Brüder wurden zehn Nächte lang nebeneinander, mit den Füßen im Stock, gefangen gehalten, bis nur noch einer lebte. — **B:** Sigmund und sein gefangener Leidensgefährte kamen in getrennten Gewahrsam, „denn es schien Siggeir härter für sie, wenn sie beide nicht zusammen wären".

(31a) **A:** König Siggeirs Mutter kam als Raubtier (hier nicht als Schlange wie die Atli-Mutter, sondern als Wölfin) verzaubert, und tötete Sigmunds gefangene Brüder. Die Schwester schickte durch einen Vertrauten heimlich ein erfolgreiches Gegenmittel (hier nicht Harfe, sondern Honig) für den gefangenen Sigmund. **B:** Die Schwester rettete den gefangenen Sigmund und seinen Begleiter, indem sie Hilfsmittel (Speck, Schwert) heimlich in die Grube hinabreichte.

---

[1] Vgl. A. Heusler, *Jung Sigurd*, p. 170ff.; H. Hempel, *Sigurds Ausritt zur Vaterrache* (Festschrift G. Neckel, p. 155ff.).

[2] Hempel, *Nibelungenstudien*, 1926, 104; ähnlich A. Edzardi, *Kleine Beiträge zur Gesch. und Erklärung der Eddalieder* (Germ. 23, 412).

[3] „Toll bist du und töricht, daß du für deine Brüder ein größeres Übel erbittest, denn daß sie erschlagen werden." Diese Provokation setzt unfehlbar eine nachfolgende Rechtfertigung der Schwester voraus: so zum Äußersten getrieben, erscheint ihr Entschluß zur Blutschande absolut zwangsläufig und notwendig.

(35a) **A:** Die Schwester befand sich mit einer zauberkundigen Gefährtin im Frauengemach. „‚Ich wollte, daß wir die Gestalten vertauschten.‘ Die Zauberin sagte: ‚Du hast darüber zu bestimmen.‘“ So begab sich die Königin in der Gestalt dieser Zauberin[1] nachts heimlich in die Erdbehausung ihres bedrängten Bruders Sigmund, gab sich diesem hin und ward schwanger. — **B:** Signy hüllte das Schwert des besiegten Sigmund in Stroh, barg es in einem Steingrab „und bat die Knechte, es dem König zu verheimlichen. Sie gelobten es, und darauf wurde der Hügel geschlossen“. — **C:** Den todwunden Sigmund, der auf dem Schlachtfeld lag, suchte in der Nacht heimlich seine schwangere Gattin Sigrlinn (Hjördis) auf. „‚Nichts dünkte mir zu fehlen, wenn du geheilt würdest und meinen Vater rächtest.‘ Der König antwortete: ‚Einem andern ist das bestimmt. Du gehst mit einem Kinde, pflege dessen wohl und sorgfältig .. Verwahre ihm die Schwertesstücke wohl, daraus kann ein gutes Schwert geschmiedet werden ..‘ Indem brach der Tag an .. Sie .. sprach zu der Dienstmagd: ‚Wir wollen unsere Kleider vertauschen, du sollst dich mit meinem Namen nennen und dich für die Königstochter ausgeben.‘ So taten sie.“ Auf die Dauer war der Unterschied zwischen Magd und Königin jedoch nicht zu verkennen.

(34a) **A:** „König Siggeir aber wähnte, daß alle Völsunge tot wären.“ — **C:** „König Lyngvi .. glaubte das ganze Geschlecht der Völsunge erschlagen zu haben und meinte, daß er sie fortan nicht mehr zu fürchten brauche.“[2]

(35a) **A:** Signy gebar Sigmunds Sohn Sinfjötli, ein Wunder an Kraft. Als Zehnjährigen sandte sie ihn zur väterlichen Erdbehausung, ohne ihm seine Herkunft als Sohn eines Geschwister-Inzests zu enthüllen. „Sie zogen des Sommers weit durch die Wälder.“ — **B:** Dank der Hilfe seiner Mutter Signy fand Sinfjötli das Schwert seines Vaters Sigmund im Boden unter der Steinplatte; dieser selbst hatte es einst gewonnen, als ein alter Mann es in den Baum, der in seines Vaters Halle eingebaut war, gestoßen und gesagt hatte: „Wer dieses Schwert aus dem Stamme zieht, der soll es von mir als Geschenk erhalten.“ Es zerschnitt Felsen. — **C_1:** Hjördis-Sigrlinn gebar Sigmunds Sohn, Sigurd, ein Wunder an Kraft. An König Hjalpreks Hof wuchs der Knabe auf. „Der König freute sich, als er die scharfen Augen sah, die er im Kopf hatte ... Er ward dort bei König Hjalprek mit großer Liebe aufgezogen, und jedes Kind liebte ihn“. Das Brettspiel und andere Fertigkeiten lehrte ihn sein Erzieher (Regin). Dort war sein Kamerad der Sohn Bekkhilds, Alsvinn. „Sigurd und Alsvinn liebten einander sehr, es war ein jeder dem andern hold. Sie unterhielten sich damit, ihre Waffen zuzurüsten, hölzerne Pfeilschäfte zu schnitzen und mit ihren Habichten zu beizen.“ Sein Lehrmeister (Regin) „fragte Sigurd, ob er wisse, wie großes Gut sein Vater gehabt habe, und wer es aufbewahre .. Er ging zu seiner Mutter, sie empfing ihn freundlich .. Habe ich recht vernommen, daß König Sigmund dir das Schwert Gram in zwei Stücken übergab?‘ Sie antwortete: ‚Wahr ist das.‘ Sigurd sprach: ‚Gib es mir in die Hand! Ich will es haben.‘“ Er bestand die Probe. **C_2:** Sigurd fand in einer Erdhöhle „eine

[1] Der Sinn der Unkenntlichmachung ist natürlich, durch etwaige Skrupel des Bruders gegen die Blutschande nicht ihren Racheplan zu gefährden. Der Unsinn der Hvenild-Helvik-Szenen in Dän. HvC und Fär. findet damit endlich seine Aufklärung. Das Unmotivierte war längst aufgefallen (z. B. M. Rieger, *Die Nibelungensage*, Gera, 197). Man hatte bisher geglaubt, daß für den Hagensohn „der Name der Mutter nicht zu ermitteln ist“ (Hempel, *Nib.st.*, 91). Mit einigem Spürsinn hätte man übrigens darauf kommen können, wer die Mutter des „Hniflung“ im *Grönl. Atli-L.* sei; denn Krimhilds V a t e r heißt in *Dän.GH* Niflung *(Dän. HvC* Nögling).

[2] Die Identität dieser beiden Sätze war dem Übersetzer Paul Herrmann aufgefallen, der daraufhin einen Stellen-Verweis anbrachte (p. 64).

große Menge Goldes und das Schwert Hrotti" (= den Hort). Seinen Lehrmeister (Regin) enthauptete er, ohne Anlaß von dessen Seite. — ThS: Typ der verleumdeten Genoveva: Sigurds Mutter starb bei der Geburt im Wald; Brünhild sagte ihm, woher er stamme.

(zu 11) **A:** Sigmunds junger (Schwester)sohn tötete einen Giftwurm im Mehlsack. — **B$_1$:** Sigmund und sein junger (Schwester)sohn vor zwei schlafenden Männern und aufgehängten Tierhaut-Bälgen d. h. Weinschläuchen (anschließend Wieselszene). — **B$_2$:** Als Versteck in der Halle dienten zwei Bierbehälter; Tötung zweier Feinde. — **C:** Von unten her auf den Rat eines unbekannten alten Beschützers tötete der junge Sigurd einen giftigen Lindwurm.

(35 aa) **A:** Der Sohn Sinfjötli des Geschwisterpaares Signy und Sigmund unternahm (mit Sigmund) einen heimlichen Anschlag auf Siggeirs Halle. — **B:** Sinfjötli, der Sohn des Geschwisterpaares Signy und Sigmund, schlich sich (mit Sigmund) zu Siggeirs Halle. „Alle Leute lagen da im Schlafe. Sie trugen Holz in die Halle und legten Feuer an das Holz. Die darinnen waren, erwachten von dem Qualm und davon, daß die Halle über ihnen brannte. Der König fragte, wer das Feuer angelegt habe." Die Antwort von draußen lautete: „Wir glauben jetzt, daß du merken wirst, nicht alle Völsunge sind tot." Die Mutter des Rächers, Signy, schlug die Aufforderung ab, den König und sein Gefolge in der brennenden Halle allein umkommen zu lassen. Sie wollte nach all den Bluttaten, die sie aufzählte, nun ihre letzte Pflicht dem sterbenden Gatten gegenüber[1] nicht versäumen. Jetzt erst offenbarte sie Sinfjötlis Abstammung. „Davon hat er so hohen Heldenmut, daß er beides, Sohnes-Sohn und Tochter-Sohn König Völsungs ist. Ich habe alles dazu getan, daß König Siggeir den Tod empfangen sollte. Aber was ich getan habe um der Rache willen, ist derart, daß ich auf keine Weise länger leben darf, und freiwillig werde ich mit ihm sterben, obwohl ich ihn wider Willen zum Manne hatte." Mit einem Kuß nahm sie Abschied und ging in das brennende Haus zurück. — **C:** Mit großem Heer seines ausländischen Ziehvaters erschien der Sohn (Sigurd) von Sigmund und Hjördis-Sigrlinn im Reich König Lyngvis, des Hundingsohnes. „Sie fuhren mit Feuer und Schwert dahin, erschlugen die Männer und brannten die Gebäude." Mit dem Sigmund-Schwert Gram spaltete Sigurd dem Feind seines Vaters Helm und Haupt, desgleichen dessen Bruder, und tötete den größten Teil der Hunding-Mannen. So war Sigurds Wunsch erfüllt: „Ich wollte, daß sie wüßten, daß die Völsunge nicht alle tot sind"[2].

In dem nibelungischen „Proto-Völsungenlied", das hier mit Sigmunds Namen und dessen Erzählmotiven durchsetzt wurde, mußte Hagen bereits eine durchaus beherrschende Gestalt und Attila bereits zum Wüterich verwischt gewesen sein; Freude an der Individualität der Nebenfiguren fehlt ganz, — der Erzähler scheint immer nur um eine Mindestzahl von Personen bemüht. Das Lied umfaßte noch die ganze Ausdehnung des Geschehens, beginnend bei der Kränkung des Hochzeiters Attila durch seinen Schwager. Wie altertümlich es noch war, zeigt das Unterschiedensein der beiden Attila-Söhne und ihres heldischen Halbbruders, sodann die Szene zwischen

[1] Den gleichen Ton hat *Grönl. Atli-L:* die letzte Rede der pflichtbewußten Gattin Krimhild-Gudrun zu dem von ihr und dem Hagensohn Hniflung todwund gehauenen Attila. Färöisch ist erhalten, daß Attila und seine Frau gemeinsam untergehen. Vgl. auch Heuslers Rekonstruktion des alten Liedes: im „Saalbrand beschloß Kriemhild selbst ihr verwirktes Leben" (Nib. s. [3], 61).

[2] Daß diese „Liedklänge" von C aus B stammen müssen, fiel P. Herrmann auf (*Thule* II 21, p. 53, n. 2).

dem grimmigen Sigmund-Hagen und dem *Sohn seiner Schwester*, der ihn anmaßend oder jedenfalls verletzend seine prinzliche Überlegenheit fühlen läßt, ein Auftritt, von dem S. 127 f. die Rede sein soll. Darüber hinaus bringt das „Proto-Völsungenlied" etwas völlig Neues, von zunächst rätselhafter Herkunft, nämlich das trefflich ausgemalte Ende (es genügt, oben die Belege zu 35a und 35aa nebeneinander zu halten) mit der weitschauenden Dynamik einer Krimhild-Gestalt, welche die Bruderrächung als heilige Pflicht ernst nimmt und um ihretwillen nicht einmal vor der Blutschande mit ihrem sterbenden (Halb?)Bruder Hagen zurückschreckt, — ein Geschehnis, zu dem der nordische Hvenild-Dichter bereits nicht mehr den vollen Mut aufbrachte, obwohl er seinerseits die Gegenspielerrolle (Fortführung der Herkja) besser erhalten hat.

Zieht man mit unserem Kapitel II die Grenzlinie zwischen der frühen *(Krimhildlied Stufe I/II)* und der Mittelschicht *(Krimhildlied Stufe III/IV)* an derjenigen Stelle, wo die beiden Helche-Söhne — wie wir darlegten, wegen der Konkurrenz durch das immer beliebter werdende Lied *Rabenschlacht Stufe III* — nicht mehr von ihrem jüngerem Bruder, dem Krimhild-Sohn, unterschieden werden, so hat das „Proto-Völsungenlied", jene alte Nibelungenquelle des Sigmunddichters, noch zu Krimhildlied Stufe II gehört — nennen wir es daher „Krimhild IIb" (Erkennungszeichen: Hagensohn als Rächer), — wobei uns Stufe II jetzt in vollem Reichtum entgegentritt. Nur das bereits getrübte Bild der Attila-Gestalt weist darauf, daß im Lauf der *Stufe II* das Verständnis für seine Motive verloren ging; selbst das *Mabinogi* (wenn wir bereits provisorisch dessen Hergehörigkeit annehmen) ist noch zurückhaltender und selbst das *Alte Atli-Lied* weiß wenigstens noch von den beschworenen Eiden. Bei der Provokationsrede gegen Siggeir(=Attila) an seinem Hochzeitsabend jedoch fügt die *Völsunga-Saga*, die das Ihrige beizutragen scheint, ausdrücklich hinzu: „Weil es aber so beschaffen mit ihm war, daß er ein heimtückischer Mensch war, so stellte er sich, wie wenn er auf diese Worte nicht achtete; aber noch denselben Abend ersann er eine Vergeltung dafür, eine Rache, die später ausgeführt wurde".

Was uns sonst an Verwischungen entgegentritt, geht auf Rechnung des *Sigmund*-Dichters. Ich setzte voraus, sein Sigmundthema habe (im Sinn G. Baesecke's) die durch Gregor von Tours bezeugte Tötung des Sigmund-Sohnes enthalten. War das nicht der Fall, so träte hinter den Änderungen die er vornahm, nicht viel mehr als armselige Bequemlichkeit hervor. Überall wo er Hagen vorfand, der ihm offenbar besonders gewichtig entgegengetreten war, setzte er den Namen Sigmund ein. Alle Nebenfiguren, mit denen dieser Hagen sonst zu tun hatte, taufte er auf den Namen von Sigmunds Reckenfahrt-Begleiter Fitela: so kommt es, daß dieser jetzt die Rolle des Hagen-Neffen Aladarius übernehmen muß, aber überdies die des mitgefangenen Hagen-Bruders Gunther, sogar die des im Inzest gezeugten

Hagen-Sohnes (und diese letzte blieb haften, ja sie hob sogar Fitelas altbezeugte, zu Aldrian stimmende Neffen-Stellung und die Attila-Sohnschaft des Aladarius aus dem Sattel).

Wenn der Völsungendichter so die Aladarius-Gestalt zu verwischen beginnt, dann hat er uns dafür wenigstens deren Kern-Szene mit Hagen erhalten. Sie trägt alle Züge der wuchtigsten Erfindungskraft germanischer Frühe.

Wir dürfen in die Rekonstruktion von Krimhild Ia/Ix (oben S. 80) daher nachtragen: *Gegen den Sohn des Hunnenkönigs und Krimhilds bestand, trotz all seiner Unerschrockenheit und Kampfüberlegenheit, auf Seiten seines germanischen Oheims der stumme, verhängnisvolle und vielleicht nicht unbegründete Verdacht, daß er „des Königs Sohn wäre" mit aller „Bosheit seines Vaters"*.

Besonders verständlich wäre die Szene aus der überaus feinfühligen Empfindlichkeit, mit der dieser Oheim („Hagen"), falls er ein Halbbruder oder gar Bastard der Krimhildfamilie war, jede Anspielung auf mangelnde Gleichwertigkeit sofort ahnden mußte. Wenn der ursprüngliche „Hagen" aus solchem Grunde seinen eigenen Neffen tötete, für dessen Kronrechte (Kéza!) er doch kämpfte, so ahnen wir erst recht, warum der ungarische Bericht das Selbstmörderische dieses Thronfolge-Kampfes und die Schadenfreude der Hunnen so herausgehoben hat und warum für die frühesten Skalden „Nibelungen" und sippevernichtende Bluttat zwischen Blutsverwandten identisch waren (die albische Deutung Heuslers für „Nibelungen" ist damit überflüssig).

Ein Einwand bleibt noch, nämlich ob jene Szene nicht bloß eine Hypothese sei. In der Tat, was ermächtigt uns, auch den Auftritt zwischen Sigmund und seinem jungen Mitkämpfer, möge er noch so gut hereinpassen und möge der *Sigmund*-Dichter zu ihm noch so unfähig gewesen sein, für die alte Nibelungendichtung in Anspruch zu nehmen? Nun, erstens weil wir die Möglichkeit haben, die *Mabinogi*-Fassung heranzuziehen. In ihr ist die Rosse-Provokation durch genau die gleiche Gereiztheit motiviert: der ergrimmende Halbbruder (Evnissyen) fühlt sich übergangen und nicht nach seinem Wert behandelt (dieses Motiv könnte in der *Mabinogi*-Fassung erst nachträglich an diese Stelle gewandert sein). Einen zweiten, und wie ich glaube, schlagenden Beweis wird das Ende des Jünglings liefern — aber ich schiebe diesen Vergleich mit *Atlakviđa* und *Mabinogi* noch auf. Auch das nächste Kapitel hat wohl etwas beizusteuern: in der altspanischen Erzählung heißt es von den heimtückisch Eingeladenen, daß sie „ordnungslos" um sich geschlagen hätten: sie „töteten ohne irgendwelchen Sinn alles, was sie vor sich hatten, *und so geschah es*" (nach welcher Logik?), daß einer von ihnen (!), der einzige Infant, dessen Tod während des Gemetzels hervorgehoben ist, sein Ende fand. Es wäre der einzige Satz im spanischen Mittelalter, in welchem das Töten von heidnischen Mauren als etwas Sinnloses bezeichnet wird! Und gar noch von denen einer heimtückischen Übermacht! Die offenbare Kritik, die in den Worten „desordenados“ und „syn otro sentido alguno“ gegen die ungerecht umkommenden Christenhelden gerichtet ist, dürfte auch einen Skeptiker erkennen machen, daß hier einmal etwas anderes vorgelegen hat!

Einige Gewißheit aber erhält man auch bereits, vergleicht man diesen tragischen Auftritt zwischen Sigmund–Hagen und seinem königlichen Kampfgefährten mit jenem letzten Streit Hagens in der ThS, der anhebt mit dem Satz: „Da sprach Högni zu König Thidrek: ‚Es sieht mir so aus, als wenn unsere Freundschaft bricht, so fest sie auch gewesen ist. . . Mache keiner dem anderen seine Abstammung zum Vorwurf‘. König Thidrek antwortete *[in diesem Zusammenhang völlig sinnlos und bei genauerer Betrachtung unverständlich!!]* ‚Ich bitte mir keinen zum Beistand in diesem Zweikampf‘“. *[Von welchem Helden der germanischen Epik wäre jemals von einer Beihilfe im Zweikampf berichtet worden! Es ist vielmehr der Rest jener Äußerung des Aldrian-Sinfjötli, welche die Wut Hagen-Sigmunds herausforderte]*. Hier wirkt, wie ich denke, der entscheidende Vers eines alten Liedes nach, der sofort die Katastrophe nach sich zog. Der ThS-Erzähler hat ihn ehrfürchtig beibehalten; da dieser Vers aber keines Lesers Aufmerksamkeit mehr erregen konnte, trägt die ThS sogleich ausdrücklich nach, daß die Verabredung „Thidreks“ (der hier die Rolle König Aldrians erbte) durch beide Helden nicht eingehalten wurde. Hagen wurde durch eine Anspielung des Königs auf sein Bastardtum — „Albensohn“[1] in allen Tiefen seines reizbaren Ehrgefühls gekränkt. Daß sich indessen der ursprüngliche Vorfall eben doch nicht ohne weiteres aus dem alten Zusammenhang (wie ihn die *Völsungasaga* bewahrt hat) hat herausbrechen lassen, erweist sich gerade an der ThS: in der dortigen Handlung erfolgt nämlich daraufhin gar nichts Belangvolles. Hagen pariert die „Alben“-Schmähung mit der angeblichen Teufelsabstammung Dietrichs, — ein Parallelismus, der dem 13. Jahrhundert recht war. Im übrigen verliefe dieser saftlose ThS-Kampf samt Hagens Überwältigung um kein Haar anders als wenn gar nichts geredet worden wäre. Bei alledem hat uns die ThS den bezeichnenden Kern der alten Szene zwischen Hagen und seinem Schwestersohn bewahrt — gerade so weit, als es für uns nötig ist, um die leidlich erhaltene Völsungen-Szene und dahinter eine Szene des frühesten Krimhildliedes noch wiedererkennen zu können:

„Ich, — d. h. ich der Junge, der ich (nicht ein Bastard bin, sondern?) sieben Gegner ohne Beihilfe zu erledigen pflege — erbitte mir niemanden zum Beistand im Kampf“ (Völs.-S.: „ich bin ein Kind an Jahren . . . und doch rief ich dich nicht um Hilfe“).

[1] Das Albenmotiv, welches bei Richard Wagner sein Glück machte, und von dessen Nachträglichkeit die Rede war (oben S. 110, n. 1), paßte zu Dietrichs Satansherkunft; die ThS vergaß, daß sie eingangs Krimhild als „aus Aldrians Geschlecht“ in den Worten der Erka angekündigt hatte! Das Anklingen an den Namen Albrian (nach älterer Vermutung mit dem berühmten Zwerg Alberich zusammenhängend) aus *Eckes Ausfahrt* mochte die Dämonisierung erleichtern.

Andere Verwitterungen mögen bereits dem alten Nibelungenmodell der Völsungendichter angehört haben. Daß die Wiederbelebung des getroffenen Sinfjötli in irgendeiner Beziehung zu den sonst begegnenden Spuren einer Wiederbelebungs-Geschichte steht, ist denkbar, — aber das mögliche Verbindungsglied ist verschüttet. Viele Fragen stellt der Bierfässer-Hinterhalt in der Halle; die Ledersäcke der Gewaffneten, an der entsprechenden Stelle des *Mabinogi*, rücken jetzt auf Grund jener Bierfässer noch unausweichlicher an jene ledernen Weinschläuche heran, in welchen die gewappneten Feinde *Ali Babas* sich ebenso in aller Stille umbringen lassen. Davon S. 162 f mehr. Sodann, falls in der Beischläferin Siggeirs etwa Attilas erste Frau sich verbergen sollte, so muß die Vorstellung von Herkja-Kerka diese damals, in *Krimhildlied Stufe II*, also vor Beginn der Einwirkung von *Rabenschlacht Stufe III*, noch als Kebse gesehen haben (wie *Guðrúnarkviða III*, und die auch sonst mit *Völs.* parallele *Dän. HvC* und *Fär.*). Dies und die giftmischende Stiefmutter des Signy-Sohnes stüzt sich gegenseitig. Aber wann erfolgte die Abweichung von der geschichtlichen Kerka, die noch Kéza als legitime Gattin Attilas kennt? Wie es kam, daß die beiden Herkja-Söhne aus dem *Krimhildlied* ausschieden, suchte Kap. II zu klären. Dadurch, daß ein schlechtberatener Dichter der *IIb-Stufe* des *Krimhildliedes* — ein Skandinavier? — diese vermutlichen Opfer Krimhilds zu Krimhilds eigenen Söhnen machte und die mögliche Mordstifterin zur selber schlachtenden Medea, wurde das Krimhild-Bild verzerrt und entmenscht[1], — und dadurch später auch — mit einer noch weniger überzeugenden Motivierung — das der Attila-Gattin nachgeformte Bild der Siggeir-Gattin. Entstellt wurde dadurch überdies unsere Vorstellung vom altgermanischen Empfinden; seltsam, daß so viele wissenschaftliche Kenner dieser Zeit Krimhild als eine eigenhändige Schlächterin hinnahmen, ohne auf die Vermutung zu kommen, daß hier ein Stümper einen andersartigen Vorgang verballhornt haben dürfte.

Zum Ungewissen des alten Zustandes schließlich gehört, ob die provozierende Kränkung des Hochzeiters Attila durch den Halbbruder seiner Gattin erfolgt. In der *Völs.-Saga* sind die beiden letzteren zu Zwillingsgeschwistern geworden[2].

---

[1] Die Gruppe der *Atli-L.* setzt die als Strafe für Atli im Sinn des *Atreusmahles* — die Geschlachteten als Speise für den Gatten — an den Schluß. Heusler und Baesecke (I 271) hatten recht, insofern sie die Opferung der beiden für alt hielten; nicht recht darin, daß sie das Atreusmahl für ursprünglich hielten, worin H. Schneider begründet widersprach: „Die Kinderschlachtung war mir immer als antike Reminiszenz verdächtig“ (*GHS*, I, 202).

[2] Auch für die ThS wären sie Vollgeschwister, falls man Erkas Bemerkung über Krimhild („aus Aldrians Geschlecht“) und die Aldrian-Abstammung Hagens zusammenhielte. Wie die letztere zustande gekommen sein dürfte, vgl. S. 128 n. 1, 175 n. 1. Daß der Name ursprünglich dem Krimhild-Sohn zugehörte, erwies Kézas Bericht; der nächste Schritt war vielleicht, auf Kosten Gibichs, der Einfall (oder die alte Tradition?, vgl. S. 80 n. 2.), Krimhild könne ihren Sohn nach seinem mütterlichen Großvater benannt haben.

So hat uns neben dem ungarischen und dem noch nicht überprüften kymrischen Bericht die *Völsungensaga* eine dritte Fassung erschlossen, die den Nibelungenstoff so eindeutig enthielt, daß ich hier der Branwen-Auswertung vorgreifen durfte. Neben dem „*ungarischen*" tritt ein nordgermanisches Nibelungenlied zutage, wir nannten es die „*Proto-Völsungen-Fassung*". Ihrer Herkunft gemäß steht diese den nordischen Nibelungentexten besonders nahe, am erstaunlichsten den Fassungen *Dän HvC* und *Fär.*, die bisher auf den Leser nur verwirrend hatten wirken können, hinter deren Schlußteil aber bereits H. de Boor altes Gut vermutete. Zeitlich gilt uns diese archaische Nordgermanendichtung für später als die ungarische: an der Schwelle zur „Mittelschicht", gegen Ende von *Krimhildlied Stufe II.*

VII. Die Vaterrache des Burgunder-Sohns

(Krimhildlied Stufe IIb). Verwandtes zum Sigmund-Umkreis. Los Infantes de Lara und ihr Ursprung aus Krimhild IIb

Wir können die im vorhergehenden Stück erschlossene „Proto-Völsungen-Fassung" des Krimhildlieds nicht verlassen, ohne ihren Abschluß als gesondertes stoffgeschichtliches Problem herauszustellen. Dieses hat im Zusammenhang des vorliegenden Bandes keine weitere Bedeutung, als eine Sondergruppe zu kennzeichnen.

Man braucht nur die Belege unter 35 a des V. Kapitels neben 35 a(a) des VI. zu halten um zu erkennen, daß es sich um die gleiche Erzählung handelt. Sie ist auf drei junge Helden übertragen: auf den Hagensohn Ranche (oder Aldrian), den Sigmundsohn Sintarfizzilo, den Sigmundsohn Sigfrid. Sintarfizzilo jedenfalls, der in den ältesten Quellen überdies als Neffe Sigmunds auftritt, kann der alte Held der Erzählung nicht sein, denn der übrige Zusammenhang der Erzählung wurde als nachträgliche Übertragung eines Krimhild-Hagen-Liedes in die Sigmund-Einkleidung nachgewiesen. Halten wir uns an die Tötung Attilas. Sie wird in ausführlicherer und komplizierterer Weise erzählt als in den eddischen Atli-Liedern. Sie macht uns bewußt, wie wenig Sicheres wir über die älteste Dichtung vom Attila-Tod wissen.

Man muß folgende drei Möglichkeiten erwägen:

(a) Ein ältestes *Guntherlied* begnügte sich, den trotzigen Untergang des listigen Gunther zu schildern. Dafür, daß eine Rache an Attila nachfolgte, bestand keine zwingende Notwendigkeit. Aus der Historiker-Notiz von Hildico an Attilas Sterbelager läßt sich nicht schließen, daß alsbald die Sage von einem Mord durch die Gattin sich verbreitet hätte. Wir sahen im Gegenteil an *Guðrúnarkviða III*, wie Krimhild als Attila-Gattin nach dem Tod ihrer Brüder ohne einen Schatten von Rachegesinnung geschildert wird.

(b) Krimhild rächte eigenhändig den Tod der Brüder an Attila: sie erschlug ihren Gatten und verbrannte die Leiche samt der Halle. Das ist die eddische Fassung, die seit Heusler für die älteste gilt. Indessen konnten wir zeigen, daß die Atli-Lieder erheblich zu kürzen pflegen. Und beiläufig taucht auch im Grönländ. Atli-Lied, ganz offenbar der Rest einer abgekürzten Handlung, ein Jüngling als Helfer Krimhild-Gudruns auf, Hniflung. Schon sein Name sagt, daß er ein Nibelungensproß ist. Man erkannte ihn von jeher als eine Entsprechung zum Hagen-Sohn in der ThS (den andern Zeugnissen[1] schenkte man keine oder wenig Beachtung); denn es gibt keine andern Anhaltspunkte. Demnach hätte sich Krimhild also jedenfalls Zeit gelassen mit ihrer Rache, bis der Knabe heranwuchs. Und da der Jüngling ihr bei der Rache half, tat er es etwa unter andern Umständen und Voraussetzungen als den unter (c) angeführten? Schwerlich. Folglich ergibt sich der Schluß: es läßt sich von der eddischen Tradition her nicht der Nachweis führen, daß die unter (c) angeführte Möglichkeit nicht die älteste war.

(c) Aus dem Zusammenstimmen der Motiv-Belege 35a und 35aa ergibt sich:

In der Nacht vor dem Tod ihres (Halb?-)Bruders Hagen („Sigmund" in der Völs.-S.) beschloß Krimhild („Hvenild", „Signy"), einen Sohn ihres Stammes zum Rächer ihrer Brüder heranzuziehen. Sie machte sich unkenntlich, aus Scham oder um ihr Vorhaben nicht an Bedenken ihres Bruders scheitern zu lassen, besuchte ihn — auf dem Schlachtfeld (andere Version: in seiner Haft-Behausung; augenscheinlich nachträgliche Fassung in *Fär.:* mit Attilas ausdrücklicher höhnischer Erlaubnis) — und empfing in dieser Nacht von ihm einen Sohn. Seine Waffe nahm sie in ihre Obhut. Als der Sohn erwachsen war, gab sie ihm die Waffe, die Auskunft über seine Herkunft und die Anweisung zur Rache. Zwei Varianten bezeichnen den Schluß: mit ihm zusammen tötet sie ihren Gatten. Oder: als er die Rache vollzog und den König in der Halle verbrannte, hielt sie es für ihre Pflicht, zusammen mit ihrem Gatten Attila den Tod zu empfangen. (Schwundformen: sie selber verbrennt den lebenden Attila in der Halle; Attila — mit und ohne Frau — wird durch den Rächersohn eingesperrt und muß verhungern).

Es läßt sich nicht beweisen, daß es irgendeine Fassung gegeben hätte, welche die Tötung Attilas früher und auf eine andere Weise erzählt hätte. Es läßt sich aber auch nicht beweisen, daß die Hagensohn-Geschichte zum alten Bestand der germanischen Lieder gehörte, — von der Geschichte her gesehen ist es überdies reichlich unwahrscheinlich, denn es widerspräche allen Erfahrungen, wenn die frühe Sage sich so weit von der in ganz Europa beredeten geschichtlich bezeugten Todesart Attilas hätte entfernen können.

Zwei Nachweise lassen sich führen:

A. Die Geschichte des Hagensohns stimmt in einer nicht unwesentlichen Folge von Motiven mit der Kindheitsgeschichte Sigfrids zusammen.

B. Fast sämtliche an den Hagensohn geknüpften Motive begegnen, z. T. in der gleichen Kettenfolge, außerhalb des germanischen Bereiches, — im

[1] Durch deren Auftauchen erhöht sich das vermutliche Alter der Hagensohn-Erzählung, Nach Heusler war der Hagensohn, durch Krimhild zum Rächer erzogen, ein sächsischer Zusatz (Nib. s. [3], 70).

Unterschied zur übrigen Krimhilddichtung und ihrem autochthonen Charakter.

Der zweite Nachweis soll in der Fortsetzung des vorliegenden Bandes unternommen werden. Der unter A genannte ergibt sich aus den oben Seite 123 ff zusammengestellten Motiven und beweist den Zusammenhang mit der Jung-Sigfrid-Epik. Über diese war eingangs dargelegt worden, daß sie nicht — wie noch Heusler angenommen hatte — dem ältesten Sigfrid zukam. Der älteste Sigfrid ist vielmehr identisch mit dem geschichtlichen Merowinger Sigebert-Sigurd, die märchenhaften Geschehnisse seiner Jugend sind demnach entweder erstmals eigens für ihn erfunden oder von märchenhaften Helden auf ihn übertragen worden.

Auch Heusler, obwohl er dem frühesten Sigfrid die märchenhaften Züge zugeschrieben wissen wollte — Elternlosigkeit, Kindheit in der Waldschmiede, Lintwurmtötung mit Hürnung, Hortgewinnung, — hielt die Sigfrid-Gestalt für den Erben einer älteren Sagengestalt. Als nächstliegende kam man von jeher auf seinen Vater Sigmund; für diesen ist ja wenigstens der Lintwurmkampf bezeugt. Überdies das berühmte Schwert, welches — obwohl Heusler es nicht für das älteste Sigfrid-Lied ansetzt[1] — ganz unzweifelhaft der frühesten Schicht des märchenhaften Sigfrid, dem Sigmund-Erben, angehörte.

Nun gibt es keine Fassung der Hagensohn-Erzählung, in welcher das Erbschwert Hagens nicht auf das stärkste betont wäre, und zwar variiert die Erlangung des Schwertes in höchst interessanter Weise zwischen zwei Typen:

(a) Der Held erhält die Bruchstücke des Vaterschwerts, und er muß sie durch eine Kraftleistung beim Schmied zusammenfügen (Sigfrid-Typus).

(b) Der Held erweist seine Kraft durch Herausreißen des festgeklemmten Vaterschwertes. Der junge Sigmund reißt es aus einem Baum, der junge Hagensohn (in einer nur leicht verdunkelten Darstellung) unter einem Stein hervor. Für jeden, der auch nur die oberflächlichste Kenntnis der Mythologie besitzt, dürfte daraus erhellen, daß die Hagensohn-Fassung offenbar die altertümlichste sei, denn sie entspricht dem klassischen, antiken Typus, wo das Vaterschwert unter dem darüber gerollten Stein hervor gewonnen wird. Nachdem wir Seite 123 ff drei Parallelvarianten ABC in der *Völsungen-Saga* erkannten, nähern wir uns jetzt der Feststellung, daß nur A und B „Varianten" im engeren Sinn waren (beide ergänzt durch *Krimhild IIb* und dann nach Sigmund umbenannt, vgl. Stammbaum), während C (=Sigfrid) zwar von der nämlichen Quelle stammt, aber zu anderer Zeit (Stammbaum: „*Brünhild IIb*") abgezweigt sein muß.

Ich möchte in diesem Band das Problem nicht weiter führen als bis zu zwei aus dem Bisherigen ableitbaren Thesen:

[1] Heusler, *Nibelungensage und Nib.lied*, ^{3}1929, 9ff.

(1) Eine erste maßgebliche Verwandtschaft zwischen Hagensohn und Sigmund (und dem mit diesem weithin identischen märchenhaften Sigmundsohn Sigfrid) legt sich nahe durch die Bedeutsamkeit eines wundersamen Schwertes, das der Vater für den Sohn hinterließ, das dieser, mündig geworden, auf Grund einer Kraftleistung erringt, und mit dem er sich den Weg aus einsamem Walddasein zu hohem Ansehen unter den Menschen erringt.

(2) Trotz aller motivischen Nähe zum Sigmundkreis ist die Hagensohn-Geschichte archaischer, insofern hier die Gewinnung des Vaterschwerts einem älter bezeugten Typus angehört als diejenige unserer Texte zu Sigmund oder zum Sigmundsohn Sigfrid. (Bemerkung zum Stammbaum im Anhang: auf der von „Sigmund I" zu „Sigmund II" geführten Linie ist kein Zwischenglied anzunehmen; dieser Eindruck wurde nur durch eine technische Verschiebung in der Zeichnung erweckt).

Wie der Hagensohn zumindest durch sein Schwertmotiv erstmals etwas Fremdartiges und Heterogenes in den Krimhild-Umkreis hineinbrachte, läßt sich vortrefflich beobachten. Das neue versteckte Hagen-Schwert tritt nämlich erzählerisch in Wettbewerb mit dem autochthonen versteckten Hagen-Hort, und bald überflügelt es diesen. Durch das Auffinden des Schwertes verwandelt sich der Rächer an Attila in den Auffinder des versteckten Hortes, — und einige Dichter begeisterte das neue Motiv so, daß sie nun die Hinrichtung Attilas in das Hortversteck verlegten. Ähnlich erscheint als ein dem Krimhildlied ursprünglich offenbar fremdes[1] Motiv jetzt *(Proto-Völs.-Saga)* die Vaterrache, von der man gemæint hat, sie gehöre von Anfang an zu Sigmund.

Für den oberdeutschen NL-Umkreis blieb die Geschichte vom Hagensohn offenbar ein Fremdling. Ihr Auftreten *(Krimhildlied IIb)* bedeutet den Beginn des Anschlusses an eine alteuropäisch-internationale Vorstellungswelt.

*

In einem wichtigen Punkt jedoch enttäuscht das neugewonnene Krimhildlied, die *„Proto-Völsungen-Fassung":* in der Sigmundgeschichte ebenso wie in den gleichfalls aus Krimhild IIb abgeleiteten Atli-Liedern fehlt Dietrich von Bern vollkommen. Unsere These seiner frühen Anwesenheit gründet sich bisher auf die in Kap. II zusammengestellten Zeugnisse. Spräche ein konsequenter Zweifler allen ungarischen Zeugnissen prinzipiell ihre Bedeutung ab — wenngleich es ihm schwer fallen müßte, den Dietrich der Kéza-Zusammenhänge als Zufall zu beweisen, — so käme man doch wieder darauf hinaus, Dietrich als späten Ankömmling frühestens des achten Jahrhunderts anzunehmen. Aber fehlte Dietrich dem *Krimhildlied IIb* wirklich?

---

[1] Immerhin heißt es beim Poeta Saxo, den Attila habe eine germanische Fürstentochter getötet, um ihren Vater zu rächen. Vgl. unten S. 150.

Bevor wir unsere Kenntnisse dieser Stufe durch einen Ausblick auf Unentdecktes erweitern, ist ein Rückblick auf das bisher Erschlossene angebracht. Wir stellen genetisch gesehen bisher folgende Verzweigung fest. Nach der Verknüpfung (*Krimhild IIa*) des Untergangs der Attilasöhne mit dem Untergang der Burgunderbrüder strebte das Konglomerat in zwei recht verschiedene Sonder-Entwicklungen auseinander.

— In der einen, dem „Hagensohn"-Zweig, bedient sich das untergehende Burgundergeschlecht eines jungen Rächers, der im Augenblick des Untergangs gezeugt wird. In Skandinavien (abgesehen von den Volksballaden) wird die Rache überdies durch das Atreus-Motiv brutalisiert. (Das *Alte Atli-Lied* steht dem *Grönländischen*, in welchem der Rächer Hniflung auftritt, in allen anderen Dingen so nahe, daß man bisher auf seine – völlig alleinstehende und wenig glaubhafte – Version, Krimhild ganz allein habe den Weltherrscher getötet, nur mit größtem Bedenken das Müllenhoff-Heuslersche genetische Gesamt-Gerüst aufgebaut sah). Für diesen Zweig des Rächers führte ich die Bezeichnung *Krimhildlied Stufe IIb* ein; ebensowohl kann sie *Proto-Völsungen-Fassung*, oder, wie wir sehen werden, *Proto-Infantes-Fassung* heißen.

— Für alle übrigen Versionen ist bezeichnend, daß, solange nicht bereits das neue Motiv der Sigfrid-Rächung eine Rückschau überhaupt versperrt, an einer Rache an Attila (falls Attilas Tod einbezogen ist) nicht die Attila-Gattin beteiligt ist. Ganz im Gegenteil wird sie als unglückliche Dulderin bemitleidet (*Finnesburh*, *Mabinogi*, *Guðrunarkviða III*, eddische Sigurdlieder). Die bisher bekannten Zeugnisse waren immerhin so alt, daß die wissenschaftliche Vorsicht verlangt hätte, der „Dulderin" ebenso wie der „Rächerin" den möglichen zeitlichen Vorrang offenzuhalten. Dieser zweite Zweig wird durch „*Krimhildlied Stufe III*" bezeichnet (*Mabinogi* und *Finnesburh* sollen uns in ihn einen näheren Einblick verschaffen).

Wo und wann es zu diesen beiden Richtungen kam, ist unbekannt. Wenn man daran denkt, daß der Untergang der Attila-Söhne und derjenige der Burgunderbrüder ursprünglich nicht im geringsten verwandt waren, so liegt immerhin als Grund der gelungenen Verschmelzung am nächsten die Annahme, die „Rächerin" sei durch kämpferische Züge der Aladarius-Mutter Krimhild zustandegekommen, und die „Dulderin" durch die Hilflosigkeit der vermutlichen Burgunder-Schwester.

Was nun Dietrich betrifft, so läßt er sich, als Attilas Freund und als Helfer bei der Burgunder-Überwindung (= *Krimhild IIa*), im zweitgenannten Zweig als an der Handlung beteiligt erweisen, und zwar im wichtigsten Rest von *Krimhildlied III*, nämlich im deutschen *NL*. In der und jener Sonderfassung ist er offenbar, als nicht mehr zwingende Gestalt, eingespart worden.

Wäre dies auch für den gesamten Zweig vom „Burgundersohn" anzunehmen? Der Befund über diesen Zweig ist, wenn wir jetzt die Ergebnisse sammeln, daß es zwei Versionen des Hagensohnes gibt.

(a) In den faröischen und dänischen Hagen-Dichtungen, sowie in *Völs.-S. (1. Teil)* ist es die eigene Schwester der verratenen Burgundersippe, die Attila-Gattin, welche den einsamen Entschluß faßt, einen Rächer aus ihrer Sippe zu gebären.

(b) In *ThS* ist Dietrich beteiligt! Er bestimmt seine Verwandte Herrad zur Pflege der Wunden Hagens. Daß die Frau, die Hagen zur Mutter macht, nicht als Herrad, sondern als eine Ungenannte erscheint, ist zweifellos ein unverstandener Rest der ursprünglichen Unkenntlichmachung, in der die Beischläferin absichtlich unter Verheimlichung ihrer Identität die Blutschande auf sich nahm.

Als Typus ist b vermutlich jünger. Zweifellos alt dagegen ist die ausdrückliche Bitte Hagens um eine nächtliche Gefährtin (a und b)[1], und sie macht, da sie in b an Dietrich gerichtet ist, schon jetzt dessen ursprüngliche Anwesenheit aufs höchste wahrscheinlich. Doppelt interessant, weil Dietrich, so wie er im NL vorher Gunther warnte, hier ja eindeutig gegen den Willen seines grausamen Verbündeten Attila handelt. Es ist die Gegnerschaft, die später im NL, nach der Ersetzung des Mordplaners Attila durch die mordplanende Sigfrid-Witwe, noch in Dietrichs Todesstreich gegen diese nachzuwirken scheint.

Freilich, es ist nur diese winzige Einzelheit, durch welche bisher die Anwesenheit Dietrichs auch für den Zweig *Krimhild IIb* und damit für *IIa* gewährleistet ist. Ein Parteigänger des „spät eingetretenen" Dietrich wird hier — und wer wollte es verübeln! — einzuwenden haben, das sei ein schwankender Steg; denn wie leicht ließe sich vorstellen, daß der Redaktor der *ThS*, um möglichst oft seinen Helden Thidrek auftreten zu lassen, ihm den kleinen Liebesdienst für den sterbenden Hagen nachträglich zugesprochen habe.

Die Widerlegung dieses Einwandes und zugleich, über Kap. II hinaus, einen weiteren und nicht mehr anzuzweifelnden Nachweis, daß die Rolle Dietrichs alt ist, liefert nun eine bisher nicht beigezogene Nationalliteratur, die spanische. Der unschätzbare Fund, in präziser Weise Szene um Szene parallel, ist der Untergang der *Infantes de Lara*. Er ist unschätzbar zugleich in vieler anderer Hinsicht: nicht nur dadurch, was er an sonstigen Einzelszenen erhalten hat (Kézas hunnische Überläufer; alte Versionen der Brünnenszene, des Kaplanauftritts, des belauschten Mord-Befehls, sogar einen Schimmer der Aldrian-Tötung; die Urfassung des eddischen *III. Gudrunliedes* mit der Verleumdung Herkjas gegen die Attila-Gattin usw.), sondern vor allem dadurch, daß er endlich die unüberzeugende bisherige

[1] H. Schneider (Zs. f. dts. Philol. 51, 1926) hätte sich jedoch den Zugang zum Aldrian-Mudarra-Problem erleichtert, wenn er die Initiative zur Zeugung nicht bloß bei Hagen angenommen und wenn er die Rache durch Schwert und Feuer statt derjenigen durch Verschmachtenlassen für Aldrian (Hniflung) zugrundegelegt hätte.

Behelfs-Hypothese vom grausamen „fränkischen Attila“ und vom liebenswerten „gotisch-bairischen Attila“ wegfegt und das Mittelglied zwischen dem ehrenstrengen kymrischen und dem niedrigen eddischen Verräter zutag fördert.

Von dem altspanischen Epos, welches manche zeitlich noch vor das *Cid*-Epos zu setzen geneigt sind (Pidal, A. Steiger u. a.), also ins 11. Jahrhundert, sind nur noch einige Versteile erhalten. Es konnte dank der zahlreichen Prosaauflösungen jedoch im Jahre 1896 durch Ramon Menéndez Pidal in ganzer Ausdehnung rekonstruiert werden.[1]

Die hier anzustellende neue Quellenforschung braucht an den bisherigen Funden zur Genesis des *Infanten*-Epos nicht zu rütteln. Man weiß, daß geschichtlich im Jahre 988 in der Umgebung des sagenberühmten kastilischen Maurenbekämpfers Garcí-Fernández (979—995, † in maurischer Gefangenschaft) tatsächlich ein kastilischer Adliger Roderico (= Ruy) Velasquiz lebte, allerdings gleichzeitig mit einem wesentlich berühmteren Namensvetter in Galicia, † 978, dem als Maurenbekämpfer posthum die Schuld an einem Maureneinfall von 986 (sic) gegeben wurde. Als seine Zeitgenossen werden durch Urkunden zwischen 963 und 969 ein gewisser Gundesalbo Gudestioz und dessen ältester Sohn Diego González bezeugt. Und schließlich stimmt das Epos zu geschichtlichen Einzelheiten, die aus der arabischen Chronik des Ben Haiyán (987—1076) hervorgehen: es gab einen maurischen Heerführer namens Galib, † 981 (wohl der Galve des Epos), als dessen Nachfolger den mächtigsten Mann am Kalifenhof, Almanzor, hadjib (976—997) des Kalifen Hicham II. von Córdoba, und dessen Sohn Al-Mudafar, † 1008 (= Mudarra?), der um 990 — entsprechend dem Datum, das in Fassung A enthalten ist, — auf Fahrt gezogen sein wird. Es gab spanische Botschafter (des Garcí-Fernández), welche im August 974 bei einer Fahrt nach Córdoba vom dortigen maurischen König gefangengesetzt wurden; und es traf am 12. September 974 in Córdoba die Nachricht von einer (für die Spanier des Garcí-Fernández als Ganzes erfolgreichen) Schlacht in der Nähe von Almenar ein.

Auch daran sei nicht gerüttelt, daß zwischen den *Infantes* und der altfranzösischen Epik in ein paar zusammenhanglosen Einzelheiten Ähnlichkeiten vorhanden sind; sie sind umso überzeugender, als sie nur immer gerade in den kleinen Lücken der nachfolgenden Parallelkette ihre Stelle haben. Das würde sich am leichtesten aus französischen Leihgaben erklären.

[1] Pidal, *La Leyenda de los Infantes de Lara*, Madrid 1896 (vgl. die Stellungnahmen von Menéndez y Pelayo, *Obras completas* VI, *Estudios*, I 119 ff., Santander 1941; H. Morf, *Aus Dichtung und Sprache der Romanen*, [2]Bln Lpz 1922, I 55 ff.; G. Paris, *Poèmes et légendes*, P. 1900, 215 ff.); 2. Aufl. mit Anhang: Madrid 1934. Pidals Vorgänger in vielem war M. Milà y Fontanals, *De la poesia heróico-popular castellana*, Barcelona 1874, p. 267 ff. (noch ohne Kenntnis der *II. Cronica)*. Vgl. auch A. M. Espinosa, *Sobre la leyenda de los I. de L.* (Romanic Rev., 12, 1920, 1935); A. Monteverdi, *Il Cantare degli I.di Salas* (Studi mediev., NS, 7, 1934, 113 ff.).

Doch liegt eine Gefahr in der fast mechanischen Annahme, andere Erklärungen gebe es nicht. Daß diese Motivsplitter aus französischen *Chansons de geste* der zweiten Hälfte des 12. Jahrhunderts stammen müßten[1], ist keineswegs gesagt; die Berührung kann sich auch zwischen älteren, uns nicht bekannten Fassungen vollzogen haben, kann sich aus gemeinsamen außerromanischen oder auch primär-altspanischen Anregungen erklären. Das gilt sogar für die zahlreichen Berührungen mit dem *Rolandslied*, denn auch in das Rolandslied sind Bausteine verschiedenartiger und nicht immer französischer Herkunft eingegangen[2].

Mit dem *Rolandslied*[3] verbindet das *Infantes*-Epos, daß beide eine blutige christliche Niederlage gegen die Sarazenen schildern, der eine christliche Gesandtschaft vorherging. Ein verräterischer Verwandter (Ruy Vélasquez, Ganelon) der Helden, wie auch des christlichen Fürsten, veranlaßt aus privatem Groll einen Hinterhalt, bei dem die Heiden in ungeheuren Scharen über die kleine Schar der Christen herfallen und sie aufreiben. Die Begründung des Verräters war: fielen d i e s e Helden, dann sei die Macht der Christen entscheidend geschwächt. Beim Anblick der jungen Toten fällt der alte Held (Gonzalo Gustioz, Charlemagne) in Ohnmacht; in pathetischer Anrede stimmt er die Totenklage über die Tüchtigkeit der Gefallenen an. An eine Sühnung der Niederlage an den Sarazenen denkt der spanische Dichter jedoch nicht, und auch mit dem Gericht über den Verräter hat er es nicht eilig; für das letztere sind einige Züge verwendet, die auch im Epos *Galien* anklingen, in welchem ein unehelich gezeugter Sohn[4] des Olivier eben

[1] Allzu selbstverständlich machte sich A. Monteverdi (Studi mediev., NS 7, 1934, 137 ff.) zum Anwalt dieser Auffassung, in der Hoffnung, danach die früheste Fassung der *Inf.* datieren zu können. Als ob man über das Alter der *Chansons de geste* Sicheres wüßte! Die Motive des *Galien*, die bis in die Antike zurückreichen, hielt M. für Erfindungen des ausgehenden 12. Jahrhunderts und baute darauf die Hypothesen, (a) der Mudarra stamme davon ab (rivela chiaro l'influsso francese; gegen Pidal 139 f.), (b) ohne den Mudarra-Teil sei aus „poetischen" Gründen das vorhergehende Epos undenkbar (la prima parte non può star senza l'ultima), (c) also müsse auch dieses in der Atmosphäre der späteren *Chansons de geste* erfunden sein.

[2] Einige Anhaltspunkte, die aber in der vorliegenden Untersuchung zu weit abführen müßten, glaube ich dafür zu sehen, daß das Ganelon-Thema genetisch eine Sonderstellung innerhalb des *Rolandsliedes* einnimmt. Was die berühmte Apostrophe des alten Gustioz an die Toten betrifft: sie auf die Anrede Dietrichs an die toten Hunnenprinzen zurückzuführen wie E. v. Richthofen (*Untersuchungen* 1944, 111), ist zwar nicht prinzipiell von der Hand zu weisen; aber sie ist als Einzelmotiv so allgemein menschlich, daß ich ihr keine Beweiskraft zuzusprechen vermag. Eher ließe sich daran erinnern, daß warnende Träume mit Tieren unmittelbar vor blutigen Katastrophen (vgl. Sigfrids Tod; *Chanson de Roland* V. 2555 ff.) im germanischen Erzähl-Bereich, namentlich in den Sagas, so ungleich häufiger sind als anderswo und dort im Fylgjur-Glauben ihre Erklärung finden (vgl. V. Grönbech, *Religion und Kultur der Germanen*, B. Kummer, *Midgards Untergang* u. a.), daß man hier allgemein auf nordeuropäische Grundlagen schließen dürfte.

[3] Die Ähnlichkeiten verzeichnete A. H. Krappe, The Cantar de los Infantes de Lara and the Chanson de Roland (Neuphilol. Mitt. 25, 1924, 15 ff.); Monteverdi a. a. O.

[4] Mit der Königstochter von Konstantinopel. Ist es Zufall, daß es im provenzalischen *Ronsasvals* des 13. Jahrh. und im *Viaggio di Carlo Magno des* 15. Jahrh. eine mohammedanische Fürstin ist?

recht kommt, um seinen unbekannten sterbenden Vater auf dem Schlachtfeld von Roncesvals zu finden; der erkennt ihn wieder an Schwert und Roß, die er ihm hinterlassen hatte (für den Fall, daß das Kind ein Mädchen würde, hatte er einen Ring hinterlassen).

Diese und ein paar kleinere Splitter, die ich im folgenden beiläufig anführe, stellen den gesamten bisherigen Kenntnisstand über die Genesis des Infantes-Epos dar.

Es besagt wenig.

Und allerlei ist dabei eigenartig in Unordnung geraten. Daß der *Infantes*-Dichter an den geschichtlichen Fronten aus bisher unerkannten Gründen doch auch Abänderungen vornahm, mußte längst durch die Unwahrscheinlichkeit ins Gesicht springen. Einerseits werden auf Weisung des bösen Don Ruy dessen verräterisch eingeladene Verwandte durch die unzähligen Mohrenscharen unter Galve und Viara getötet. Andererseits ist der ehrenhaft edle König Almanzor von Córdoba voller Achtung für das Sippenhaupt der Verratenen, welches er auf Ruys Ersuchen zum Gefangenen macht, und er sagt sich schließlich von Ruy in echter Empörung über dessen Verräterei los. Den einzigen und voll ausreichenden Grund dieser Erfindung finde ich in dem schwer eingängigen und gleichfalls schon reichlich märchenhaften, halb freien, halb gebundenen Verhältnis Dietrichs von Bern zu Attila, wie es seit *Krimhildlied IIa* gegeben war. Im NL ist eine solche Absage Dietrichs an Attila entbehrlich, weil ja die ganze Blutschuld auf die Sigfrid-Witwe übertragen wurde. Ursprünglich aber war das natürlich, wie jeder weiß, nicht der Fall. Wofern daher neben dem älteren Attila Dietrich vorhanden war, mußte es nach eiserner Logik schließlich zu einem Konflikt zwischen beiden kommen (dessen Spuren waren bisher nur im eddischen Aschenbrödel, dem *III. Gudrunlied,* unbeachtet erhalten). Daß die Rechnung aufgeht, hoffe ich nunmehr am spanischen Text zeigen zu können.

Es will auch so scheinen, als ob von Krimhild und Herkja-Helche, von den feindseligen Gegenspielerinnen aus *Krimhild Stufe I* (Vgl. *Guđrúnarkviđa III)*, hier mehr erhalten ist, als wir bei dem Mangel an *Helche*-Zeugnissen leider zu identifizieren in der Lage sind. Deutlich läßt der Anfangs-Auftritt zwischen Sancha und Lambra den berechtigten Stolz der Sancha auf ihren Sohn hervortreten, der den jungen Angehörigen der Lambra (einen Neffen Lambras; vielleicht in Anlehnung an den durch ThS bezeugten getöteten Erka-Vetter) übertrifft; die Tötung dieses Neffen begründet Lambras hetzerischen Anteil an dem großen Blutbad. Dann wird die Sancha-Rolle völlig bedeutungslos, bis sie am Schluß, im Grund völlig unmotiviert, durch den grausamen Haß gegen den Mörder ihrer Sippe neubelebt wird; dabei ergibt sich aber aus der Parallelität zu Signys großartigem Rache- und Feuertod-Abschluß *(Völs. S.)*, daß an dieser Stelle das Krimhild-Geschick auf beide Frauen, Lambra (die im Feuer umkommende) und Sancha, aufgeteilt worden sein muß.

Der einstige Eindruck Menéndez Pidals, daß das Epos schon allerlei Wandlungen hinter sich habe, kann durch unsere nachfolgenden Darlegungen konkretisiert werden, wie auch die durch A. Monteverdi begründeten Zweifel, welche schon G. Paris äußerte gegenüber der These Pidals, wonach als Quelle der Chronik-Aufzeichnungen zwei oder drei epische Versionen vorauszusetzen seien. Monteverdis Untersuchung von 1934 will die Chroniken auf ein einziges verlorenes Epos zurückführen; das Verhältnis der Fassungen muß neu dargestellt werden. Die Fassungen, deren Text sich meist in Pidals Buch abgedruckt findet, sind

A = die unter Alfonso dem Weisen († 1284) aufgezeichnete *(Primera) Crónica general de España* (läßt vieles weg, was für die zentrale Handlung nicht unbedingt wichtig ist; auch allerlei offenkundig Sekundäres fehlt).

B = *II. Crónica*, 1344 vollendet.

C = Neubearbeiter der *Tercera Crónica General* (z. T. unter Verwendung alter Assonanzenverse).

D = *Estoria de los Godos* (Varianten zu B).

E = Lope García de Salazar, *Libro de las bienandanzas*, Buch 14.

F = Romanzen: F_1 *(A Calatrava)*, F_2 *(Ay Dios)*, F_3 *(Ya se salen)*, F_4 *(Partese)*, F_5 *(Convidárame)*, F_6 *(A cazar va)*. Sie stammen nach Pidal alle aus epischen Liedern (cantari); er betonte, daß D, wo es von B abweicht, andere Quellen als F hat (p. 36).

Um die Arbeit des Vergleichens mit *Völs. S. (1. Teil)*, *Atli-L.*, *NL*, *Mabinogi* usw. zu erleichtern, sei wiederum die parallele Nummerierung der Motive in Kap. III—VI fortgeführt. Ich gebe die Gesamt-Handlung nach Fassung A wieder, unter Hervorhebung der wesentlicheren Varianten in BCDEF.

1. Der Erzähler weiß von sieben Brüdern aus Lara-Salas. Haupt der Lara-Sippe ist der Vater der Sieben, der alte G. Gustioz.

2. Von den Brüdern wird nur einer individuell herausgehoben, der jüngste, Gonzalo González. Durch ihn kommt der Streit jedesmal zum Ausbruch.

4. 4a. Die Erzählung beginnt damit, daß der mächtige Waffenheld Ruy Velázques, der um die kastilische Grafentochter Lambra gefreit hatte, in Burgos mit ihr Hochzeit feiert.

5. Das Fest wurde bei Gelegenheit einer heldischen Kraftprobe — Lanzenwerfen der Berittenen auf ein hölzernes Ziel — durch doppelten Unfrieden gestört: (a) Der berechtigte Stolz von Ruys Schwester Sancha auf die kraftvolle Überlegenheit ihres Sohnes Gonzalo kränkte im Innersten Ruys Gattin Lambra, die gerade eben ihren Neffen als den stärksten aller Helden gerühmt hatte *(F^1:* noch mehr prallen sie aufeinander durch gegenseitige Schärfe, Sancha wirft der Gegnerin unzüchtige Rede vor; darauf diese ihrer Schwägerin, der „puerca", einen öffentlichen Skandal im ehelichen Bereich, nämlich sieben Söhne bei einer einzigen Geburt zur Welt gebracht zu haben). Lambras Neffe wurde durch einen Fausthieb des streitbaren Gonzalo auf der Stelle getötet. *(F_1:* Rachsüchtig brach Lambra vorzeitig ihre Anwesenheit ab, *„muy enojada, / sin esperar a los suyos / se*

saliera de la plaza"). — (b) Nachdem Gonzalo erwies, daß der größere Wert ihm zukomme (F_1: *mas vale;* Gonzalo befand sich ursprünglich nicht auf dem Festplatz, *Aparte está Gonzalvico)*, fügte er dem Bräutigam, seinem Oheim Ruy, körperliche Verletzungen zu, so daß dieser seine Leute zu den Waffen rief. Indessen kam dann doch, ohne daß ein Kampf ausbrach, ein Übereinkommen zustande, weil sich der Schwager des Beleidigten, Gustioz, als Haupt der Lara-Sippe, und der Gastgeber ins Zeug legten. Eine Versöhnung wurde erwirkt. Das Hochzeitsfest hatte aber eigentlich eine Woche länger dauern sollen. F_1: Die Versöhnung war nur scheinbar, denn noch auf dem Fest spann Ruy, der beleidigte Bräutigam, in seinem Geist ein Netz von Ränken, „*Tela les tengo ya urdida, / presto se la he de tramar*".

6. 8a. Ruy begab sich dann mit seiner jungen Gemahlin an seinen Hof, nach Barbadillo.

13. In Barbadillo, wo die sieben Brüder als Gäste eintreffen — B: dieser Besuch erfolgte einige Zeit nach der Hochzeit und auf Grund einer Vereinbarung der Schwäger Gustioz und Ruy, — gewahrte Ruys Gattin, daß der jüngste Gast seine Unterkleider enthüllt zeigte; er wollte nämlich seinen Falken baden (B: überdies war es sehr heiß; E: „splitternackt ging er schwimmen"). Über diese Nachlässigkeit äußerte sich Ruys Gattin entsetzt zu ihrer Umgebung.

18. 18a. Als es Essenszeit war, stiftete Ruys Gattin einen ihrer Knappen an, auf den streitbaren Gast Gonzalo mit einer Kalebasse voll Blut — D: vom Schlächter geholt — loszugehen. „Wirf sie ihm gegen die Brust . . und habe keine Angst, ich werde dich schützen". Der blutbespritzte Gonzalo wurde von den Brüdern belacht, „jedoch nicht von Herzen". Er indessen verwies es ihnen grimmig: wäre dergleichen einem von ihnen geschehen, „so wollte ich keinen Tag länger leben, ohne ihn zu rächen".

20. Auf den Vorschlag des ältesten Bruders, Diego, dem Beleidiger nachzueilen, um zu sehen, ob er es harmlos gemeint habe, stellten die Gäste fest, daß er vor ihnen davoneilte und sich unter den Mantel von Ruys Gattin flüchtete. Dort holten sie ihn ein, töteten ihn, so daß Ruys Gattin von Blut bespritzt war[1].

21. Die Wutentbrannte tat einen zunächst ergebnislosen Bittgang zu ihrem Gatten, damit er sie an den Gästen räche; sie ließ im Hof die Leiche des Erschlagenen aufbahren, weinte drei Tage mit ihren Frauen, „zerriß ihre Kleider und nannte sich eine Witwe, die keinen Gatten habe". Ruy, dem die Täter ihre Bereitwilligkeit zur Wiedergutmachung ausdrückten, war ebenso wie sein Schwager Gustioz bekümmert und ratlos über den Vorfall. Der ihn fußfällig anflehenden Gattin versprach Ruy schließlich eine Rache, „daß jedermann davon zu sagen haben wird".

7a. Mit verräterischen Absichten ließ Ruy einen Brief schreiben, der für seinen Schwager nicht lesbar war, weil er auf arabisch (F_3: und durch den Kaplan Gregorio) verfaßt war; dem Schwager wurde ein anderer Text als der wirklich enthaltene mitgeteilt (*D:* vorgelesen), worauf er ahnungslos eine Fahrt antrat. (Der Inhalt war der eines Uriasbriefes: der Empfänger, der Maurenkönig Almanzor soll den Überbringer töten.). Die Salas-Sippe befand sich zu dieser Zeit in ihrer Heimat.

31. Ruy beklagte sich bei seinem mächtigen Bundesgenossen, dem edlen Almanzor von Córdoba bitter über die Bluttat seiner Gäste und bat ihn, seinen Schwager zu töten. Als Almanzor und Gustioz einander gegenüberstanden, grüßte Almanzor nicht, wodurch er Gustioz' Zorn erregte. Almanzor machte

---

[1] Die Szene hat lange nachgewirkt. Noch in einem Romanzentext von 1570 wirft Jimena dem *Cid* vor, er habe einen kleinen Pagen unter ihrem Leinenrock getötet (*Matárame un pagecico / so haldas de mi brial)*.

den Helden zum Gefangenen, aber statt ihn nach Ruys Befehl zu enthaupten, ließ er Gustioz in den Kerker führen.

35a. Erste Einführung von Almanzors Schwester; *vgl. unten unter Nr. 35a.*

7. *(in der Reihenfolge von BD stehen Nr. 7—33 vor Nr. 35a).* Ruy sandte eine heimtückische Einladung an die sieben Brüder von Lara (angeblich damit sie die Mauren bei Almenar bekämpfen hülfen).

8. 8a. Sie meinten, es wäre ehrenrührig, daheimzubleiben, und brächte üble Nachrede. Zweihundert Gefährten führten sie mit. Sie nahmen Abschied von ihrer Mutter *(F_3: presta sea vuestra tornada).* Böse Vogel-Vorzeichen bedrückten den alten, in Maurenkämpfen erprobten Waffenmeister Nuño Salido. der sie begleitete *(B:* je ein Vogel rechts und links; *D:* ein Adler reißt sich die Brust auf und stürzt tot vom Baum). Da riet er zur Umkehr[1]. Gonzalo aber deutete die Vorzeichen günstig; Nuño solle umkehren, wenn er wolle.

9. 10. *F_3:* Am Fluß angelangt, rief Nuño: „Nicht sollt ihr den Fluß überschreiten. Denn der den Fluß überschreitet, wird nicht nach Salas zurückkehren." *Die Romanze F_3 endet:* „Gonzalo gab dem Roß die Sporen, / den Strom überschritt er". *BD:* Nuño zog mit der Lanze eine Furche: „wenn ihr diese Furche überschreitet, werde ich mit euch nicht weiterziehen". *A:* Sie sollten, meinte Nuño, andernfalls lieber ihrer Mutter bestellen, sieben Särge zur Beweinung aufzustellen. Gonzalo verbat sich das als todeswürdig: „Höchst übel, was Ihr sprecht, und Ihr suchet den Tod, wenn da jemand wäre, der ihn Euch gäbe. Um Euretwillen werden wir nicht umkehren". Da zog der Alte allein nach Salas zurück, (aber unterwegs reute ihn seine Ehre, und er kehrte um zu seinen Schützlingen).

14. Ruy stellte den Ankömmlingen die Frage, wo Nuño sei, und begrüßte diesen mit bösen Worten: von jeher habe der Alte ihm entgegengewirkt.

13. Der Alte sagte ihm auf den Kopf zu, der Verrat sei bereits angelegt. Ruy wiederum warf den Brüdern vor, daß eine solche Lästerung seiner Ehre sie ungerührt lasse.

16. Darauf zog ein Gefolgsmann Ruys das Schwert gegen den Alten. Der aber warf ihn durch einen Faustschlag tot zu Ruys Füßen. Ruy rief zu den Waffen, und beide Scharen rüsteten sich. Gonzalo rief: was das sein solle? ob man sie dazu eingeladen habe? Da die Brüder Wergeld anboten und der Augenblick noch nicht günstig schien, gab Ruy nach. Am nächsten Morgen (bei Almenar — oder Palomares — durch Ruy auf Spähritt geschickt) bemerkten die Brüder, und Nuño Salido als erster, daß sie in einen Hinterhalt von über zehntausend Mauren geraten waren.

17. Den Gonzalo, der es schleunigst Ruy meldete, beruhigte dieser; notfalls werde er eingreifen. Nuño Salido aber, der heimlich dem tückischen Ruy zu den Mauren nachfolgte, belauschte dort, wie dieser die Maurenführer Viara und Galve bat, ihm jetzt dazu zu verhelfen, mit den Brüdern fertig zu werden; bei der geringen Zahl der Begleiter dürfe keiner entkommen. Nuño aber schalt ihn einen Verräter: „So weit die Welt ist, werden die Männer von diesem deinem Verrat reden".

15. Da gab der Waffenmeister das Zeichen: „Wappnet euch, Söhne, denn euer Oheim Ruy Velázques mit den Mauren ist des Sinnes, euch zu töten". Alle griffen alsbald zu den Waffen. In fünfzehn Scharen versperrten ihnen die Mauren den Durchbruch. Unzählige fielen. Auch Nuño, der ihnen jetzt von günstigen Siegesaussichten sprach, wurde schließlich erschlagen.

29a. 19. 23. „Und so groß war da die Schlacht und so schrecklich, daß man von einer größeren nicht berichten konnte". Neben zahllosen Mauren lagen

[1] Weder die Vorzeichen in den *Quatre fils Aimon* (Jordan) noch die Mahnungen Olivers in der *Chanson de Roland* (Monteverdi) sind hier von Belang.

schließlich alle zweihundert Begleiter der Brüder auf dem Leichenfeld. *D:* Die Helden griffen an „daß sie nicht Menschen, sondern teufelsbesessene Geister, *espirtos diabolicos*, schienen gemäß der tödlichen Todeswut, die sie in den Herzen trugen, und auf solche Weise verrichteten sie viele ziellose *(desordenados)*, furchtbare Männertaten.

17. 24. und töteten ohne irgendeinen Sinn *(syn otro sentido alguno)* alles, was sie vor sich hatten, und so geschah es *(fue asi)*", daß ein Infant, Ferrand, getötet wurde *(er ist der einzige, neben Gonzalo, den die Kampfschilderung kennt)*.

24. Traurig stellten das die anderen untereinander fest, als sie sich auf eine Erhöhung *(D: un alto cabeço que y era)* zurückzogen[1] und dort die Gesichter von Schmutz und Schweiß wuschen.

25. 25a. Fast wäre ein Waffenstillstand mit Viara und Galve zustandegekommen, aber Ruy erwiderte, als der älteste Infant Diego ihn um Hilfe bat: „Wie glaubt ihr, daß ich den Schimpf vergessen hätte, den ihr mir in Burgos zufügtet"; auch an die Bluttat, durch welche die Kleider von Frau Lambra befleckt wurden, erinnerte er. Diego solle seinen Brüdern ausrichten, sie sollen sich wehren und keine Hilfe erwarten. Wohl aber wirkte Diegos Appell auf die Begleiter des Verräters: etwa tausend von ihnen wollten der Salas-Sippe beistehen. Zwar beschwichtigte sie Ruy anfangs mit der Versicherung, notfalls werde er den Infanten schon helfen. Später aber schworen einige der Jüngeren, Tapfersten, denen sich etwa dreihundert Gleichgesinnte anschlossen, der sei ein Verräter, der nicht den Infanten beispringe, auch wenn es ums Leben gehe; wolle Ruy sie nochmals umstimmen, so solle es sein Tod sein. Die herannahenden Dreihundert wurden durch die Infanten zuerst für Angreifer gehalten; die Sechs mußten dann diesen zuschwören, daß sie ihnen, falls sie davonkämen, Schutz gegen Ruys Rache gewährten. *(E:* Schon waren fast alle gefallen. „Als ein Vetter von Ruy Velázques, der Rodrigo de Lara hieß, den Verrat von Ruy Velázques sah, begab er sich mit sechzig seines Stammes zu ihnen, um mit ihnen zu sterben oder zu leben, und sie fielen dort alle". *F: Ein berühmter Romanzenanfang auf ihn erhielt sich: „Ay Dios, que buen caballero / fue don Rodrigo de Lara! / que mato cinco mil moros con trescientos que llevaba". Diesen Liedrest mißverstand ein späterer Romanzensänger als eine angeblich frühere Heldentat des Rodrigo Velazques, und kein Literaturforscher, soweit mir bekannt ist, auch nicht Pidal p. 88, stieß sich an dem Widerspruch der Namen).*

29a. „So sehr wuchs die Menge der Mauren", daß auch die Überläufer von der Gegnerseite fielen. *B:* Es fielen drei Maurenkönige und 15000 Mauren.

31. Die allein noch überlebenden Infanten wurden, als sie so matt waren, daß sie die Arme nicht mehr heben konnten, durch zwei Gefolgsleute des edlen Almanzor von Córdoba, Viara und Galve, entwaffnet und ins Zelt geschleppt.

32. Bei der Enthauptung der Gefangenen spielt eine listige Vorspiegelung eine Rolle (Ruy spiegelte den Wächtern harte Strafen durch ihren Herrn Almanzor vor, falls sie die Hinrichtung nicht vollzögen). Gonzalo hielt dem Oheim nochmals Verrat und Blutdurst vor. Die beiden Mauren entschuldigten sich bei den Gefangenen, sie könnten nicht anders (dann wurden auch sie zu Überläufern in einem letzten kurzen Kampf gegen die andern Mauren, der nochmals 1060 Opfer kostete, bis die Infanten wiederum ermatteten, wiederum entwaffnet wurden.

---

[1] Auf einen Hügel ziehen sich drei der Fils Aimon vor den Heidenheeren zurück, nachdem der verwundete vierte Bruder, den sie dorthin mitnehmen, ihnen diesen Rat gab. Ein Verwandter – verräterisch, wenn auch nicht aus eigenem Antrieb – hat sie zu angeblichen Friedensverhandlungen den Heiden entgegengesandt: für eine Zeitlang erreichten sie einen Waffenstillstand. Darin erschöpfen sich die Parallelen der beiden Epen (L. Jordan, *Die Sage von den vier Haimonskindern:* Roman. Forschgn. 20, 1907, 74 ff.).

Gonzalo als der Letzte ließ sich nicht enthaupten, bevor er nicht den Henker durch einen Fausthieb und zwanzig weitere Mauren mit dem Richterschwert tötete, „*assi cuemo cuenta la estoria*").

34. 34a. *(vgl. Sigmund-Variante AC!). B:* Nach dem Tod der Salas-Lara-Sippe rief Ruy aus: „Für die Zukunft haben wir unser Geschäft getan, denn es gibt niemand (mehr), welchen wir in Castilien oder Lara zu fürchten hätten." Ein Gefolgsmann erwiderte ihm „Diese Schlacht kostet uns viel". *D:* Als man das Vorgefallene dem edlen Almanzor von Córdoba meldete, „war er sehr entsetzt und es beschwerte ihm sehr das Herz und er sagte öffentlich, daß Gott sehr dem zuwider sein würde, der eines so großen Verräters wie dieses (Ruy) Freund wäre; denn nie wurde je ein so großer Verräter erschaffen. Und er befahl einem in seinen Dienst getretenen Spanier, einen Aufkündigungsbrief an Ruy abzufassen in seinem Namen wie auch von Seiten aller Maurenkönige von der einen bis zur anderen Meeresküste" und zwar darum, weil er Almanzor belogen hatte, „indem er sagte, man würde sie (die Infanten) lediglich in Gewahr nehmen und ohne daß Männer getötet werden sollten; und dann weil Ruy nicht die geringste Güte besitze und weil ihm, einem Menschen, welchem alle Menschlichkeit tief zuwider sein müsse, so große Grausamkeit innewohne und das Hassen und Metzeln" *(E:* Almanzor „beklagte sich über Ruy Velázques"). *A—F:* Später ließ Almanzor aus Mitleid, und weil er Ruy mißbilligte, den Gefangenen Gustioz frei heimkehren.

33. In Córdoba wurde der älteste der Salas-Sippe, Gustioz, aus dem Kerker vor die abgehauenen Häupter geholt. Bei diesem Anblick rühmte der Gefangene in bewegten Worten das Verdienst der Toten. Aus Zorn *(Dublette zu Gonzalo vor der Hinrichtung)* tötete er mit einem ihm erreichbaren Schwert sieben Leibwächter.

35a. *Die Zeugung des „Bastards".* Almanzor hatte einem unbekannten Edelfräulein, *fidalga*[1], die Weisung gegeben, den Gefangenen zu pflegen. *(BCDEF:* es war seine eigene Schwester, Zenlia; *bei Lope:* Arlaja; *in H. d' Urfé's Savoysiade:* Zelinde, *später* Arlaja). Diese gab sich bei dem Gefangenen für eine vielgeprüfte Matrone aus .. *(C:* ob er sich nicht schäme, so niedergeschlagen zu sein? *B:* „Und alles, was sie sagte, war Lüge, um ihn aufzumuntern ... Ich sehe, Ihr seid weißhaarig und habt ein frisches Aussehen, und vielleicht könnt ihr noch Söhne zeugen, welche die anderen rächen werden". Da begehrte Gustioz, „mit Euch einen Sohn zu machen, welcher die anderen rächen würde .. Wie sehr er auch durch sein schlechtes Gefängnis und von sehr schlechter Nahrung beschwert" war). So empfing sie von Gustioz den späteren Rächer Mudarra. „Wenn er herangewachsen ist, sollt ihr ihm sagen, wie er mein Sohn ist" *(C)*. Gustioz gab ihr als Erkennungszeichen die Hälfte seines Ringes, den er zerbrach; die solle sie dem Zögling nach Salas mitgeben. Nachdem Almanzor den Gefangenen aus Mitleid freigelassen hatte[2], erfuhr er durch seine Schwester die Herkunft des Kindes Mudarra *(nach dessen Taufe:* Gonzalo). Der König fand Gefallen an dem Knaben. *(C: Plogole mucho dello; B:* er „sah ihn jeden Tag, und erfreute sich an ihm, als wäre es sein Sohn .. Mudarra ähnelte sehr dem Gonzalo González"). Er gab ihm zwei Erzieher. Durch ihn und die Mutter erfuhr der Knabe seine Herkunft. *(B:* Zunächst hatte ihm während eines Streites beim Brettspiel sein Partner gesagt, „ihm stehe besser an, seinen Vater zu suchen .. Mach dich fort, Niemands-Sohn" — *C: fi de nadie, fi de enemiga.* Mudarra antwortete mit einem

[1] Mit Recht äußert Monteverdi (a. a. O. 126) gegen Pidal, schon der Verf. von A dürfte gewußt haben, daß das Edelfräulein die Schwester Almanzors war.

[2] Vielleicht Einfluß des konventionellen Typus: Befreiung aus — erotisch versüßter — Sarazenenhaft: Vermutung von Monteverdi (Studi mediev., 1934, 139).

Faustschlag. „Ich werde gehen, meine Mutter zu fragen, so daß sie mir keine Lüge sage; und ich werde Euch weisen, wer mein Vater ist"; um die Wahrheit zu erfahren, bedrohte er seine Mutter sogar mit dem Schwerte). Mudarra sagte der Mutter, er wolle sehen, ob sein Vater noch lebe, und erbat sich die Ringhälfte.

35 aa. Almanzor schlug Mudarra zum Ritter und gab dem Zehn-*(AC; B:* 18-; *E:* 16-)jährigen 200 *(B:* 300) Reisige mit. Zuerst schob Mudarra die Rache auf. *(Anders in B, wo* er die Schar sofort zu Ruys Burg Vilvestre führte, sie plündern „ und in der Frühe des folgenden Tages verbrennen hieß", während Ruy und seine Frau abwesend waren; später umzingelte er Barbadillo, nachts, und befahl, „daß sie die ganze Stadt verbrennen, denn hier wurde der verräterische Brief geschrieben, um meinen Vater gefangenzunehmen"). Denn er wollte seinen Vater aufsuchen *(B:* Es war in der Morgenfrühe, als Frau Sancha neben ihrem alten Gatten erwachte, um ihm einen Traum zu erzählen: ein großer Habichts-Falke habe sich auf Ruys Schulter gesetzt, Ruys Blut floß in Strömen, und sie habe davon getrunken. Nun hörten die Ehegatten draußen nach ihnen rufen; es war der Rächer-Sohn. Die Frau erwiderte weinend *(!):* „ich bin die unselige [*mesquina, angeblich wegen ihrer äußeren Verarmung!*] Frau Sancha; daß ich doch nie geboren wäre". Und sie ahnte, daß der Falke ihres Traums nun gekommen sei). Nachdem der Vater — *E:* er war erblindet *(F: ciego de llorar desdichas)* — den wiedererkannten Sohn freudevoll umarmte[1], forderten beide den Verräter zur Rechenschaft (am Hof des Garci Fernandez, wo er ihnen aber wortbrüchig bei Nacht entkam, so daß Mudarra *in BCD* durch zahlreiche Städte Spaniens seine Verfolgung[2] zu unternehmen hatte). Um das geplante Entweichen zu vereiteln, lauerten ihm Mudarra und seine Schar im Freien auf, *(BCD:* einem Jagdfalken nachsetzend „beim Hahnenschrei", stießen Ruy und seine tausend Reisigen — *diese fehlen in* F_6 — auf den „fi de la rrenegada". Über eine Vertiefung hinweg, die zwischen ihnen lag, fragte Ruy, wer der Gegner sei und was er suche, und hieß seine Mannen, indem er sie an seine Freigebigkeit erinnerte, sich wappnen. „Ich bin Don Mudarra . . , Verräter, heute sollst du zahlen für soviel Verrätereien und Meuchelmord". *C:* „Ich bin Euer Todfeind; ich komme, den Tod meiner sieben Brüder zu rächen, die Ihr verräterisch habt enthaupten lassen". F_6 *baut seine Spannung völlig auf das gegenseitige Nennen von Name und Sippe).*

Mit seinem Schwert hieb Mudarra den Verräter mittendurch, und dreißig Mannen von Ruys Begleitung verloren gleichfalls das Leben *(B:* Mudarra hatte vorgeschlagen, die Mannen aus dem Spiel zu lassen. Sein Vater Gustioz hatte ihn vor Ruys Stärke gewarnt, aber auf Gustioz' Angebot, er selbst wolle gegen Ruy fechten, wollte Mudarra sich nicht einlassen).

Ruys Gattin Lambra wurde durch Mudarra verbrannt *(Ebenso B—E; BD:* Von Ruys Schwester Sancha sagte der Rächer zu seinem Vater, daß ihr Platz an der Seite des todwunden Ruy sei, „denn ihr träumte, sie tränke von seinem Blut, und so wird der Traum erfüllt sein". Als die Rächer in Ruys Burg Vilvestre mit ihr zusammentreffen — sie ist plötzlich dorthin gereist (!) — „küßte Herr Mudarra ihr die Hand, und sie begaben sich zum Palast . . und der Verräter schloß

---

[1] Diese typische Einschub-Szene stimmt zu derjenigen, wie *Galien* unerkannt zunächst das Haus des Großvaters aufsucht (sollte auch Mudarra-Gonzalo ursprünglich der Sohn des *Gonzalo* gewesen sein?), wie die Frauen seine Ähnlichkeit mit seinem Vater (Olivier; in *Inf.* mit Gonzalo!!) feststellen, wie der Großvater (mit weniger Recht Gustioz) seine eigene eheliche Tadellosigkeit beteuert, und wie der Jüngling seine Waffen nur vom Fürsten, von Karl empfangen will.

[2] Diese und die Furcht des Ganelon in der *Chanson de Roland* stehen offenbar miteinander in Beziehung (A. H. Krappe).

die Augen und wollte Frau Sancha nicht anschauen, und diese ging dahin, wo er lag und sah sein Blur rinnen und sagte: ‚Gelobt sei Gott und bedankt für die Gnade, welche er mir erwies, denn nun ist mein Traum erfüllt, den ich träumte, und ich trank vom Blut des Verräters'". Der Rächer aber hinderte die Rachsüchtige: solches Blut solle nicht in ihren treuen Leib. „Und die einen sagten, man solle ihn (Ruy) zerstückeln, und die andern, ihn verbrennen, und andere, ihn steinigen[1]. *C:* Sancha aber erklärte, Ruy solle auf diejenige Weise bestraft werden, auf welche einst bei der Hochzeit der ganze Streit begann; der Leser wartet dann vergeblich darauf — *in B* stirbt Ruy als Zielscheibe der Lanzenwerfer, *und ein Steinhaufen, den man sich zeigt, wiese auf seine Steinigung — jedoch heißt es gleich danach von der Gattin des Überfallenen,* sie sei mit abgeschnittenen Kleiderschweifen — *rabos; heißt zugleich Tierschwänze! hier Inbegriff der Elendigkeit* — nach Burgos gezogen[2]. — *E:* Der Verräter Ruy wurde zusammen mit seiner Gattin überrumpelt und der Strafe zugeführt. — F_6: Ruy heißt hier „Sanchas Feind"; *aber alle Fassungen lassen Ruys Schwester im größten Teil der Erzählung fast völlig verschwinden hinter Ruys Gattin Lambra; die angeblich geschwisterliche Verbindung zwischen Ruy und Sancha wird dort, außer dem Vermerk zu Anfang, so gut wie nie erwähnt).*

Die Parallelität des gesamten Geschehens der *Infantes de Lara* und des bisher erschlossenen *Krimhildliedes IIb* ist so eindeutig, daß ein Plaidoyer im einzelnen überflüssig ist. Beschränken wir uns auf einige der wesentlichen Punkte, in denen aus dem spanischen Text jetzt Licht auf das Werden der Nibelungendichtung fällt.

Wir beginnen mit der ältesten Schicht, mit

KRIMHILDLIED STUFE I IN DEN INFANTES. Kézas Angaben über die Fehde zwischen der Kreka-Helche-Partei und der Krimhild-Partei hatten bisher in einem gewissen Gegensatz zum *Dritten Gudrunlied* gestanden, insofern in dem eddischen Lied Attila auftrat; bei Kéza aber tritt der Gegensatz erst nach Attilas Tod zutage. Dieser Widerspruch löst sich jetzt. Der Anfang der *Infantes* läßt sich ohne Zögern als Beitrag zur Entstehung des eddischen Liedes auswerten. Er enthüllt, daß die Verleumdung der Gegnerin ursprünglich auch ohne einen Ehebruch möglich war, daß also kein Gatte, sowenig wie ein möglicher Ehebrecher, hereinzuspielen braucht. Auch dem eddischen Sänger wird irgendeine ähnliche Verleumdung als Anlaß für seine Keuschheitsprobe vorgelegen haben, wie hier der Aberglaube, bei Geburt von Zwillingen, Drillingen usw. sei etwas Widernatürliches oder gar Teuflisches.

Wir fühlen uns sodann an den jungen Aladarius erinnert. Seine Mutter Krimhild-Sancha darf stolz auf ihn sein; für seinen ersten Auftritt im Spanischen — als Gonzalo — sind ihm offenbar bereits auch einige Züge

---

[1] Diese und andere Todesarten für den Verräter zählen auch andere Fassungen auf. Nur ein Zufall scheint mir, daß am Schluß von *Der Nibelungen Klage* allerlei mögliche Todesarten Attilas — niemand wisse genau die tatsächliche — aufgezählt werden.

[2] Sie starb im Gebirge: der Erzähler hat vielleicht an einen Hungertod gedacht *(non avia que comer sino que les davan por Dios).*

des „Grimmigen“ aus dem Burgunder-Untergang zugewachsen. Dieser Rolle also scheint er bei der Verschmelzung offenbar angenähert worden zu sein. —

Nicht unbekannt ist uns sodann die Vorstellung, blutige Vorgänge hätten sich auf einer Hochzeit abgespielt. Schon im Mittelalter, und dann bei ungarischen Chronisten des 16. Jahrhunderts begegnete die Vorstellung, es sei Krimhilds und Attilas Hochzeit gewesen. Dies ließe sich erklären aus einer späten Erinnerung an die Attila-Hochzeit, die, wie *Völs. S.* und *Mabinogi* bestätigen, am Anfang der Gunther-Dichtung stand. Nach den *Infantes* gewinnt man den Eindruck, daß die Mordtat von Barbadillo — bzw. die auf der Bluthochzeit Blödels, welche im II. Kap. erschlossen wurde — vorgreifend auf die Burgos-Hochzeit des Anfangs, die sonst der Attila-Hochzeit entspricht, abgefärbt hat. Denn auch diese hat jetzt eine Bluttat. Auf solche Weise dürfte der Vetter der Gemahlin Attilas, der erschlagen wurde, weiterwirken im Neffen von Ruys Gattin, der auf Ruys Hochzeit seinen Tod findet. —

Was für die Hörer am frühesten an dem Gegensatz der beiden Frauen unverständlich werden mußte, war die hunnische Polygamie. Die beiden Attila-Witwen erscheinen spanisch als Schwägerinnen, und mindestens im Mudarra-Teil der Erzählung sind Züge der einen Krimhildrolle sogar auf beide aufgeteilt. Dadurch bleibt eine Unsicherheit, welche der beiden Frauen in den einzelnen Szenen die ursprüngliche Rollenträgerin gewesen war. Das gilt namentlich für die Anstiftung, den Grimmigen durch die körperliche Schmähung von seiten des Knappen zu reizen; unschwer erkennt man hier den Ortlieb des NL, mit einem bisher unbekannten und wahrscheinlich authentischen Zug, dem Zufluchtsuchen im Mantel der Anstifterin, *so faldas del mi brial* (Cancionero de Amberes, ed. 1945, fol. 165).

An diesem Auftritt nun ist manches dunkel. Als gewiß kann eines gelten: Da die Ortlieb-Szene entgegen allen bisherigen Annahmen älter ist als die Sigfrid-Witwe Krimhild *(vgl. Kap. II und IX)*, kann Ortlieb unmöglich ein Krimhildsohn gewesen sein *(ThS, NL, Mabinogi)*; denn niemals konnte Krimhild, solange sie noch nicht zu Sigfrids Witwe gemacht wurde, veranlaßt gewesen sein, ihren Sohn gegen ihren (ursprünglichen) Bruder Hagen zu hetzen. Darum hat auf jeden Fall das *NL* mit seinem Namen Ortlieb recht; der vorgeschickte Knabe muß der jüngste Helche-Sohn gewesen sein. Daraufhin gibt es, da sich an der Ursprünglichkeit des Aufhetzungs-Motivs *(ThS, Klage, AHB, Infantes)* nicht zweifeln läßt, lediglich zwei Möglichkeiten, die eine textlich besser bezeugt, die andere innerlich wahrscheinlicher:

— entweder ging die Aufhetzung des Helche-Sohnes von dessen eigener Mutter aus; dann müßte sie gehofft haben, ihn schützen zu können, und dieser Hoffnung gibt ja nun die tückische Lambra ihrem „pajecito“ gegenüber *(F; A: vasallo; BCD: escudero; Amberes: cozinero)* deutlichen Ausdruck.

— oder wurde der Helche-Sohn durch Krimhild aufgehetzt *(NL)*, weil sie ihn aus dem Weg geräumt und den Kampf gegen die Helche-Partei entzündet wissen wollte. Künstlerisch wäre das der straffere, tragischere Wurf. War der Attila-Witwe daran gelegen, ihre Landsleute zum Losschlagen zu bewegen, so bot sich hier der richtige Weg. Darf man indessen eine so diabolische Vorausschau für Krimhild ansetzen? Auch wenn man ganz sicher ist, welche der beiden Gegnerinnen den vorhergehenden Auftritt, die Brünnenszene, beherrschte, kann man schwerlich mit letzter Gewißheit die Entscheidung treffen. —

Für die eigentlichen Kampfhandlungen sodann ist höchst eigenartig, daß nur ein Infant *während* des Kampfes fällt, und zwar ziemlich zu Anfang. Das entspräche der Stelle des Aladarius-Todes. Als Träger der Rolle dieses jungen Königs- und Krimhildsohnes nun erschlossen wir oben aus der Anfang-Szene den jüngsten Infanten, *Gonzalo*. Zu jener Tod-Schilderung war denn wohl auch Gonzalo zugehörig (und nicht der niemals sonst erwähnte Fernando), hätte nicht Gonzalo offenkundig in den wuchtigeren Heldentod des grimmigen Gunther-Bruders eintreten, also von den „Attila-Söhnen" zu den „Burgunder-Brüdern" übertreten müssen. Dem bisher rekonstruierten Ende des Aladarius-Sinfjötli entspricht jedenfalls, wenn im Spanischen der Infant sein Ende findet, ohne daß die Menge der Mitstreiter in seiner Nähe ist, ohne daß in diesem Zusammenhang etwas anderes erwähnt wird als der fast gleichzeitige (hier allerdings offenbar vorangehende) Tod des Waffenmeisters Nuño; schließlich auch, wenn sich dieser Tod vor jenem „Hügel" (erhöhter Saal?) abspielt, zu welchem die andern sich zurückziehen. Noch auffälliger ist, daß Fernandos Tod ausdrücklich als Folge der Tatsache dargestellt wird, daß „ziellos" und „ohne irgendwelchen Sinn alles, was sie vor sich hatten", getötet wurde. Hier rückt der Tod des Aladarius-Sinfjötli (Kap. VI) durch die blinde Wut seines eigenen Mitstreiters in eine kaum anders deutbare Parallelbindung *(vgl. Nr. 17, 24)*. Und wenn wir uns nun daran erinnern, daß der Infant Gonzalo sich bereits vorher höchst hoffärtig gegen seinen alten Waffenmeister Nuño benommen hatte, ja ihm mit der Möglichkeit des Todschlagens „wenn da einer wäre, der Euch den Tod gäbe", drohte (mit solchen Androhungen pflegte das tragische Heldenlied nie zu spaßen: sie wirken sich alle tödlich aus), — so ließe sich mit einiger Wahrscheinlichkeit die Hypothese aufstellen, daß ebenso wie wir es für Aladarius erschlossen, auch einmal das Ende des hoffärtigen Infanten ausgesehen haben möge. Die in den *Infanten* sonst nicht sichtbare Rolle des „Hagen" aus *Krimhildlied I*, des vermutlichen Krimhildbruders oder -Halbbruders, wäre als Umriß in der Gestalt des Waffenmeisters Nuño vertreten, ja sie könnte hier, im Unterschied zu sämtlichen anderen uns erhaltenen Fassungen, noch einen unverschmolzenen Rest von Eigenleben bewahrt haben gegenüber dem grimmigen Gunther-Halbbruder des Burgunder-Untergangs (welcher nachweisbar die Donau-

Szene Nuños später absorbiert hat). Indessen müßte man damit doch allzusehr das selten erfreuliche Gebiet der Hypothese betreten. Der Wirrwarr, der sich aus der Verschmelzung der Burgunder-Brüder mit den Attila-Söhnen zunächst ergeben haben muß, ist mit Mitteln der Hypothese nicht bis ins Letzte zu rekonstruieren. Die stärkste Zugkraft besaß bei dieser Begegnung zweifellos der provozierende Gunther-Bruder. Noch bevor er sogar auf Gunthers Rolle übergriff, müßte er — von den *Infantes* aus gesehen — sowohl die aufreizenden Reden des Aladarius-Gonzalo wie auch die beiden Bluttaten des Waffenmeisters (in der ersten Bluttat weiterhin unter dem Namen *Gonzalo)* an sich gerissen haben. Aber Nuño Salidos zwei einzige Szenen, die beide übrigens dem Burgunder-Thema anzugehören scheinen, besagen nicht viel. Daß er einstmals gleichmäßiger, kontinuierlicher an der Handlung beteiligt war, läßt sich am sichersten annehmen; nach den Schlüssen, die wir bisher ziehen konnten, steht die Rolle in näherer, möglicherweise brüderlicher Beziehung zu Sancha-Krimhild. Aber das über den Waffenmeister Überlieferte ist zu wenig, um hier klare Sicht zu gewähren. —

Von den „teuflischen Geistern", mit denen der Spanier die Kampfeswütenden vergleicht, ist der Gedankensprung nicht weit zu einer zauberhaften Neubelebung der Gefallenen, wie sie durch nordische Balladen, durch Kézas Jason-Vergleich, durch die Hagen-Worte in der *ThS* dunkel anklingt (vgl. *Mabinogi)*. — Weiter erweckt neben der zeitweiligen Waffenruhe eine andere Einzelheit unsere Aufmerksamkeit: daß eine feindliche Minderheit den Gästen beigesprungen sei (unter Befehl des Rodrigo de Lara, eines „Vetters" des bösen Ruy; ob eine Berührung mit Blödel, dem Attila-Bruder?). Das stimmt ganz genau zu dem Bericht Kézas, daß auf Seite der Germanen eine hunnische Minderheit mitkämpfte. Und während der edle Fürst Rodrigo de Lara (EF; fehlt in A) mit sechzig (E; AF: 300) Mannen überläuft, und tausend Gegner fallen, liest man bei Kéza von sechzig hunnischen Edelingen, die im *prelium Crimiheld* mit dem Leben davonkamen (auch die letzte Verlustziffer im Spanischen, 1060 Mann, sieht sehr danach aus, als sei sie aus jenen 60 + 1000 zusammengesetzt). So läßt sich, neben den gemeinsamen Zeugnissen für Dietrichs Anwesenheit, aus all diesen Übereinstimmungen neue Gewißheit über das Lied vom Untergang der Attila-Söhne schaffen.

Die ERSTE GUNTHER-DICHTUNG IN DEN INFANTES. Nicht geringer ist die Ausbeute für den andern nibelungischen Bestandteil, für den Untergang der Burgunder-Brüder. Überall, wo hier *Krimhild IIb* und *III* zusammenstimmen, ist der gemeinsame Ursprung in *IIa* gesichert; und das bedeutet: auf der Stufe des frühesten nachweisbaren Auftretens der Gunther-Dichtung überhaupt. Es gilt dies gleich für den beiderseits identischen Anfang, für die Hochzeit *(vgl. Völs.S. 1.Teil, Mabinogi, Atli-*

Lied); ihr wollen wir uns auf S. 164f näher zuwenden. Für *Krimhild IIa* bereits müssen wir also eine Provokation gegenüber dem Hochzeiter, der aus der Ferne kam, voraussetzen (Attila = Ruy Velázques). Beiderseits lag zugrunde, daß hier der Knoten des ganzen tragischen Geschehens sich schürzte; daß es der jüngste der am Fest beteiligten Brüder war, welcher den Hochzeiter durch eine Provokation aus einem Verwandten zum Feinde machte; daß der Groll, der von diesen Vorgängen haften blieb, den Hochzeiter später zu der tückischen, verhängnisvollen Einladung veranlaßte; als durch eine Bluttat beim späteren Besuch der Verwandten (in Etzelburg, Siggeirsburg, Barbadillo, Iwerddon) eine friedliche Lösung ausschied, war jenes einstige Vorspiel daran mitbeteiligt; und der Atli der *Völs. S.* genau wie Ruy in *Inf.* brach die Verhandlungen ausdrücklich dadurch ab, daß er in einem knappen Satz die bei der Hochzeit erduldete Kränkung als den eigentlichen Anlaß hervorhob. Die Provokation selbst schwankt im Spanischen zwischen der Kraftprobe vor dem hölzernen *tablado* (in der *Völs. S.* steht an dieser Stelle gleichfalls eine Kraftprobe mit der Kränkung des Hochzeiters Siggeir durch seinen jungen Schwager Sigmund vor dem Hauspfeiler-Baum, aus welchem Sigmund allein das Schwert herauszureißen versteht) und — vielleicht — den *abgeschnittenen (Pferde) schweifen*, die bei der Analyse des Branwen-Mabinogi (S. 164) begegnen werden, *Atli-L.*, *Infantes* und *Mabinogi* stimmen gegen *Völs. S. (1. Teil)* darin überein, daß nach der Provokation noch auf der Hochzeit selbst ein feierlich beschworener Vertrag ausgehandelt wird, um alles gütlich beizulegen (im Spanischen führt der Vater des unbedachten Jünglings die Versöhnungsverhandlungen). Sodann stimmen *Infantes* und *Mabinogi* darin überein, daß der Beleidigte zunächst bereit war, den auf der Hochzeit geschlossenen Begütigungsvertrag einzuhalten, daß ihn aber Hetzereien in seiner nächsten Umgebung zur endgültigen Feindseligkeit umstimmten.

Daß nicht vier Brüder die Fahrt zu dem tückischen Verwandten unternahmen (dem Schwager von Sigmund und Gustioz, dem Oheim der Gustioz-Söhne), sondern zehn *(Sigmund)* oder sieben *(Inf.)*[1], und daß der Vater ebenso wie sie die Vertrauensseligkeit zu büßen hat, konnte auch durch unabhängige Erfindung zustandekommen, zumal da der Vater in *Sigm.* nur Nebenperson, in *Inf.* eine Hauptperson ist. Immerhin liegen Zeugnisse für eine verschollene Nibelungen-Fassung in Deutschland vor, in welcher der Vater — und hier ließe sich denn in der Tat der sonst schattenhafte historische Gibika-Gibich noch selbst vorstellen — durch seine Tochter, eine zweite Signy, an Attila gerächt worden sei: *Poeta Saxo*, *Chronic. Quedlinburg.* und *Chronic. Alexandr.*[2]. Da jedoch der letzte über-

[1] Eine Parallele wollte man darin sehen, daß in der Ronceval-Schilderung des *Galien* sieben Franzosen — und nach Wegsendung eines Boten sechs — allein weiterkämpfen, bis der Helfer Galien erscheint.

[2] *Kaiserchronik* ed. H. F. Massmann, Quedlinb. Lpz. 1854, III 343; vgl. ebd. p. 957: *Poeta Saxo* III 26.

lebende Burgunder nach den uns erhaltenen Dichtungsquellen nicht Hagen, sondern der älteste Bruder (Gunther-Sigmund) gewesen sein muß (allgemein gebilligte Erkenntnis), so wäre für die Szene des Vaters Gustioz vor den abgehauenen Häuptern jedenfalls zu einer bestimmten Zeit nicht der Vater Gibika, sondern der älteste Bruder Gunther anzusetzen; auch aus menschlichen Gründen war die Ur-Fassung, wonach die Enthauptung auf ausdrücklichen Wunsch des Gefangenen geschah, nur für einen Bruder erträglich, nicht für einen Vater. (Das ausgeschnittene Herz, von den „Nordisten" überschätzt, erweist sich dank *Inf.-NL* als brutalisierend-sekundär gegenüber der Enthauptung). Überdies wird der Vergleich mit dem *Mabinogi* erneut bestätigen, daß der „Grimmige" (Gonzalo-Evnissyen) ursprünglich nicht die Hauptrolle spielte, und daß die Hauptentscheidungen beim herrscherlichen Ältesten der Sippe lagen. An ihn war ja auch der unleserliche Brief gerichtet (ursprünglich nämlich wie im *Atli-L.:* die durch Attilas Tücke unleserlich gemachte Warnungsbotschaft der Burgunder-Schwester). Ja, vielleicht war sogar die Zeugung des Rächer-Sohnes ursprünglich die Sache des ältesten Bruders, desselben Gefangenen (vgl. *Inf.)*, dem die Rede vor den Häuptern zukam; jedenfalls eines Bruders, und nicht etwa ein Fall von Vater-Tochter-Inzest, wofür nicht die geringsten Anhaltspunkte gegeben sind. Kam Gunther früher dieser Auftritt zu, so schließt das nicht aus, daß der Dichter von *Krimhild IIb* als Vater des Rächer-Sohnes dann Hagen wählte, der daraufhin die Rede des Sippenführers[1] vor den Häuptern mit übertragen erhielt. Hagen ist der Vater des Rächers in *ThS-DänHvC-Fär*, während für *Inf.* sich höchstens hypothetisch vermuten lassen könnte *(vgl. oben p.* 145, n. *1)*, daß Gonzalo der Vater Mudarras war. Daneben wird man den Inzest in *Völs. S.* nicht übersehen dürfen, wo der älteste Bruder, sogar ein Zwillingsbruder der Siggeir-Gattin, der Vater des Rächers ist. —

Daß die Hagen-Rolle lange wesentlich schmaler war als später, bzw. daß der Hagen des *NL*, der treue alte Gefolgsmann der Gibich-Sippe, aus der Verschmelzung des Gunther-Halbbruders mit einer andern Gestalt, was niemand ahnen konnte, entstand, erfassen wir jetzt noch an einem andern Ausschnitt, aus der Donau-Fahrt. Keinem Leser des *NL* kann entgehen, daß Hagen sich hier seltsam widerspruchsvoll bald ängstlich-vorsichtig verhält *(Jan' ist mir, sprach Hagene, mîn leben niht so leit,* Str. 1530), bald draufgängerisch die Donau als die Grenze für die Feiglinge bezeichnet. Das schwankende Herz des Bastardbruders Hagen trat erst später als schwache Motivierung ein; die *Infantes* erst zeigen die wahre Ursache. Ein

[1] Wie Gustioz und Gunther es beide sind. Allzu beiläufig ist leider in *Atli-L.* der Hinweis, daß auch Högni (drei?) Söhne besessen habe. Im *Alten Atli-L.* spricht sein jüngster Sohn vor der Abreise: „Wo Beherztheit euch hinführt, / fahret heil und klug" (blieb er zurück?); im *Grönländischen Atli-L.* sind die Högni-Söhne Snäwar und Solar unter den Gefallenen.

erfahrener Warner — wie ja die ahnende Vorausschau von jeher Sache der alten Seher war — hat seine ganze Rolle an Hagen abgeben müssen. Ja, durch den deutschen Dichter wurden dem alten Waffenmeister (= Nuño Salido), um keinen Bruch im Hagen-Charakter heraufzubeschwören, die Worte sozusagen im Munde umgedreht. So lautete die Donau-Stelle zuerst ungefähr wie noch in der spanischen Romanze, *que aquel el río pasare / a Salas no volverá*, und war als Überredung zur Umkehr gemeint gewesen. In fast wörtlichem Gleichklang hat sich sogar — trotz der ungeheuren bairisch-spanischen Distanz! — die Warnung am Donau-Ufer erhalten, welche Gunthers Gefolgsmann bzw. der Salas-Waffenmeister Nuño von seiten seiner Herrn, Gonzalo bzw. Gêrnôt, auf sich zieht. Nur war der Verweis ursprünglich (und noch spanisch) eine Rüge seiner Zaghaftigkeit: *muerte uuscades, si ouiesse quien uos la dar;* im NL aber wurde daraus eine Drohung gegen den allzu umkehrfeindlichen Gefolgsmann: *taet' ez ander iemen, ez sold' iu wesen leit* Str. 1577.

Auch dem anderen der beiden Auftritte des Nuño Salido entspricht Hagen als Träger: als beide nämlich belauschen, wie der verräterische Einlader — Ruy bzw. Kanselin = Guncelin = Kremolt[1] — den Angriffsbefehl erteilt. Daß es die Szene einer Befehlserteilung durch Attila gegeben haben mußte, bevor die Sigfrid-Witwe zur treibenden Kraft wurde, war ohnehin längst klar; nur war die Szene bisher nicht festgestellt worden.

DER NEXUS IN KRIMHILD II A UND DIE INFANTES. Wie nun die beiden selbständigen Stoffe, *Attila-Söhne* und *Burgunder-Brüder*, zusammengeschweißt wurden, wird durch das spanische Epos in vielem verständlicher.

Noch lassen alle Szenen deutlich ihre Herkunft entweder aus dem einen oder dem anderen der Ereignisse von 454 und von 436 erkennen. Mindestens zwei Ausnahmen übrigens wird man allenfalls vorsichtigerweise zugestehen müssen. Zwischen dem Eintreffen der Gäste und der Ermordung des Knaben liegt in allen Nibelungenfassungen die „Brünnenszene", und so auch in den *Infantes*. An der Identität kann kein Zweifel bestehen. Es handelt sich um die Aufregung der Gattin des Gastgebers, als sie, bei Gelegenheit durchnäßter Kleider ihrer Gäste, deren Unterkleidung sieht. Einen Sinn in der epischen Ganzheit hat diese Szene nur in den Nibelungentexten, und man hat ihn längst geahnt: die Schwester erschrickt, als ihre durch das Donauwasser durchnäßten Brüder die Kleidung lüften und sie erkennt, daß die warnende Botschaft, auf Grund deren sie in Brünnen gekommen wären, ihr Ziel nicht erreicht hatte. Da der absichtlich unleserliche (= unleserlich gemachte) Brief in den *Infantes* vorhanden ist, darf an sich mit gutem Gewissen der gleiche Sinn für den Lambra-Auftritt

[1] Oben S. 111, Nr. 17aa. An dieser Stelle (vgl. auch Hempel, *Nibelungenstudien*, 1926, 50) liegt also eindeutig Attila-Azzelin zugrunde.

zugrundegelegt werden. Der Charakter Lambras in dieser Szene stimmt aber zugleich so völlig zur Helche-Handlung, die in Lambras übrigen Szenen fortwirkt, daß es vielleicht ratsamer ist, wenigstens die Möglichkeit eines noch älteren, uns verschollenen Auftritts offenzuhalten, aus dem erst später der Einfall der Brünnenszene kam.

Die andere Unsicherheit betrifft den zunächst vergeblichen Bittgang der blutdurstigen Gattin des Gastgebers, die um Rache an den frechen Gästen bittet. In den *Inf.* steht das unmittelbar nach der jähen Bluttat. In den deutschen Quellen steht es unmittelbar davor, und nur weil die Gattin des Gastgebers mit ihrem Bittgang, der den Kampf-Ausbruch erwirken wollte, scheitert, kommt sie auf den Einfall, den Knaben vorzuschicken. *(Spätere Fassung:* sie veranlaßt als eigentlichen Kampf-Anstoß die Niedermetzelung der Knappenschar; der Knabe trägt keine Schuld an dem Schicksal, das ihm bereitet wird). War nun der Bittgang ursprünglich zum Gastgeber-König getan (so in *Inf.)*, so war die Szene wohl eigens als Nexus erfunden, um die wirksame Bluttat aus *Krimhild I* nicht bei der Einschmelzung in das Gunther-Attila-Thema opfern zu müssen.

Abgesehen von diesen beiden Unsicherheiten aber sind am Zeitpunkt der Verschmelzung die beiden Erzählungen durchaus überschaubar. Jede der beiden berichtete von einer Provokation, offenbar auf einer Hochzeit, auf derjenigen Blödels, auf derjenigen Attilas. Das *Infantes*-Epos (ebenso *Mabinogi)* erweist für die Entwicklungsstufe *Krimhild IIa*, daß die Provokation des Freiers Attila und die Provokation durch die Tötung des Attila-Söhnchens noch in einem episch wirksamen Gleichgewicht aufeinander folgten. Erst später erfolgte ein Rückschlag, und zwar durch den natürlichen Drang zur Straffung: aus dem doppelten Gipfel wurde wieder ein einziger. Eddisch geschah dies zugunsten des ersten, im *NL* zugunsten des zweiten. Aber darüber hinaus hatte der Dichter von *Krimhild IIa* als echter und großer Künstler beide Handlungen schon in seiner ersten Szene verknüpft, — die spanische Fassung hat uns dies archaischer erhalten als irgendeine sonst überlieferte. Jener Dichter zeigte einerseits den Krimhildsohn Aladarius (= Gonzalo, Sohn der Sancha), wie er dadurch, daß er den Neid der Gegnerin Helche (= Lambra) erregt, den unbewußt provozierenden Anlaß der Frauenfehde darstellt; zugleich wird der Jüngling, nun schon weniger schuldlos, identifiziert mit dem Träger der Rosse-Provokation (vgl. Kap. IX: *Mabinogi-NL)*, dem Burgunder-Halbbruder und Beleidiger des Hochzeiters Attila. Entsprechend erscheint Gonzalo als derjenige, der sich auf der Hochzeit zwei Feinde zuzieht, zuerst Lambra, dann Ruy; sie sind zu Ehegatten gemacht, so wie in *Krimhild IIa* Attila aus dem Grab erstand, und dadurch Helche aus einer Attila-Witwe *(Krimhild I)* in eine Attila-Gattin verwandelt wurde.

Wie Dietrich, der Hunnenbekämpfer aus *Krimhild I*, zum Attila-Helfer von *Krimhild II/IV* wurde, konnte unser zweites Kapitel zeigen. Durch die

Infantes erst ersieht man, daß jene Freundschaft Dietrichs mit Attila zunächst nicht als so reibungslos beschrieben worden war wie in den jetzt bekannten Fassungen. Daß Attila nicht nur Gunther, sondern auch Dietrich gegenüber der verräterisch tückische Hunne geblieben war, scheint der — aller Wahrscheinlichkeit nach archaische — Auftritt zu erweisen, wie Ruy den beiden Gefolgsleuten Almanzors vorspiegelt, es sei der Wille ihres Herrn, daß sie die Enthauptung vornehmen[1]. Und daß Dietrich mit seiner Kompromißlosigkeit aus *Krimhild I* ursprünglich nicht Attilas Freund hat bleiben können, erweist am Schluß die Absage Almanzors an Ruy, durch welche die ältere Dietrichgestalt erst von jener Glanzlosigkeit im Schatten Attilas erlöst wird, die bisher so unbegreiflich gewesen war.

KRIMHILD IIB UND DIE INFANTES. Das neue Motiv, das in *IIb* zuwuchs, war, wie zu Eingang dieses Kapitels vorgetragen, ein internationales, schon antikes. Es wird in Band II zu zeigen sein, daß jene Erzählung von jeher sogar Einzelheiten umfaßte wie die[2], daß dem Jüngling durch Streiterei mit einem Kameraden beim Spiel der Makel seiner Elternlosigkeit zum Bewußtsein kommt, und daß er darum von der Mutter Nachricht über seine Herkunft heischt (*Inf.* und *Völs. S.*, *Variante C;* sogar in den geradezu gewalttätigen Umständen dieser Enthüllung stimmen beide Fassungen zusammen); auch die Beliebtheit des Knaben bei dem Herrscher, der ihn aufzieht, gehört dazu.

So wies nun also jener Zuwachs, als die Forschung in ihm einen gemeinsamen Besitz von *Infantes* und Nibelungendichtungen zu vermuten begann, den Schönheitsfehler auf, daß die Orientierung verwirrt war durch Parallelen, die sich auch von anderswoher einstellten, zunächst vom altfranzösischen *Galien.* So kam Hermann Schneider, dem die Mudarra-Aldrian-Beziehung aufgefallen war, und dem es nicht entgehen konnte, daß der Hagensohn einen sekundären Zusatz im Nibelungenstoff darstellen mußte, zu dem Ergebnis, der Hagensohn müsse als Leihgabe aus der spanischen Epik nach Nordeuropa gewandert sein[3].

[1] Es sei denn — eine freilich fernliegende Möglichkeit — daß hier eine Gegenlist Attilas gegen Gunthers Wunsch, Hagen enthauptet zu wissen, durchkreuzt worden wäre.

[2] Im *Galien* ist die Schachpartie, bei welcher der Held von seinem Gegner *Bastard* genannt und dadurch an die Mutter verwiesen wird, nur durch die Prosafassungen bezeugt. Aber der Auftritt begegnet lange vorher bei anderen Erzählern.

[3] H. Schneider, *Deutsche und französische Heldenepik* (Zs. f. dts. Philol., 51, 1926, 233). Diese Hypothese war glaubhafter als die spätere von E. v. Richthofen, wonach vielleicht norwegische Botschafter nach Spanien ein Exemplar der *ThS* mitgebracht haben könnten, aus welchem dann die Aldrian-Episode als nachträglicher Zusatz in die Infantes hereingearbeitet worden wäre. Die paar Einzelheiten aus dem Harlungen-Kapitel der ThS, die nach v. Richthofen gleichfalls als „jüngere Zutaten" in die *Infantes* hineingekommen seien („Deutlich offenbart

Das Bild ändert sich in dem Augenblick, in welchem man den Sinfjötli-Bericht der *Völs. S.* als nibelungischen Ableger ernst nimmt *(Kap. VI)*. Von den Hagensohn-Zeugnissen aus war bisher festzustellen gewesen: „Der Sterbende zeugte den Sohn in dem niederdeutschen Lied" und bewies „zielbewußten Heroengeist bis zum Ende"; die Zeugungsszene ergab sich demnach nicht bloß wie im Spanischen aus der — wie H. Schneider (Zs. 234) es ausdrückte — „günstigen Gelegenheit". Nun haben in der Tat innerhalb der Nibelungentexte die Zeugnisse „*ThS*" und „*Fär*", die einen planenden Hagen zeigen, ein stärkeres Gewicht als „*Dän. Hv C*" (wo die Planung bei Krimhild liegt). Zieht man aber Sinfjötlis Zeugung herbei, so tritt, trotz einiger Verwitterungen, der Wirrwarr in den nordischen Hagensohn-Berichten unverkennbar hervor. Sogar noch in den beiden Fassungen, in welchen Hagen sich ausdrücklich eine Gefährtin für die Nacht ausbittet, ist die weibliche Initiative bei genauerer Prüfung unverkennbar. Und ganz ebenso lassen nun auch die Worte der Almanzor-Schwester und die Hervorhebung ihres (anders unverständlichen) Lügens noch erkennen, daß die Planung in der ursprünglichen spanischen Fassung gleichfalls bei der Frau lag, und daß es nicht „parola imprudente" (Monteverdi, a. a. O. 126) war, wenn sie den Gedanken, einen Sohn zu zeugen, vorbrachte.

Dabei scheint es allerdings einen Unterschied der Fassungen zu geben:

A. Die Gattin des verräterischen Gastgebers ist die Schwester des Bedrängten. Sie kommt ohne seine Veranlassung zu ihm und ohne eine Vermittlung (*Völs. S.*, *Variante AB*. Hier wie in *Inf.* lebt der Vater des so gezeugten Sohnes weiter; doch wird dies wohl eine zufällige Begegnung sein, in *Völs. S.* erklärlich aus der engen alten Verbundenheit des Paares Sigmund-Sintarfizzilo).

B. Die Frau, welche den Bedrängten aufsucht, ist die Schwester bzw. Verwandte seines edlen Überwinders (Dietrich, Almanzor); in zwei Fassungen bittet der Sterbende sogar selbst darum, ihm die Frau für die letzte Nacht zu überlassen. Der Rächer-Knabe wächst bei Dietrich-Almanzor als dessen besonderer Liebling (auch *Völs. S.*, *Variante C!* irrtümlich in *ThS:* „Attila hatte ihn lieb") heran.

Schon die weite Verbreitung des Typus A erweist, daß er jedenfalls nicht eine späte Form ist, und daß somit das Auftreten Dietrichs in A ebenso alt ist wie in den anderen Almanzor-Szenen der *Infantes* (zugleich bestätigt der enge Parallelismus wieder einmal, daß unsere Auswertung der Almanzor-Gestalt für die Frühgeschichte Dietrichs legitim war). Der

sich die Verwandtschaft mit der nordischen Sage": *Studien zur roman. Heldens. des MA*, Halle, 1944, 133, 137), muß ich als eine Augentäuschung v. Richthofens ansprechen, — abgesehen davon, daß die ThS als spanisches Lektürebuch unglaubhaft ist. Wäre eine Berührung nachweisbar, so wäre sie leichter zu erklären durch ältere Einflüsse der *Sibich-* auf die *Krimhild*-Epik oder umgekehrt. Vgl. W. Benary, *Die german. Ermanarichsage und die frz. Heldendichtg.* (Beihefte der ZfrPh 1912, 40).

Typus A ist natürlich ungleich sensationeller, und wenn er sich als Gut der Völkerwanderungszeit erweist, reicht er in seiner düsteren Wucht an die gewaltigen Erfindungen der griechischen Tragiker heran. Freilich wird man sich auf die bloße Vermutung beschränken müssen, daß an dem Geschehen Dietrich von Anfang an im Hintergrund beteiligt gewesen sein kann, und daß diese Rolle in A beseitigt, in B ausgeschmückt worden wäre. Mehrere Einzelheiten in den B-Texten setzen wohl im Grund den A-Typus voraus, für welchen die Scheu vor dem gewagten Thema stets eine euphemistische Verschleierung nahelegen mußte (vielleicht darf man im Motiv vom spanisch-maurischen Bastard-Mischling noch einen Rest des einstigen Blutschande-Schauers erkennen).

Zu den erwähnten Einzelheiten gehört vor allem der Untergang in den Flammen, denn nur so wie bei Signy, als freiwillige Sühne für die Blutschande, hat er seinen erhabenen Sinn. Nirgendwo ist die Parallele dazu so eng wie in den *Infantes*, zumal wenn wir die beiden Frauen Sancha-Lambra, wie bereits oben dargelegt, hier als Aufspaltung einer einzigen Gestalt erfassen. Nicht nur stirbt Lambra in den Flammen, nicht nur umzingeln, ganz wie in *Völs. S.*, Vater und Sohn frühmorgens die Burg des Verräters. Das *Grönländische Atli-L.* verstärkt darüber hinaus die germanisch-spanische Parallele. Dort steht am Ende ein Gespräch des sterbenden Attila mit der sein Lager teilenden Frau, die als Bundesgenossin Hniflungs ihre blutigen Racheträume ebenso verwirklicht sieht wie Sancha, die man gleichfalls, und reichlich unmotiviert, neben dem Lager des sterbenden Ruy antrifft. Den Traum von der Rächung, so läßt sich mit großer Sicherheit annehmen, träumte im Spanischen ursprünglich die Ehegenossin des Verräters selbst.

Nach alledem ist die Geschichte vom Rächer-Sohn weder im germanischen noch im spanischen Bereich ein so junger Zusatz, wie sich auf den ersten Blick denken läßt. Erst gegen den wuchtigen Schlußauftritt der ältesten einszenigen Gunther-Dichtung gehalten, entpuppt er sich als Fremdkörper. Zugleich läßt sich dies an der Regie-Ausflucht des Erfinders erkennen: der schob die Hinrichtung hinaus, um dem Gefangenen eine oder mehr Nächte zu gönnen (im Spanischen mitleidig gesteigert bis zur Freilassung, als frühestes Beispiel der Mauren-Idealisierung; gleichzeitig wurde dort aus dem vererbten Schwert der konventionelle Ring der Vater-Wiederfindung).

DIE UMBILDUNG ZUM INFANTES-EPOS. Der Spanier des uns mehr oder minder erhaltenen Werkes verfuhr mit seinem Stoff ganz ähnlich wie der Deutsche des NL. Soweit die Szenen die Zersingung überstanden hatten, verdoppelte er ihre Zahl durch Aufspaltung so oft er konnte, und dehnte sie. So kostete er die verräterische Einladung zwiefach aus[1].

[1] Daß deren Doppelheit nicht den ursprünglichen Zustand darstellen könne, witterte bereits G. Paris; 1934 auch Monteverdi, gegen Pidal.

Zuerst für den Vater (das Briefmotiv, freilich sinnlos geworden ohne die warnende Schwester; und die Gefangennahme); dann für die Brüder, mit dem Hauptteil des Geschehens. Aus dem Ende Ruys, seines Wohngebäudes und seiner Gemahlin machte er drei verscheidene Aktionen; die weltberühmte Szene vom Auftreten Mudarras vor dem falkensuchenden Ruy *(ellos buscando el açor Mudarra asomaba)* verdankt ihre Anregung unzweifelhaft dem Falkentraum Sanchas. Auch räumlich dehnt der Dichter den Radius: nicht nur Sancha und Lambra, auch Ruy, Galve und Almanzor wohnen weitab voneinander, und es bedarf zur Befehlserteilung, zu deren Belauschung usw. höchst unwahrscheinlicher und langweilender Ritte von Lager zu Lager, von Burg zu Burg; aus Hunnen wurden Mauren und spanische Verräter, und allgemein, wie in der ganzen mittelalterlichen Spätepik Nordeuropas, wurden aus Kriegerhäuflein Massenheere. Der Erzähler spaltete die zum Inzest und zum Flammentod bereite Racheträumerin in drei Figuren, wenn auch immerhin auf Grundlage des Nebenbuhlerinnen-Paars aus *Krimhild I.* Mancher *Inf.*-Auftritt bewahrt noch, obwohl er seinen ursprünglichen Sinn eingebüßt hat, einen eigenen volkskundlich dramatischen Reiz, dessen „Realismus“ nach dem mechanischen Ritus vieler Medievalisten gepriesen zu werden pflegt; so die Verleumdung der Ehefrau, die Anstiftung des Knappen, das auch folkloristisch gesehen unüberzeugende Übergießen mit Blut oder die unmenschlich verachtfachte und zu einer wenig sinnvollen Konfrontierung barbarisierte Begegnung mit dem Haupt des Verwandten; auch die Täuschungsreden der Almanzor-Schwester und die allzu handgreifliche Ausdeutung des Blutdurstes der Rächerin (daß er Sancha sogar zur Schwester des Mannes gemacht hat, dessen Blut sie schlürfen will, ließ der Erzähler glücklicherweise wieder in Vergessenheit sinken.)

Wenn so am Anfang der deutschen und der spanischen Epik der gleiche epische Stoff steht, so befand sich diese Liederkunst überdies bei der Umsetzung in die „spielmännische“ oder buch-epische Reimerei vor ziemlich den gleichen künstlerischen Problemen. Die schöne und lohnende Aufgabe, die erzählerische Neuformung am spanischen und am deutschen Text miteinander zu vergleichen, müssen wir uns hier versagen; dringlicher ist es in unserem Zusammenhang, das bisher Erschlossene zu befestigen.

VIII. Wiedergewinnung der westeuropäischen Nibelungendichtung

Kehren wir uns nun dem *Branwen*-Mabinogi zu. Es versetzt auf den ersten Blick in eine völlig fremde Welt. Welche Schlüsse lassen sich aus den Parallelen ziehen, durch die wir das Branwen-Kapitel an das III. bis VII. anknüpften? Es gibt dreierlei Möglichkeiten des Antwortens:

Entweder: es bestehe keine Beziehung zwischen Nibelungendichtung und *Branwen*-Mabinogi, und die Parallelen wären Zufall, wie denn isolierte Einzelzüge nie etwas für ein Ganzes bewiesen. Nun laufen aber hier nicht bloß beinahe hundert Einzelheiten parallel; sie verlaufen überdies in der gleichen Reihenfolge, und sie füllen außerdem mit nur geringfügigen Lücken den gesamten Verlauf der Erzählung aus. So sind wir berechtigt, diese Möglichkeit auszuscheiden. Zu diesem Ausscheiden freilich wird sich jeder nur schwer entschließen, der in Jahrzehnten sich mit der älteren Forschungsgewöhnung abgefunden hat, über die ältere Nibelungendichtung sei nun einmal nichts Weiteres zu finden. Ihn könnte wohl erst die authentische Quelle vor ihrer Übertragung ins Kymrische überzeugen. Wir wollten mit Netzen ans Werk gehen. Man nehme sich Zeit zur Prüfung, ob das Netz haltbar sei; dann erst befinde man — und entschließe sich! Ich möchte im folgenden nicht alle Parallelen eingehend durchsprechen; das aber müßte wohl derjenige nachholen, der ihnen gegenüber nur an ein wunderliches Zufallsspiel glauben möchte. Man greife etwa den Auftritt des kleinen Königs beim Gelage heraus, die Hohnreden des grimmigen Halbbruders seiner Mutter und die Tötung des Kleinen, das Hinausgeleiten der Königin im entbrennenden Kampf, — völlig unvergleichbare Vorgänge, über welche Andreas Heusler, der sie für Erfindung des *Nibelungenlied*-Dichters hielt, gesagt hat: „ein paar bildhafte Augenblicke hohen Ranges. Sie stehen hier und nirgendwo sonst; das ist nicht die Schablone der Saalkämpfe!" (215). Und dann sehe man, wie in der knappen Inhaltsangabe des *Mabinogi*, in engster Berührung zugleich mit dem altspanischen Epos, kaum eine von allen wesentlichen Einzelheiten fehlt!

Zweite Möglichkeit: Die keltische Erzählung ist eine bisher unbekannte Quelle des Nibelungenliedes. Dieses bestünde nicht aus zwei Teilen, wie bisher angenommen, Sigfrids und Gunthers Tod, vielmehr wäre das Mittelglied — die Fahrt von vier Brüdern in die Falle ihres Schwagers — keltisches Leihgut, das ein skandinavischer oder — über Frankreich — fränkischer Dichter von den Kelten kennengelernt haben mochte und genial als Nexus der beiden anderen Teile verwendet hätte, wodurch alte Züge des dritten Teils, Etzels Horterfragung und Hagens Enthauptung, verwischt worden wären. Nun hat gewiß der Zauberkessel seit Medeas Zeiten ein erhebliches mythisches Eigengewicht, ebenso die Überwältigung der in Schläuchen Versteckten, seit Ali Baba; Wiederbelebung ist auch sonst im Keltischen daheim[1], und das Hereinrufen des Kindes beim Gastmahl wirkt im *Mabinogi*, für sich genommen, nicht übel motiviert. Aber schon allein die Annahme, daß ein Epos der alten Zeit so straff aus drei völlig verschiedenen älteren Dichtungen aneinandergereiht sein könne — Sigfrid, Branwen, Attila — wäre ein Rückfall in eine überholte Betrachtungsweise. Wenn man bei Parallelen mehrfach zweifeln kann, wer denn wen verballhornt habe (etwa bei Motiv Nr. 9 und 13a, falls in beiden Fällen eine Parallelbeziehung vorliegt, oder bei Nr. 25), so ist die Zahl derjenigen Stellen nicht geringer, an denen die Verballhornung offenkundig bei der *Mabinogi*-Fassung liegt (die Rosse des im *Mabinogi* ganz unhöfisch und wohl auch ungermanisch entstellten Motivs Nr. 5; das Zerstören der Brücke Nr. 10; der Bau der Halle 15 usw.). Und dies entscheidet.

Dritte Möglichkeit: Das *Mabinogi* ist der Ableger einer westeuropäischen Nibelungenfassung, durch Nordgermanen, oder aber auch durch Angelsachsen oder Anglonormannen nach Wales vermittelt. Bei dem nachweisbaren Einstrom irischen Sagengutes ins Kymrische des 12. Jahrhunderts (vgl. z. B. Zeitschrift für celt. Philologie 12, 281) ist auch die Vermittlung durch Iren, die ja in Island und in Irland mit Nordgermanen zusammenwohnten, jederzeit denkbar und umso wahrscheinlicher, je höher man das Alter des *Branwen*-Textes einzuschätzen geneigt ist. Die dritte Möglichkeit ist die Annahme, die wir als zutreffend nachzuweisen unternehmen.

Der Anlaß, warum ein Brite oder Gaele den nichtkeltischen Stoff aufgriff, ist leicht ersichtlich, will man sich nochmals dessen erinnern, was eingangs über das antiquarische Erzähler-Interesse der *Mabinogion* gesagt wurde. Der Kymre endet: „So schließt dieser Zweig des Mabinogi, der über die Ursache des Backenstreiches handelt, welchen Branwen empfing, des dritten der unheilvollen Backenstreiche, die auf dieser Insel gegeben wurden". Der alte dreigliedrige Merkvers ist erhalten geblieben, auf den hier Bezug genommen ist; er zählt neben den Backenstreichen für Gwenhwyvar und dem für Cadwaladyr in der Tat denjenigen auf, den Branwen durch den Iren Matholwch erhalten habe. Es entspräche nun

---

[1] Durch einen Zauberbalsam macht nachts eine Hexe die Gefallenen in Gerberts *Perceval*fortsetzung lebendig. A. H. Krappe (*The Ressuscitation of the Slain in the Conte du Graal and The Hilde-Legend*, in: *Balor with the Evil Eye*, Col. Univ. 1927) bringt auch sonst allerlei Parallelen (*Peredur;* irische und skandinavische Märchen), kommt aber zum Ergebnis, es bestehe keine Beziehung zur bekannten deutschnordischen Hildesage.

durchaus der damaligen kymrischen Taschenspielerkunst mit einem Altertumswissen, das in Wirklichkeit längst verloren war, wenn der Erzähler über die mythische Branwen nichts weiter gewußt hätte als was nur eben der Triade-Merkvers aussagte. Grund genug für ihn, die erstbeste geeignete umlaufende Erzählung auf die Ausdeutung dieser verlorenen Sage zurechtzubiegen, aus ihr der heimischen Branwen einen Kranz zu winden. Auf der Suche nach einer Dulderin, wie jene Branwen es dem Irenkönig gegenüber gewesen zu sein schien, konnte ihm die duldende Burgunderschwester am Hof ihres hunnischen Gatten zurechtkommen. Darin beruht auch die einzige grundlegende Abwandlung, die hier vorliegt: die Dulderin des Kymren ist keiner Warnung an ihre Brüder fähig; ihre Bitte um einen Besuch der Brüder ist der Notschrei einer von den grotesken alltäglichen Backenstreichen gepeinigten Küchenmagd. Ähnlich werden wir es im benachbarten Angelsächsischen finden, während auf der älteren, altspanisch überlieferten Stufe, die gescheiterte Warnung noch gerade erkennbar ist. Aus den drei außerdeutschen Werken rundet sich Westeuropas verlorene Dichtung vom Nibelungen-Untergang.

Das alles setzt ein Nibelungenlied voraus, das, wie die *Atli-Lieder*, und wie die *Ungarische* und die *Proto-Völsungen-Fassung*, noch nicht die Verknüpfung mit dem Sigfrid-Lied vollzogen haben kann. Noch hat auf der *Mabinogi*-Stufe der Hagen-Charakter nicht seine letzte Wucht erlangt, noch ist er in Gefahr, der typisch Streitsüchtige zu sein, so wie sein ziemlich verwischter Bruder der typische Besänftiger ist. An Trotz und Hohn wird Hagen erst durch das spätere Gegenüber bereichert werden, durch die rachsüchtige Partnerin.

IX. Die Schichten im westeuropäischen Krimhildlied

(Proto-Mabinogi-Fassung)

Das *Mabinogi* erschöpfte sich im Ganzen in einer grob stofflichen, in zahllosen winzigen Einzelheiten getreuen, dazwischen aber auch flüchtigen Inhaltsangabe. Dem Erzähler kann begegnen, daß er sich augenscheinlich vornimmt, von dem friedfertigen Bruder Nissyen irgendetwas Belangvolles zu erzählen, und daß er es dann vergißt, in einer völlig unbekümmerten Trägheit gerade den Nebenfiguren gegenüber. Typisch keltisch ist die phantastisch-gargantueske Steigerung der Vran-Gestalt ins Überlebensgroße[1], wodurch es für deren Gegner, den Irenkönig, vorwiegend um Verteidigung, nicht mehr um einen ausgearbeiteten Racheplan gehen konnte. Dies wie auch die verstümmelten Rosse und die Backenstreiche machen es verständlich, daß man bisher an dem *Mabinogi* achtlos vorüberging.

Was aber liegt nun unter jener keltischen Schicht mit ihren oben aufgeführten Umdeutungen und Verballhornungen?

A) Für die Erkenntnis des ältesten Liedbestandes war man bisher im wesentlichen auf die eddischen *Atli-Lieder* angewiesen. Daß sie zu bedenklichen Kürzungen neigten, wurde bemerkt. Den neu aufgefundenen Fassungen verdanken wir in erster Linie die Einsicht, daß den beiden Gipfelszenen des *Atli-Liedes* — Empfang der Atli-Einladung und Untergang — einstmals jene weitere voranging, deren Inhalt das *Alte* (Str. 32) und das *Grönländer Atlilied* (Str. 52, 87, 90) resümieren.

Diese alte Eingangsszene hatte die freche Verweigerung des Burgunder-Hortes enthalten[2], und zwar bei der persönlichen Anwesenheit und Hoch-

[1] Übrigens kommt es auch in Deutschland vor, daß etwa Hagen als Riese auftritt (*Rosengarten B*).

[2] Zu Atlis Vorwurf in *Grönl. Atli-L.*, Str. 52: „Übles hat angetan / mir immer die Sippe . . / Den Reichtum mir entrissen" kommentierte Heusler (*Samml. Thule*): „Zielt auf Sigurds Hort, den die Schwäger nicht herausgaben." Er hielt das Motiv also für sekundär aus der Sigfridschicht in die alte Atli-Dichtung importiert. Es enthüllt sich jetzt als alt, ohne Beziehung zum Drachenkämpfer von jeher der Attila-Dichtung zugehörig. Dem ursprünglichen, nicht in erster Linie goldgierigen Attila dürfte näher stehen, wenn es in ThS heißt: „König Attila sagte, sie hätten ihm weder Gold noch Silber mitgebracht, dennoch wolle er sie gut aufnehmen." Heusler hatte den Ur-Attila problemlos als „nach dem Horte seiner Schwäger lüstern" gesehen; „Attila hat etwas von dem ostländischen Barbarenhäuptling . . . Er ist mit den Augen des Hasses und der Scheu gesehen, eine Despoten-, keine Heldengestalt" (*Nibelungensage* [3], 45, 50).

zeitsfeier Attilas am Burgunderhof (laut *Altes Atli-L.* 32; *Grönl.* 87; *Fär.; Mabinogi; Infantes; Völs.S. 1.Teil)*. Hagens Rosse-Provokation im NL: „si 'n habent ouch niht der rosse, die in solden tragen" rückt in den alten Bestand des Gunther-Liedes ein. Hier ist Ankergrund für die Gestalt Hagens, für den es in den Ursprüngen noch höchst bedeutungsvoll war, daß er als Halbbruder auftrat und der im *Alten Atli-Lied* funktionslos entfärbt ist, weil „seine" Szenen dort eingespart worden sind. Nun erst wird verständlich, warum zu Beginn des *Alten Atli-Liedes*, sogleich bei der Einladung durch Atli, betroffen der „Hunnenzorn" gefürchtet wird und warum Gunnar unvermittelt auf den Hort zu sprechen kommt, der, im Fall der Nichtwiederkehr, keiner Menschenseele mehr gehören solle, Str. 11. Nun erst wird deutlich, daß Atli bei seiner gewalttätigen Erfragung des Hortes ein Stück Anrecht auf ihn als auf die Mitgift seiner Frau gehabt haben muß; sodann auch, warum diese selbst Anlaß zu der Klage hatte, an allem Geschehenen mit Schuld zu tragen (34).

Nicht mehr im *Mabinogi* erkennbar ist die „Stiefbrüder-Spannung" und die durch *Völs.-S.*, *Inf.*, *ThS* erschließbare Szene zwischen Oheim und Neffe. Wir befinden uns also frühestens in *Krimhildlied Stufe III*. Was wurde aus der zugehörigen „Neffenprobe"? Sie muß hier vorhanden gewesen sein, wenn man es ihr auch zunächst am wenigsten ansieht: es ist die Szene der entdeckten Gewappneten im Hinterhalt. In allen Nibelungentexten ist der Auftritt so sehr in Trümmer zerschlagen, daß niemand mehr die einstige Gestalt ahnen konnte. Die jetzt von uns entzifferten Proto-Fassungen lassen endlich deutlich sehen. Zunächst ein Blick auf das Mabinogi. Daß dem Auftritt dort etwas fehlt, könnte man aus der Monotonie des dreimaligen Herantretens an je einen Ledersack und des dreimaligen Erwürgens mit dem gleichen Dialog schließen: man erwartet irgendeine Steigerung, es ist aber jedesmal dasselbe. Sodann ist der Auftritt, so ungewöhnlich bewegt und breit der Kymre ihn darstellt, im Ganzen seiner Handlung überflüssig, episodisch, er könnte ebensowohl fehlen.

Anders die beiden Dubletten des gleichen Auftritts der *Völsungen-Fassung Teil 1*. Ihnen ist nur ein Motiv gemeinsam, nämlich daß zwei Personen die Szene erleben: Sigmund-Hagen und der junge Sohn seiner Schwester, dessen Tüchtigkeit sich bewährt. Dieses einzig Gemeinsame muß demnach dem Varianten-Spalter als das Wichtigste bewußt gewesen sein. Wir dürfen darin mit gutem Recht den ältesten und sinnbedeutendsten Kern der Szene voraussetzen. Eben derselbe ist dem Kymrischen und den erhaltenen Nibelungentexten verlorengegangen — ein neues Kennzeichen für Mittel- und Spätschicht: in allen ist es unnötigerweise Hagen-Evnissyen, der seine Kaltblütigkeit bewährt, die man ihm ohnehin glaubt; den *englyn*-Vers, den er spricht („Sonderliches Mehl ist in diesem Sack, geschmeidige Krieger..." usw.) erbte er verderbt aus dem Munde Aldrians; vgl. Sinfjötli-Aldrians Worte: „Ich bin nicht ohne Verdacht, daß etwas Lebendiges im Mehle gewesen ist. . ." usw. Fragwürdig indessen ist, ob die *Völs.-S.* auch dort das Alte gibt, daß sie den Hinterhalt von Sigmund (der den Schwestersohn und dessen zwei Halbbrüder erproben will) ausgehen läßt; die Übereinstimmung aller anderen Zeugnisse spricht von versteckten Gewappneten des Landesherrn. — Zwei internationale Motive sodann scheinen verwendet: die Knabenkraftprobe des Herakles, Schlangen zu erwürgen *(Völs.-S., Variante 1)*; sodann, aus *Ali Baba* bekannt, wie die in Weinschläuchen lauernden Gewappneten in aller Stille von einer wachsamen Person, die sie ertastete, ums Leben gebracht werden *(Mab.)*. Während *Völs.-S., Variante* 2, ein Bierfässer-Versteck bringt, ist klar, daß die Ledersäcke des *Mab.* älter sind. Auch die unsinnige Ochsenhautfalle *(ThS* usw.) beweist es; und für diese bestätigen einige Färöer-Fassungen (13a) wenigstens unschätzbarerweise — in der alten Dreigliederung der Szene *(Mab., Völs.-S.,* 1)! — noch den Rhythmus „zweimaliges Scheitern *(fehlt im Mab.)* und beim dritten Mal bestandene Prüfung" *(Völs.-S.,* 1*)*! Die Umsetzung der mediterranen Weinschläuche in nordische Fässer zerstört dann das Motiv des unmerklichen Herantastens *(ThS)* und Erwürgens *(Mab.; Völs. S.)*[1].

Wer die zwei versagenden und wer der sich bewährende Prüfling war, ergibt sich unausweichlich, — die Völs.-S. kann es gar nicht anderswoher haben als aus der Nibelungendichtung, aus der sie auch alle übrigen Szenen hat. Wir gewinnen so die folgende neue Szene aus *Krimhildlied Stufe I:*

Hagen-Sigmund prüfte ursprünglich die drei Söhne Attilas. Die beiden Söhne der Herkja-Kerka, der Griechin, verwarf er als unkriegerisch und weichlich. Den Sohn seiner Schwester und Attilas — wieder der Aladarius des ungarischen Kriemhildlieds — „erkannte", anerkannte er als den einzig berechtigten Thronerben, für den es sich lohnte, dessen beide Halbbrüder zu töten, wie es im Sinn von Hagens Schwester lag.

Jetzt erst wird klar, warum die „Neffenprobe" unmittelbar vor der Bankettszene stehen mußte. Die Tötung des Etzelsohnes (Ortlieb) durch

---

[1] Sonnenklar tritt von da aus jetzt auch etwas bisher nicht zu Ahnendes hervor: wie verwegen nämlich in der Bechelaren-Spätschicht ein Dichter mit diesem Angriff umsprang. Er schuf ihn in eine nächtliche Begegnung Hagens mit einem Grenzwächter Rüdigers um, wobei wenigstens die ThS mehrere handgreifliche Einzelheiten der Überwältigung von einst gerettet hat. Das Lauern wurde zum Schlafen. Da der Schlafende sein „Schwert so unter sich gelegt hatte, daß der Knauf hervorguckte, zog Högni das Schwert heraus und schleuderte es fort. Dann stieß er dem Mann mit dem rechten Fuß in die Seite". Überdies verwendete jener Dichter den Wächter als einen in der Kette der sechs Warner der „Älteren Not" (H. Schneider, *Germ. HS* I, 99), von denen er sich Spannung versprach, und knüpfte ihn an den Namen des historischen Markgrafen Eckewart an. Wahrscheinlich hat sich der Dichter nicht mehr viel bei der Eckewart-Szene gedacht (anders Baesecke I, 271: Eckewart „hatte sie in Gundruns Auftrage warnen sollen, nun ist es zu spät"; ebenso Heusler, der die Szene dem ältesten *Burgunderlied* zuteilt, *Nib.s.* [3], 45f., — aber „der Leser weiß nicht recht, was er aus diesem hereingeschneiten Eckewart machen soll", 114. Ebenso Hempel, *Nib.st.* 104: „die Episode in Bechelaren ist erst nachträglich dazwischen geschoben . . . Hier ist deutlich ein alter Zusammenhang zerrissen").

Hagen im NL ist erneut erwiesen als Anschlag nicht auf seinen Schwestersohn, sondern auf dessen Thronrivalen. Es ist die letzte Szene, die uns zur umrißartigen Rückgewinnung des alten Liedes noch fehlte. Als Etappen der Hagenrolle stehen jetzt da: Er verbitterte den Freier Attila durch die Rosse-Provokation. — Er erkannte den echten Neffen unter den drei Attila-Söhnen. — Er tötete die beiden älteren; dadurch erneute Provokation Attilas. — Kampfbruderschaft und Verabreden mit dem Neffen, Kränkung durch dessen prinzliche Hoffart und Jähzornstat (schwerlich die Wiederbelebung). Die gesperrt gedruckten Teile würden allein ein Lied — ohne Gunther und Attila — ausmachen, — sie sind es in der Tat, welche dem historisch fundierten Konflikt des ungarischen Krimhildlied-Referates durch Kéza einigermaßen entsprechen. Das übrige kam in *Krimhild IIa* hinzu. Eines läßt sich dort unterscheiden: die höhere Intellektualität in der ethischen Doppeltragik von Gunther und Attila. Neben ihr macht der Bastard Hagen mit seinen triebhaften Zügen, mit der Beeinflussung durch den Willen der königlichen Schwester, mit dem unbedachten Handeln, doch nur eine Nebenrolle aus, — mag er auch im frühesten Krimhildlied eine der Hauptrollen innegehabt haben.

B) Bescheiden und doch unerläßlich waren diese Beiträge des *Mabinogi* zur frühen Schicht. Für andere Auftritte wird spürbarer, daß die Dichtung sich bereits in einer fortgeschrittenen Entwicklung befindet. Aber noch durch eine erhebliche Entstellung hindurch bleibt das *Mabinogi* unschätzbar für jede Bemühung, die den Sinn der Attila-Werbungsszene im alten Lied zu erfassen strebt.

Es gehört zu den überraschendsten Erkenntnissen für die Gestalt der westeuropäischen Nibelungendichtung, daß deren Angelpunkt augenscheinlich in einem bisher ganz unscheinbaren Hohn-Wort des NL-Hagen zu suchen ist. Dieser erklärt bei Attilas Werbung, das hunnische Reitervolk besitze nicht die Rosse, deren es bedürfe, den Burgunderhort fortzuschaffen (NL, Str. 1273). Der NL-Dichter hat das Mark dieser Stelle zerstört, weil er — wie stets — möglichst alle Äußerungen Hagens umformte in der Absicht, die Erzgegnerin, die tiefgekränkte Krimhild, durch ihn noch mehr zu kränken und zu reizen. Die Rosse-Provokation richtet sich also ausschließlich gegen Sigfrids Witwe, ist aber, wie nunmehr hervortritt, weit höheren Alters als Sigfrids Witwe. Auch im *Mabinogi* erscheint der Hohn abgeändert. Hier ist er ins Buchstäbliche vergröblicht, aber erhalten ist wenigstens, gegen wen er ursprünglich gerichtet war: nämlich gegen Attila, der die Burgundertochter freite — in der Erwartung, des fabulösen Burgunderhortes teilhaft zu werden.[1] Der sich dann zwar durch reichliche

[1] Das Motiv wurde später, als die Attila-Gattin zusätzlich noch als Witwe und Erbin des Sigfrid-Horts erscheinen konnte, nur bestätigt, — nicht neu geschaffen, wie bisher anzunehmen nahelag . . („jetzt hat Etzel einen Rechtstitel für die For-

Abfindung und durch freundschaftlich humanes Zureden seines königlichen Schwagers zu einem regelrecht beschworenen Vertrag bereitfand (*Altes Atli-L.*, *Str.* 32), aber seinerseits zur Rächung schreiten mußte, sobald die für das Hunnenvolk ehrenrührige[1] Verhöhnung nachträglich den Seinen zur Kenntnis kam. Eine Katastrophe, die nach Annahme der bisherigen Forschung ursprünglich „ganz auf Blutdurst und Geldgier Attilas aufgebaut" war, hätte ohnehin nicht zu den festen Bewertungen des germanischen Heldenliedes gepaßt. Schwerlich hätte ein solcher Attila sich je zum Ehrenmann des Dietrich-Kreises fortpflanzen können. Vielmehr ist auch er, was bisher noch unbeachtet ist, ursprünglich eine tragische Gestalt: das unaufhebbare Wort Hagens, der seinerseits von seinem Halbbruder Gunther nicht preisgegeben werden kann, zwingt Attila, die von ihm selbst einstmals beschworenen Eide zu brechen (*Altes Atli-L.*, *Str.* 32).

Ihm stand im westeuropäischen Nibelungenlied noch nicht ein Gunther gegenüber, dessen Funktionen beinahe sämtlich auf Hagen übertragen sind. Vielmehr setzte Gundiharjis-Gundicarius noch selber seine Mannen über das Wasser; noch war er der, der am Schluß die Enthauptung verfügte (*Mab.* verderbt: seine eigene) und der als letzter starb, — an Gift, wie der Gunnar des *Alten Atli-Liedes*, an einem Speer und an Gift, wie der Gunnar des *Grönländer Atli-Liedes*, *Str.* 21, 62. Den Charakter Gunthers sieht man einseitig grausam, beurteilt man ihn nur nach den *Atli-Liedern*, wo er ohne Zögern Hagens Leben opfert; diese Tat war einstmals, wie wir jetzt sehen, immerhin gemildert durch die Halbbruderschaft und durch alte und neue Schuld Hagens an den Geschehnissen. Der eigentliche Gunther, der durch seinen jüngeren Vollbruder (Manawyddan=Gislaharjis) den gekränkten Schwager Attila zu versöhnen wußte, schwebte dem Dichter als besonnener, verständiger Mann vor, ja dies ist geradezu der eigentliche Akzent von Gunthers Persönlichkeit, der in allen erhaltenen Texten des germanischen Gebietes, nur undeutlich, erkennbar ist.

Worin man bisher die dänischen Texte unterschätzte: Hagens Bruder Gernot=Dankwart[2] und seine rechte Hand Volker standen im alten Lied

---

derung nach dem Gold; es ist ein Witwengut seiner Frau! Eine bedeutsame Verschiebung auch der moralischen Gewichtsverteilung." H. Schneider, *Germ. HS*, I, 209). Attilas moralisches Recht war, wie ich meine, schwerlich jemals größer als an den Ursprüngen, als er bei seinen Gastgebern, kaum war er deren Schwager geworden, Kränkung erlitt. Ich denke also, daß die These einer späteren „Abbiegung . . gekränkte Sippenehre statt Goldhungers bei Atli" (ebd. I, 426) entbehrlich ist.

[1] Was im *Mabinogi* reichlich unwahrscheinlich ist, — daß sich die Mannen des Irenkönigs so aufregen über die Schmach, die seine privaten Rosse betraf, — wird sinnvoll erst, wenn im Sinne des Hagen-Ausspruchs alle irischen Rosse mitgekränkt sind.

[2] Erst im NL wurde Dankwart (in ThS fehlend), ursprünglich nur Teilnehmer der Isenstein-Fahrt, zum Bruder Hagens; an Stelle Gernots oder Volkers? — An Volker als Hagens Bruder (das Besänftigende ist überall im Rückgang) ließe ThS

(3a) noch nicht eigenständig nebeneinader. Älter als das NL scheinen die Fassungen, die Volker als Hagens Bruder kennen, und noch älter ist das „Högni und sein Bruder Gernoz“ in Thidreks Munde (ThS). Daß im färöischen Lied der vierte Bruder — nach Gunnar, Guislar und Högni — neben Hjarnar (vgl. dän. Germer, deutsch Gernot) auch Grymur (= der eddische Gúþormr) heißen kann, macht es so gut wie sicher, daß gemeinsam der historische Name des Burgunders Godomarus (Heusler: Gotmar) der *lex Burgundionum* zugrunde liegt. Vom Knabenhaften in der Rolle Nissyens bzw. des Geigers Volker wäre das Weibische des eddischen Halbbruders[1] Gúþormr eine einleuchtende Entartung. Aber Hagens Problematik träte besser heraus, wenn er der einzige Halbbruder wäre; wir wissen denn auch nicht, ob die zwei Halbbrüder der *Mabinogi*-Stufe[2] nicht bereits eine Änderung darstellen; die drei alliterierenden Königsnamen der *lex Burgundionum* machen gemeinsame Legitimität wahrscheinlich. — Im übrigen scheint Hagen auf der *Mabinogi*-Stufe noch nicht zu der nachmaligen verstockten Härte monumentalisiert gewesen zu sein. Denn hinter dem verspäteten Weheruf Evnissyens über sich selbst als den Veranlasser des Männermordens ist eine ähnliche Schlußrede Hagens — entsprechend seinem dänisch erhaltenen Gedenken an die Gefallenen und an das Unheilvolle der Fahrt Seite 112 (24a) — zu vermuten.

Auch die Dauer der Handlung variiert: die meist verknappende *Atlakviđa* und die *Völsungensaga Teil 1* lassen den Kampf sofort nach Eintreffen der Gäste, noch vor Einbruch der Nacht beginnen. NL, ThS, *Infantes de Lara* und *Mabinogi* haben vielleicht den echteren Bestand: sie lassen einen friedlichen Abend hingehen.

Das erste volle Zeugnis der „Mittelschicht“ bringt das *Mabinogi* für die Bankettszene mit dem Tod von Ort(lieb)=Ottelîn bzw. Aldrian. Ein Großteil unserer bisherigen Untersuchung galt der Aufgabe, die eindeutigen Nachweise der „Stiefbrüder-Spannung“ als eines Grundbestandteils der ältesten Schicht zu erbringen. Die Mittelschicht stellt vor die Frage: welches ist die Stellung des *Mabinogi* im Verschmelzungsprozeß?

Das VII. Kapitel zeigte die Probleme der frühen Krimhild-Gestalt. Ihre Haltung bei der Bluttat Hagens in den erhaltenen Texten war bisher heftig

---

denken, wenn dort die Mutter der Brüder ausdrücklich für Gunnar und Högni (der seinerseits Volker auffordert) die Abreise billigt, während sie für Giselher Einspruch erhebt. Gernot wird hier weder von ihr noch vom Dichter erwähnt. Charakterliche Gleichschaltung, Abbröckeln der Vierzahl, Anlehnung an die volksliedhaft beliebte Dreizahl greift seit dem Hochmittelalter um sich (*Seifridslied* usw.).

[1] Im *Hyndlulied* ist Gúþorm der Halbbruder der Gibika-Söhne! Im *Sigurdlied* ihr jüngerer Bruder.

[2] Gernot dürfte zeitweilig und mindestens in einem Teil der Fassungen mit Hagen zusammen als Halbbruder der beiden andern gegolten haben. Attila in der ThS z. B. „ging König Gunnar und Giselher entgegen, nahm König Gunnar bei der rechten, Giselher bei der linken Hand und rief Högni und Gernoz“.

umstritten. Daß sie absichtlich ihren Sohn aufgereizt und geopfert hätte, durch handgreifliche Beleidigung den Streit zu entfachen „dô der streit niht anders kunde sîn erhaben", besagt ein Teil der Texte; daß die Bluttat Hagens ihr völlig überraschend kam, besagen andere Texte. Die Heusler-Richtung ist ebenso überzeugt, daß im ersten sich die ursprüngliche Krimhild zeige, wie die Richtung Fr. Panzers, daß das zweite der richtige Zustand sei. Das *Mabinogi* mit der — im NL verdächtig und unhuman fehlenden — mütterlichen Schmerzenserregung (als ob das alte Germanentum weniger human empfunden hätte als andere Völker!) spräche für Panzer; die *Völsungen*-Fassung eindeutig für Heusler. Letztlich aber können beide sich im Recht fühlen, denn offenbar stachelt Krimhild zum Mord am Etzelknaben Ort(lieb) an — nur ist es nicht ihr eigener Sohn, — und in der Tat entsetzt sie sich über Hagens Schlag gegen einen Etzelsohn — aber jetzt ist dies ihr eigener Sohn, Aladarius-Aldrian. Auch ihr wird in diesem vielleicht konzentriertesten vierfach tragischen Verhängnisdrama der Weltliteratur unerbittlich und auf der Stelle von der Schicksalsgottheit heimgezahlt.

So wie die Namen der Knaben sich noch nebeneinander erhalten haben, so ist auch beider Ende noch unterscheidbar. Einer wird ausdrücklich zu seinem grimmigen Oheim hingeschickt — im *Mabinogi* durch Vran, ursprünglicher wohl wie in *ThS*, *AHB*, *Fär.*, *Völs. S.* *(vgl. Infantes)* durch Krimhild. Das muß der von ihr bewußt Geopferte sein; in beiden Varianten der *Völs.-S.* sind es sogar zwei Söhne, die sie ihren Bruder schlachten heißt, in der ersten schickt sie sie ihm ausdrücklich zu. Auch die Todesart meinen wir unterscheiden zu können. Der Sohn König Ort(lieb), das Hagenopfer König Ottelîn, fällt, wie im *NL*, *ThS*, *Infantes*, *Völs.-S.*, durchs Schwert; das ist ein Hunnensproß. Den echten Sohn dagegen, so berichtet die *Völs.-S.*, warf ein Stoß durch Sigmund(-Hagen) um, nachdem dessen sieben Gegner gefallen waren. Das *Alte Atli-L.*, kürzend wie gewöhnlich, sagt: Högni erschlug sieben Angreifer, der achte „flog in heiße Flamme". Die Zahlen decken sich[1] und enthüllen das Geheimnis des „Achten" im Atli-Lied. Die Bestätigung[2] liefert nun das *Mabinogi:* Evnissyen wirft seinen jungen Neffen ins Feuer und die zu Tode erschrockene Mutter will ihrem Kind ins Feuer nachstürzen. Das gehört zusammen, das ist ursprünglich, — und so viel wenigstens also erfahren wir über den unmittelbaren Rückschlag des Schicksalsstrahls auf die ursprüngliche Krimhild.

König Aldrian fand den Tod im Feuer, in das ihn sein jähzorniger Gefährte, der gekränkte Oheim, warf, nachdem der Jüngling ihm eben noch geholfen hatte, sieben Angreifer zu töten.

Noch etwas weiteres ist übereinstimmend erhalten — eine neue Bestätigung für das *Ungarische Krimhildlied* und für den Stiefbrüder-Thronstreit,

[1] Wohl Zufall ist es, wenn das *Buch von Berne* über eine frühere Schlacht Dietrichs berichtet, er habe in ihr acht Gefolgsleute verloren. Vgl. S. 123, Zeile 19.

[2] Zugleich als Bescheid auf Kap. II, „Einwand Y": S. 70.

den ich der ältesten Schicht zuschreibe. Das ist die Hohnrede Hagens bei der Enthauptung des Etzelsöhnchens Ort. Gemeinsam haben *Mabinogi* und *NL* die unvergeßliche, grausam sarkastische Vorschau des Grimmigen auf die künftige Regierungszeit dieses seines Opfers erhalten. Dabei leuchtet dann wiederum die hohe Kunst des NL-Dichters auf, der mit ungeheurer Findigkeit alle Äußerungen Hagens zu einem Stachel gegen die Sigfrid-Witwe umzuarbeiten weiß: die Schilderung des Knaben als eines Schwächlings *(Völs.-S., Var. 1)* — sinnlos, seitdem der Knabe zum Blutsverwandten, zum Kind der eigenen Schwester des Mörders gemacht worden war, und daher vom *Mabinogi* beseitigt — wird im NL neu belebt, weil es ein Mittel für Hagen ist, die Mutter des Knaben mitzukränken. Ich bezeichne diese dreifache Entwicklung als Alte Schicht (bis *Proto-Völs.-Fassung* einschließlich), Mittelschicht *(Mab)*, Spätschicht *(NL, ThS)*.

In den Schlußteilen des alten Liedes mußte sein Überreichtum fast bedrückend werden. Er erklärt sich aus den beiden ehrwürdigen Ausgangspunkten, von denen jeder allein für ein Lied genügt hätte und ursprünglich auch, wer weiß, genügt hatte: Erbstreit und Hortstreit, — oder genauer: der tragische Aladarius-Untergang und die kaltblütige List des sterbenden Gunther. In der ThS stehen beide noch am spürbarsten nebeneinander, im *Mabinogi* sind beide dem Interesse an Hagens Ende geopfert, in *Völs.-S.* und wahrscheinlich im ungarischen Lied fehlt die Horterfragung, bei den andern stand es umgekehrt.

Bis jetzt konnten wir Hagen bis zu dem verhängnisvollen Stoß verfolgen, den er seinem Neffen gab. Was geschah dann? Zweifellos drängte die Lage jetzt auf Gefangennahme und Horterfragung zu, und diesen Höhepunkt haben denn auch *Inf., Atli-L., NL, ThS*, mehr oder minder straff im Auge behalten: auf Weisung seines Halbbruders getötet zu werden, ist diejenige Todesart Hagens, die für das ältere Lied maßgeblich war. Die Spätschicht schloß ohne große Abänderung mit der Enthauptung durch Krimhild.

C) Keine geringe Überraschung ist nun, daß zu einem Zeitpunkt, den wir etwa als den Übergang von der Mittel- zur Spätschicht bezeichnen können, für Hagen eine andere Todesart und ein reuiges Todespathos nachweisbar ist. Es setzt sich nur selten durch, — verwandelt sich etwa in ein Ende durch den Feueratem des höllischen Dietrich, — war aber doch durch eine offenbar in Stabreimen verfaßte Dichtung (vgl. 28a) verbreitet. Mehrere Gesänge des NL, mehrere Kapitel der ThS leben noch davon, jene Version ausgebeutet zu haben.

Es ist schon immer aufgefallen, daß die Stadtbrandstiftung Högnis in ThS, die Saalbrandstiftung der Hunnen in ThS und NL, den *Atli-Liedern* gänzlich fremd sind[1]. Woher kamen sie? Vielleicht hat mancher schon

[1] „Mit Neckel anzunehmen, daß die *brenna* des NL ursprünglich ist, liegt nun erst recht kein Grund vor" (Schneider, *Germ. HS*, I, 199).

an jene heiße Flamme der *Atlakviða* gedacht, in welche der achte Streiter flog. Zum verhängnisvollen Stoß gegen den geliebten Sohn der Schwester bringt die *Völs.-S.* wenigstens noch einen kleinen Anhang: trostlose Reue Sigmunds über das von ihm angerichtete Unheil, sein Wegtragen des todwunden Knaben und eine zufällige Beobachtung (eines Wiesels), die dem Helden den Gedanken an ein belebendes Wundermittel eingibt (Bolte-Polívka, *Anm. zu Grimm*, I. 128, IV 153, 372)[1]. Konnte das Mittel wirklich Erfolg haben?

Hagen und die Wiederbelebung der Erschlagenen — das überflutet als eine märchenhafte Sproß-Idee den klassisch strengen Bau des Werkes. Es ist die Geschichte vom Opfertod im Zauberkessel, die am besten im *Mabinogi* erhalten ist, deren Spur aber sogar in dem sogleich zu betrachtenden *Finnsburg*-Lied schwerlich anzuzweifeln ist.

Man muß drei Möglichkeiten erwägen.

a) Entweder kam der Kessel erst durch die Kymren herein. Daß bei ihnen der zauberhafte Kessel der Ceridwen beliebt war, daran hat bereits Friedrich Theodor Vischer seinen Humor ausgelassen *(Auch Einer)*; er entspricht dem Zauberkessel des gaelischen Dagda. Allein da auch der eddische Thor um eines Zauberkessels willen eines seiner Abenteuer erlebt, und ihn Medea zum Wiederbeleben verwendet, überdies (nach dem Parallelenprinzip der finnischen Schule) keine Parallelhandlung anführbar ist, so läßt sich von hier aus keine Entscheidung treffen. Eine Stelle wie die, daß Hagen sich selbst figürlich als im Bratkessel schildert (28a), kann eine germanische Metapher sein, die der Kelte erst nachträglich buchstäblich nahm. Aber solcher Anspielungen auf etwas wie die Kesselszene gibt es in den Nibelungendichtungen zu viele; der Kymre müßte mit seiner Kessel-Erfindung eine schlechterdings unwahrscheinliche nachträgliche Kombinationsgabe bewiesen haben.

b) Beharrt man gleichwohl dabei, daß die Kesselsprengung eine Weiterführung des Brandstiftungs-Motivs war, so wäre letzteres im *Mabinogi* wieder sekundär verloren. Es bliebe der erstaunliche und geradezu rätselhafte Zustand, wie viele Stellen in ThS — aber auch im NL, Nr. 26, 28 bis 30[2] — sich in nächster Nähe der Kesselsprengung befinden, ohne daß diese

---

[1] Während der *Völs.*-Dichter nur vom Stoß berichtet, nichts aber vom Feuer, ist es offenkundig, daß er das Feuer-Motiv schon besaß. Sein Grund: er wollte das internationale Wandermotiv vom Lebenskraut und dem Tier, das man beim Herantragen beobachtet (im *Eliduc* der Marie de France usw.), hereinbringen. Nun gibt es drei Möglichkeiten: (a) entweder kam dadurch das Wiederbelebungsmotiv zum erstenmal herein, (b) dieses war schon da, aber irgendwie mit dem Feuer verbunden, (c) als durch andere der Kessel einbezogen wurde, geschah es völlig ohne Zusammenhang mit der *Völs. S.*-Stelle.

[2] Selbst Nr. 27 (s. oben die Motiv-Liste) mit seiner grotesken Weiterentwicklung 27a. In *Fär.* Nr. 29a will de Boor für die wiederbelebten Hunnen einen Einfluß der Hilde-Sage vermuten. Dies würde als Nexus eine unersättliche Kampfhetzerin in der Art der Gattenrächerin Krimhild voraussetzen; das *Mabinogi* erweist nun aber, daß die Wiederbelebung früher da war als die Gattenrächerin.

schon geschaffen gewesen wäre. Jedoch mit solchen Zufällen müßte man sich wohl abfinden; auch muß man sich ja hüten, hinter unverfänglichen Stellen immer nur Verballhornungen zu wittern. Niederdeutsch und im Norden könnte man allenfalls eine verlorene Kessel-Fassung annehmen, durch die etwa eine alte Feuerlegungs-Fassung Einzelzüge aufgenommen hätte, — etwa entsprechend dem gleichzeitigen Ringen zwischen der alten Landreise und der jüngeren Seereise.

c) Endlich kann Hagens tödlicher Wurf ins Feuer mit dem reuigen Versuch Krimhilds, ins Feuer zu springen, oder mit dem Wiederbelebungsversuch am Neffen eine neue Verbindung eingegangen sein. Es läßt sich dieser Weiterbildung — es ist das kymrisch bezeugte Ende Hagens — nicht die psychologische Geschlossenheit, heroische Logik und künstlerische Wirkungskraft absprechen; zauberische Züge fehlen im germanischen Heldenlied, zumal dem der jüngeren Stufe, nicht ganz, sind allerdings nirgendwo so spürbar ausgeprägt.

Die Brandstiftung wäre dann ein späterer entmythisierender Rückschlag *(Krimhildlied Stufe IV)* gegen die *Mabinogi*-Stufe, mit Rückkehr zur echten älteren Form, jedoch mit durchscheinenden, allerdings z. T. unheimlich gewandt eingebetteten Resten der Kessel-Sprengung.

Von diesen drei Möglichkeiten würde ich mich ohne Zögern für die zweite entscheiden, trotz ihrer hypothetischen Klauseln, — sobald ich für die fünf Varianten (*ThS* 1, *ThS* 2, *ThS* 3, *ThS* 4, *NL*, — bei Nr. 28) von dem gegen die Wand sich pressenden und sie zerbrechenden Hagen eine näherliegende Erklärung fände als das *Mabinogi* (c) sie darstellt. Bis dahin setze ich die Brandstiftung und die Enthauptung Hagens durch Krimhild in die Spätschicht (Krimhildlied Stufe IV = ThS, NL), die Kesselsprengung und Hagens Flammentod in die Mittelschicht der Nibelungendichtung (Krimhildlied Stufe III). Die Mittelschicht wäre also nicht frei von Extravagantem, dem man ja sonst ein möglichst junges Dasein zuzuschreiben pflegt.

Schließlich läßt sich hinzufügen, daß zu Beginn der Spätschicht einige Nebenpersonen noch nicht vorhanden scheinen, auch wenn sie außer dem NL dem Norden bekannt sind, Gelfrât *(Dän. GH, Fassg. B)*, das Meerweib *(ThS, Dän. GH, Fassg. B, Dän. HvC, Fär.)*. Von Straffheit kündet der alleinige Ort der Schlußhandlung, die Halle. Spürbar bleibt das Schwanken, ob die Nibelungenfahrt zu Wasser oder zu Land stattfand: diese Doppelheit ist bis in die *Atli-Lieder* und ins *NL* hinein erkennbar.

Ein Beitrag zur *Proto-Mabinogi-Fassung:*

Hnæfs Tod (angelsächsisches Finnesburh-Lied) und der Burgunder-Untergang

Ist durch das Vorangehende die kymrische Dichtung vom Untergang Vrans als ein Ableger des Gunther-Untergangs gesichert, und zwar unter Herleitung sämtlicher NL-Szenen mit Ausnahme von zweien — *Wi si der schiltwaht pflâgen* und *Wie er niht gên ir ûf stuont* (av. 30 und 29), — so läßt sich ein weiterer Schritt tun. Drei Fragen sind jetzt zu beantworten:

— Wenn, wie wir sahen, die kymrische Dichtung bereits Spuren von Verwitterung zeigt, gibt es Mittel, um für den *Schildwacht*-Auftritt — die andere Aventiure setzt eindeutig eine brüderfeindliche Krimhild voraus, ist also später — den Nachweis zu führen, daß auch er ursprünglich, in Nähe zu dem heutigen Gelage, den *Mabinogi*-Vorlagen angehört hat?

— Welche Vorstellung mag in *Krimhild Stufe III (Proto-Mabinogi)* und vielleicht auch *IIa* vom Ende des schlimmen Gastgeberkönigs, des Schwagers der Gäste, geherrscht haben, da in dem uns erhaltenen kymrischen Text offenkundig vergessen wurde, Weiteres über ihn zu berichten?

— Liefern unsere bisher gewonnenen Ergebnisse einen Beitrag zu der Behauptung Uhlands (III 497), Möllers und späterer Germanisten, daß die in zwei angelsächsischen Stabreim-Zeugnissen erhaltene Dichtung von Finnesburh vom Anfang des 8. Jahrhunderts mit der Nibelungensage zusammenhängt?[1] Im Unterschied zu englischen Germanisten (Williams, *The Finn Episode in Beowulf*, Cambridge 1924) sind die deutschen ablehnend geworden gegen diese Annahme, nachdem der Holländer R. C. Boer geschrieben hatte: „Die Ähnlichkeit scheint mir geradezu schlagend . . . Je weiter man die Nibelungensage zurückverfolgt, desto größer wird die Ähnlichkeit" (Boer, *Finnsage und Nibelungensage:* Zs. f. dts. Altertum 47, 1904, 150f.).

Nun gibt es wenige Texte des Mittelalters, über welche weniger Übereinstimmung besteht als über die *Finnsburg*-Zeugnisse, und zwar vor allem darum, weil das eine Zeugnis, das „Bruchstück" — das andere ist ein Teil des *Beowulf*-Epos — sehr schwer verständlich und nur in einer fehlerhaften Abschrift des 18. Jahrhunderts erhalten ist; die Vorschläge für Textverbesserungen sind zahlreich, und viele von ihnen enthalten zugleich bereits

[1] Kögel hob auch die Ähnlichkeit mit dem Empfang der Völsungen bei ihrem Schwager Siggeir hervor.

eine mehr oder minder eigenwillige Interpretation der Fabel. In allen Einzelheiten wird man schwerlich zu einer Übereinstimmung gelangen. Am ehesten ist sie für den Gesamtumriß zu erhoffen.

Was dieser Umriß der Handlung — die vielleicht verräterische[1] Einladung, durch welche der Däne Hnæf an den offenbar friesischen Hof[2] seines Schwagers König Finn und seiner Schwester, der Finn-Gattin Hildeburh, gelangt, — mit dem Nibelungenlied gemein hat, läßt sich zunächst in einer Zusammenfassung Boers wiedergeben, welche mit Ausnahme einer Einzelheit[3] keine vorgreifende Ausdeutung enthält und darum als ein gesicherter Bestand unserer Kenntnis gelten darf. Ich setze zum Vergleich mit Nibelungensage und *Branwen* die oben verwendeten Zahlen ein.

(4) „Finn hat Hnæfs Schwester zur Frau. (7ff) Hnæf und die Seinen kommen nach Finnsburg; (13, 14) dort halten sie sich zunächst in Frieden auf; also (7) sind sie eingeladen worden: (15) in der Nacht versucht eine Schar Krieger, welche nicht von Finn geführt wird, die Dänen in dem Saale, in dem sie sich aufhalten, zu überfallen. Aber zwei dänische Führer, deren einer der König ist, halten die Wache. Sie sehen in der Nacht Helme glänzen. Der Feind bemerkt, daß er entdeckt ist, und es ist davon die Rede, daß er zurückweichen wird. Doch kommt es zu einem Kampf (21ff.), in dem die Halle fünf Tage lang wider eine Übermacht verteidigt wird. Schließlich (32) fällt der dänische König mit dem größten Teil seines Gefolges, aber (34a) auch Finns Heeresmacht ist bis auf einen geringen Rest vernichtet (10). Bei dem Kampfe (20) verliert ein Sohn der Hildburg das Leben."

Sagen wir über den Schluß genauer: Das *Fragment* bricht ab, als fünf Tage lang gekämpft worden war und noch nicht ein einziger Krieger — von der Partei Hnæfs? — gefallen ist. Wir haben also keine Vorstellung von den Kämpfen, die später dazu führen, daß Hnæf und andere umkommen. Unbegreiflich ist zunächst, daß unter den Finn-Gegnern in „Finnsburg" fürstliche Personen mehrerer Germanenstämme sich befinden. Von Dänen, „Halbdänen" und Scyldingen redet der Text, er erwähnt die Secgen, deren Herrscher (König?) Sigeferđ anwesend ist (vgl. *Vidsíđ:* Sæferđ weold Sycgum) und auch ein Frankenstamm scheint hereinzuspielen (*Vidsíđ:* Hun weold Hætwarum). „In Hnæfs Gefolge befinden sich also mindestens ein König, zwei Königssöhne und ein hervorragender Heerführer. Chambers hat Recht, wenn er aus dem Bericht abnimmt, daß ein ‚Meeting' berühmter Häuptlinge stattgefunden habe. Jedenfalls ist der Sachverhalt

---

[1] So Bugge, Kögel, Heusler; die vorauszusetzende Beleidigung, so kombinierte Möller, muß etwa zwanzig Jahre zurückliegen, da der Sohn von Finn und Hildburh im Kampf umkommt. Ten Brink p. 545 rekonstruierte hypothetisch: „Hnæf ist nach Finnsburg eingeladen worden, um über einen Sühnevertrag zu unterhandeln."

[2] Vgl. das *Vidsíđ*-Gedicht über Finn: „Frésna cynne". Daß Hnæf von jeher Däne war, ist unwahrscheinlich; unter den Skjöldungen, zu denen ihn der *Beowulf*-Dichter rechnet, ist für ihn kein Platz; s. u.

[3] Ich meine die Stelle „deren einer der König ist", — worunter Boer und die meisten bisherigen Interpreten sich Hnæf vorstellen; andere dachten an Hengest.

nicht einfach der: Besuch Hnæfs mit einer Schar von 60 Mann bei seinem Schwager Finn"[1]. Der *Beowulf*dichter, der „die Mitte hält zwischen Anspielung und Nacherzählung" (H. Schneider, GHS III 54), fügt hinzu, daß auch Finn, der schlimme Gastgeber, durch die überlebenden Gäste (im *Mabinogi* sind es sieben) schließlich mit dem Leben büßen mußte, — wenn auch die Rache an ihm völlig anders als die im *Krimhildlied IIb* von Attila berichtete aussieht. „Was uns hier interessiert", ergänzt Boer (154), „ist, daß Hnæfs Tod überhaupt gerächt wird. Das kann ein alter Zug sein, der auch für die Nibelungensage seine Bedeutung hat. Die Einzelheiten der Rache scheinen auf jüngerer Sagenbildung zu beruhen." Im *Beowulf* V. 1069ff. findet sich, ergänzend zum Obengesagten:

Als Finn, Folkwalds Sohn, sah (34b), daß nur wenige seiner Mannen noch übrig waren und er gegen die übrigen der — (8a) vermutlich zu Schiffe angekommenen (after sæsíđe)? — Gäste nicht mehr Widerstand leisten konnte, (35) verhandelte er [2]mit Hengest, einem der Gegner — offenbar einem König, denn sonst übernähme nicht er den Oberbefehl, — um Waffenstillstand, und bot den Gästen Winterquartier, Halbpart in (18aa) Thron und Halle, Todesstrafe für jeden seiner Mannen, der an die Feindseligkeiten rühre, und — vermutlich — Entlassung seines Heerbanns ins friesische Land. Der tote Hnæf wurde nun auf den Scheiterhaufen gehoben. Auf Bitten seiner Schwester wurde deren getöteter Sohn neben Hnæf gelegt und mit ihm zusammen verbrannt. (6a) Sie hatte unter dem Volk ihres Gatten zu leiden gehabt: sie hatte, heißt es, die Treue der Eotenas (offenbar = Jüten) nicht zu rühmen. „Schuldlos (unsynnum)" waren ihr Sohn und Bruder — in „generellem Plural"[3] ausgedrückt — der Reihe nach beim Kampf umgekommen.

---

[1] Herm. Schneider, *German. Heldens.* III 56f.; an diese Feststellung knüpft Schneider den Schluß: „Damit verliert die landläufige Annahme viel von ihrer Wahrscheinlichkeit: Finn habe den Bruder der Gattin verräterisch eingeladen. Es gibt dafür keinerlei Stütze, und . . alle Behauptungen Boers und anderer über die Verwandtschaft von Finnsage und Nibelungensage sinken dahin". Durch die Zusammenhänge, in die wir das Werk rücken, erhebt sich nun jene Wahrscheinlichkeit des verräterisch einladenden königlichen Schwagers (Attila, Matholwch, Finn) aufs neue. Andererseits trifft der von Schneider beobachtete Widerspruch voll und ganz zu. Daß beide Meinungen recht haben, ist geradezu die Lösung des Rätsels. Denn aus der oben von uns erschlossenen ältesten Schicht, in welcher denn auch die verräterische Einladung durch einen Schwager noch fehlte, wird in Umrissen als im *Proto-Mabinogi* durchscheinend erkennbar: Dietrich, um die Einhaltung des Friedens besorgt, der dann doch, wie Hengest, welcher einen listigen Umweg (vgl. Kéza's *astutia*) nicht verschmäht, zum berühmten Schwert greift, und neben ihm die anderen Germanenfürsten am Hof des Attilasohnes Chaba bzw. Attilas. Es pflegt für die Richtigkeit einer Deutung zu sprechen, wenn sie zwei bisher als Alternative geltende Annahmen als richtig erweist. Erklärt sich die *astutia* auf diese Weise, so ist die Annahme Bleyers unnötig: es „kann diese Vorstellung nur sekundär von dem Ungarntum in die Sage hineingetragen worden sein" (PBB 31, 562).

[2] In den *Infantes de Lara* gehen dem Tod des verräterischen Einladers Ruy Velázques Verhandlungen voraus. — Wenn Finn seinen Resthaufen vor „dem Degen des Fürsten" nicht retten konnte, ist wohl Hengest gemeint (Joh. Hoops, *Kommentar zum Beowulf*, Heidelb. 1932, 137).

[3] Hoops, *Kommentar*, 1932, 135, 140.

(34) „Das war eine schmerzensreiche Frau". Nicht ohne Anlaß habe sie, als der Morgen anbrach, angesichts des Verwandtenmordes das Los beklagt. (34a) Von beiden Völkern war das Gedeihen dahin (béga folces wæs / hira blæd scacen). Als dann der Frühling kam, dachte Hengest mehr an Rache als an Heimfahrt, zugleich aber fühlte er sich, in schiedsrichterlich verantwortlicher Strenge, durch die Eide gebunden. Einer seiner Kampfgefährten, Hun (König der fränkischen Hætwaren, nach *Vidsið*), legte ihm das Schwert (Hnæfs? des Skjöldung Leif?) Lafing in den Schoß (oder Hunlafs Sohn[1] brachte das Schwert?). Finn wurde denn auch bald der Tod zuteil, als ihn zwei von Hengests Freunden — Oddleifus und Gunnleifus kennt die *Skjöldungensage* als Brüder des Hunleifus — Guthlaf und Oslaf an das Geschehene vom Vorjahr erinnerten (hatten sie - offenbar schweigend, um nicht an das Verbot zu rühren, — Hengest das Schwert als Rache-Mahnung und Führungsangebot gebracht?). Finns Halle wurde von den Verbündeten besetzt, er selbst nebst seinem Volk erschlagen. (34b) Königin Hildburh folgte den Überlebenden ihres Volkes in die dänische Heimat zurück.[2]

Soweit der *Beowulf*-Dichter. Was das „*Finnsburg-Bruchstück*" anlangt, so sei vorerst dessen genauere Deutung zurückgestellt. Was lehrt das bisher Aufgezeigte? Zunächst, daß das Material, auf welches die These vom Zusammenhang zwischen Nibelungen und Hnæf-Mannen sich gründet, bisher zu spärlich war, um sich wissenschaftlich durchzusetzen, ja, zu spärlich im Grund, um sich guten Gewissens überhaupt vertreten zu lassen.

Zwar hat Boer natürlich gegen den Abstrich Möllers, „daß Hildeburg keine Krimhild ist", mit Recht betont, daß ja die Krimhild des NL, die Veranlasserin der heimtückischen Einladung an die Brüder, nicht die ursprüngliche sei, und daß die *ältere* Krimhild gewiß ebenso trostlos trauernd an der Leiche des Bruders (wir dürfen hinzusetzen: und des Sohnes) stand wie Hildburg. Aber dann mußte Boer gegen den unvermeidlichen Einwand der seit Müllenhoff herrschenden *Ildico*-These — Krimhild als Töterin Attilas — stoßen! Boer schlug sich tapfer, aber quijotesk. Er postulierte, wie es auch in unserem Buche geschieht, eine Hagen nahestehende Frau („Schwester", meinte er), die nicht Gattenmörderin war und die noch nichts mit der Burgunderschwester zu tun hatte. Freilich hatte Boer dafür nicht den Schatten eines Beweises außer sechs scharfsinnigen Erkenntnissen[3], die ich trotz ihrer verwegenen Fassung nicht für falsch halte. Nämlich (a) daß die Hagen-Verwandte keine Rachetat begangen haben könne, weil die mit ihr identische Hildeburg keine Spur von Rächerin sei. (b) Daß Hagen einmal die Hauptperson gewesen sein müsse. (c) Daß der Name Grimhild nicht der Burgundersage entstamme.

[1] Hunlafing (so Klaeber); nach Olrik und Malone: Schwert des Hunlaf. Vielleicht war Hunlaf (wohl ein Verwandter von Guthlaf und Oslaf) ein gefallener Däne, dessen Schwert jetzt der Sohn bringt (Hoops, 144).

[2] Mit Recht wandte sich Boer gegen Möllers von der Kudrun-Epik beeinflußten Schluß, Hildburg müsse demnach einstmals von Finn geraubt worden sein. „Man konnte sie doch nicht allein im verödeten Land zurücklassen" (ZfdA 47, 150).

[3] Die vier Thesen, welche Boer an die Spitze seiner *Untersuchungen über den Ursprung und die Entwicklung der Nibelungensage*, Halle 1906, I, 1 f. zusammenstellte, fasse ich im folgenden als b d f e zusammen.

(d) Daß Etzelburg, der Schauplatz des Geschehens, in unvereinbarem und von der Forschung leichtsinnig ignoriertem Widerspruch zum Geschichtlichen stehe, wonach doch bei den Burgundern zu Haus der Untergang sich vollzog. (e) Daß beim geschichtlichen Kampf zwischen Gunther und Attila Massenheere kämpften und dies etwas unverwechselbar anderes sei als der Verwandtenkampf in einem Saale. (f) Daß der Name Nibelungen[1] einerseits in unvereinbarem Widerspruch stehe zu Gibichungen, andererseits aber nach Ausweis des NL nicht dem Sigfrid-Teil, sondern „Hagens Ende" zugehöre.

Aber sechs kritische Beobachtungen, mochten sie noch so richtig sein, genügten nicht, um die achthundertjährige Entwicklungsgeschichte neu aufzurollen. So suchte denn Boer auf hunderten von Seiten seines verfehlten Buches dafür zu plädieren, daß in dem frühen Hagen-Lied ein unbekannter schatzgieriger König bereits den Schwager Hagen getötet habe, ... später seien dann durch die Burgundergeschichte Gunther, Attila und die rächende Hildiko[2] „eingetreten" und mit dem frühen Lied verschmolzen worden; die Heldin des frühen Liedes sei übrigens bereits Sigfrids Witwe gewesen (obwohl Boer sich hier gerade durch Hildburg hätte warnen lassen können!), nur habe sie damals aus unbekanntem Grund noch nicht daran gedacht, sich an Hagen zu rächen. Da Boer für nichts von alledem Gründe vorbrachte, ist es müßig, darüber zu diskutieren.

Gegen die Grundthese Boers, die angelsächsische Hildburg sei eine Neuformung nach Krimhild, hatte bisher gesprochen, daß sie nicht an eine Rächung ihrer verlorenen Lieben dachte. Gerade das erweist sich nunmehr nach der kymrischen Nibelungen-Parallele und den sonstigen Ergebnissen des vorliegenden Buches als eine Bestätigung, nicht als Einwand. Verfänglicher für Boers These war, daß für einen Skeptiker die Parallelen Zufallsgebilde sein konnten. Der Kampf um die Türen einer Halle konnte „aus der täglichen Kampferfahrung" stammen[3]; ein Hinterhalt gegen einen Schwager, der zu Gast ist, sogar der Tod des Sohnes der Schwester, kann auch unabhängig erfunden werden; das Aufleuchten eines Helmes in der Nacht, das ein Schildwächter bemerkt, kann zur Not eine Einzelentleihung sein, — immerhin ist auffällig, daß in beiden Werken dieses Aufleuchten von Waffen mit einem Feuerbrand verglichen wird. Und vor allem: wenn

---

[1] Boer (*Unters.* II 198 ff.) betonte das *Hn* in *Hniflungar*, *Hniflung* als Beweis gegen die Herleitung aus *Nebel* und aus dem Mythischen. Als den Ahnherrn dieses schatzreichen Heldengeschlechts vermutet er ags. *Hnæf*, ahd. *Hnabi*. Wie Wilmanns (Anz. 18, 95), H. Schneider und wie vorliegendes Buch bringt er Anhaltspunkte für eine nachträgliche Übertragung auf die Zwerge.

[2] Die Beziehung, in die man diese zu Krimhild setze, steht, nach Boer, sehr „auf schwachen Füßen": vgl. *Unters.* § 30, 31 und I 129, II 205.

[3] H. Schneider, *GHS* III 57. Zu weit scheint mir Schneider zu gehen, wenn er darauf den Schluß gründet, daß daher diese Situation „nicht auf Entlehnung beruhen kann" (von mir gesperrt gedruckt).

die Beziehungen nicht ableugbar wären, vor wie viele unlösliche Rätsel hätte man sich gestellt finden müssen!

Nachdem nun aber das *Mabinogi* als Bearbeitung einer verlorenen Krimhild-Dichtung nachgewiesen ist, ändert sich das Bild. Konnte man die *Finnsburg*-Nibelungen-Parallele bisher für unbeweisbar halten, oder sie ganz ablehnen, so geht es jetzt schlechterdings nicht mehr an. Ich kann es mir sparen, die Liste der Gemeinsamkeiten aufzuzählen: die Nummern-Verweise, die ich oben zunächst als erste Ernte brachte, dürften genügen. Sie enthalten auch Züge, die im *Mabinogi* bisher isoliert schienen: daß doch einige der in der Halle Eingeschlossenen mit dem Leben davonkamen und daß sie die Schwester in die Heimat zurückführten; für die Lücke über Matholwchs Schicksal läßt sich das *Mabinogi* ohne alle Willkür aus der *Finnsburg*-Dichtung ergänzen. Sogar fast wörtlich — und nicht bloß ans *Mabinogi*, sondern zugleich an die *Nibelungen* — anklingende Stellen begegnen, so die Darstellung der Heldin als einer Schmerzensreichen, oder der Hinweis (ThS, 34a) auf den desolaten Zustand des Landes nach dem Kampf. In manchem zeichnet der Angelsachse des 8. Jahrhunderts ein natürlicheres Bild als der Kymre des 12.: daß die sechzig Begleiter Hnæfs in der Halle von Finnsburg Raum fanden, überzeugt mehr als das mächtige Heer Vrans. Der Schluß, den man aus dem *Beowulf*vers über das untreue Verhalten der Eoten gegen Hildburg ziehen mußte, (H. Schneider II 57: „Durch sie entbrannte also der Streit"), wird jetzt in seinen Gründen durchsichtig. Auch die Frage: „hat schon vorher eine kriegerische Auseinandersetzung stattgefunden?" läßt sich jetzt ohne weiteres beantworten; es wird die bekannte Gelageszene mit der Tötung von Attila-Matholwchs Sohn vorhergegangen sein.

Neues Licht nun aber fällt auf unseren hier nicht nochmals zu wiederholenden Nachweis, daß in dieser Tötung der Tod von zwei Attila-Söhnen zusammengefallen sei, der Tod des Helche- und der des Krimhildsohnes. Sämtliche mir bekannten *Finnsburg*-Deutungen nehmen als selbstverständlich an, daß der Sohn, welchen Hildburg betrauert, im Kampf gegen seinen Oheim Hnæf gefallen sei. Wie aber, wenn er gegen die Eoten, die seiner Mutter gegenüber verräterisch gehandelt hatten, gekämpft hätte! Nur so wird sinnvoll, daß die Mutter — man hat das nicht erwogen! — den toten Jüngling neben seinen Oheim Hnæf auf den Scheiterhaufen betten heißt. Nach den oben aufgedeckten Zusammenhängen entspricht dieser Mitkämpfer dem Krimhild-Sohn Aladarius, für dessen Alleinherrschaft die germanischen Könige — hier allein sind sie noch erhalten! — in Etzelburg zu den Waffen griffen.

Jetzt erhellt, wie unschätzbare Kunde jede Einzelheit des *Finnsburg*-fragmentes für uns bedeuten kann. Eine genaue Darlegung ist daher unumgänglich.

Die ersten Worte sind offenbar Schluß einer Beobachtung, die jemand meldet. Dann „rief der kriegsjunge König“ (heađo-jeong cyning) seine Beobachtung, daß er im Schein des Mondes ein Leuchten entdeckt habe, welches nicht Morgendämmerung und nicht Feuer an den Hörnern des Hallendaches sei, sondern Waffen, welche Weh-Taten ahnen lassen, die „dieses Volkes Neid / vollziehen will“. Die Helden erhoben und rüsteten sich. „Da gingen zur Tür adlige Kämpen. Sigeferđ und Eaha zogen ihre Schwerter, und an der andern Tür Ordlaf und Guđlaf, und Hengest selbst folgte ihnen.“ Der Zweikampf zwischen Garulf und Sigeferđ, der Tod des Garulf und die Kampf-Lage fünf Tage danach bilden die zweite Hälfte des Bruchstücks, die ich weiterhin zurückstelle.

Nicht alles ist hier eindeutig. Die beiden ungenannten Sprecher des Anfangs sind sicher die Hüter der einen von zwei Türen (wie *ThS;* im NL: nur eine). Wie seltsam, daß die Helden dem „kampfjungen König“ diese Aufgabe des Schildwache-Stehens nicht abnehmen! So hat sicher auch der NL-Dichter gedacht, als er den Dienstleuten Volker und Hagen diese Nachtwache anvertraute. Soviel darf als sicher gelten: wenn ein König sich nicht zu gut für diese Aufgabe fühlte, so muß er sich selber ausdrücklich zu ihr gemeldet haben; dieses Angebot also muß jedenfalls im verlorenen Text gestanden haben. In Volkers Mund findet man es wieder.

Sodann paßt „kampfjung“ — sollte der Ausdruck selbst anderswo etwa in übertragener Bedeutung nachweisbar sein (zu einem älteren Mann paßt er mitnichten), — in keiner Weise auf König Hnæf, dessen Schwester ja doch schon einen offenbar wehrhaften Sohn besitzt. Es muß also ein anderer König, zweifellos ein junger, gemeint sein.

Zunächst hypothetisch schlage ich vor, die beiden Namen Sigeferđ und Eaha mit Volker und Hagen gleichzusetzen. Wenn sie ihre Schwerter zogen, so bedeutet das ja nicht unbedingt, daß sie unter denen waren, die sich erst zur Tür hinbegaben. Sie können dort bereits als Wächter gestanden haben, mithin als die beiden ungenannten Sprecher des Anfangs . . . wenn auch das Ganze, namentlich für die zweite Tür, nicht so recht greifbar werden will. Das Fehlen Hnæfs in der Beschreibung beunruhigte von jeher jeden Kommentator; indessen braucht man nicht anzunehmen, Hnæf sei etwa schon gefallen, . . . es war ihm vielleicht überhaupt nie eine große Rolle zugekommen.

Der einzige ganz erhaltene Auftritt des Bruchstückes ist der Zweikampf. Hier darf man am ehesten ein klar umrissenes Ergebnis erhoffen. Ist über die beiden Kämpfer etwas in Erfahrung zu bringen? Wer, so fragen wir zunächst, ist der Gegner des Sigeferđ?

Eine allgemeine Erwägung ist hier am Platz. Was an der *Finnsburg*-Dichtung von jeher als verdächtig auffiel, waren die Namen. Konnte es Zufall sein, daß hier zwei so bekannte Sagennamen wie Sigurd (= Sigeferđ) und Gunther (= Gúđere) von Personen getragen werden, die offenkundig mit den berühmten Helden gar nichts gemein haben? War es kein Zufall, so konnte es nur einen Grund geben: ein Nordsee-Dichter, als er eine ältere Sage auf die Fürstengeschlechter der friesischen Folkwaldinge, der dänisch-skjöldungischen Söhne Leifs und auf den autoritär-gewichtigen England-Eroberer Hengest — und vielleicht auch hier nur auf deren Namen[1] — zurechtarbeiten wollte, erlahmte in seiner Benennungsphantasie, so daß er schließlich auch die allerhäufigsten nicht verschmähte; vermutlich verwirrte er sich sogar im eigenen Netz, weil aus Versehen — darin ist man sich allgemein einig (Trautmann, Boer, Chambers, H. Schneider) — der Name des Finn-Bekämpfers Guđlaf als Name von Garulfs Vater hereingestümpert wurde. Weiterhin ist „Hnæf, Sohn des Hoc" ein Name, welcher einem im 8. Jahrhundert bezeugten Alamannenfürsten Hnabi, Sohn des Huohhing, gehörte (allgemein gebilligte Beziehung); Hnabis mit den Nordsee-Namen schauerlich disharmonierende Lautung[2] erlaubt den Schluß, daß entweder, wenn die Fabel aus dem Süden kam, Hnabi ihr lang vor den Nordsee-Helden angehörte; oder daß auch sein Name, wie die andern, aufgesammelt wurde, um die Namen einer älteren Erzählung zu überdecken. (Überdies ergibt sich beiläufig mit größter Wahrscheinlichkeit, daß der *Vidsiđ*-Dichter von einer Fassung des *Finnsburg*-Liedes ausging, denn er stellt Hnæf den Hoking in nächste Nähe der andern Könige des *Finnsburg*-liedes, Finn, Sigeferd, Hun! Zum wichtigen Verhältnis zwischen *Vidsiđ* und *Finnsburg* ist bei dieser Gelegenheit festzustellen: der *Vidsiđ* kannte einen anderen Wortlaut der *Finnsburg* als wir, da er das Volk nennt, dessen Fürst Hun war; diese Fassung war offenbar älter, da sie mehr weiß als unsere). Ein solches Sammelsurium von Namen ist eine Ausflucht. Der nächstliegende Anlaß dafür ist, daß eine vorhandene Fabel in eine neue, anspruchsvoll weitgespannte Umwelt (friesisch-dänisch-englisch) eingepaßt werden sollte. Da mittelalterliche Dichter selten konsequent sind, darf man weiterfragen: Hat der Erzähler restlos alle Namen seiner Vorlage ausgemerzt oder schleppte er etwa irgendwo noch einen Rest von ihnen mit? Hätte man diese Frage gestellt — ich lasse die schwer beweisbare Beziehung Eaha-Hagen nebst Aetius-Agazjo beiseite, — so hätte eine Beobachtung, die längst H. Schneiders Aufsehen erregte, Bedeutung gewinnen können. Wir wissen aus *Historia Britonum*, *Vidsiđ* und der *Beowulf*-Fassung, also aus dem 8. Jahrhundert, daß die älteste Kunde vom Helden Finn sich an die germanische Regel der stabenden Sippennamen hielt: Finns Vater hieß Folkwalding, und man gibt ihm einen Erben Friđulf (erst seit dem 9. Jahrhundert treten hier auch G-Formen auf). Wenn nun, darin bin ich der gleichen Auffassung wie H. Schneider, der Garulf des *Finnsburg*-Fragments

[1] In Hengest vermutete, sicher zu Unrecht, Williams (*The Finn Episode in Beowulf*, Cambridge 1924) Beziehungen zu Hagen.

[2] Daß die „Skjöldungenprinzen im Dienst des Hnæf stehen", ist im Grund eine unmögliche Vorstellung (vgl. H. Schneider, *GHS*, III 62). „Äußerlicher sind wohl selten die Gestalten eines Liedes zusammengestellt worden! . . Wie kommt es, daß (die Fabel) außerhalb Englands, in Skandinavien zumal, ganz unbekannt blieb? Kein Findiger hat noch herausgebracht, daß sie mit irgendeiner Erzählung Saxos oder der *Fornaldarsaga* zusammenhängt" (ebd. 63 f.).

und der Gefwulf des *Vidsið* — jeder von beiden steht als Herrscher der *Eotenas* da, ist also augenscheinlich mit dem andern identisch — kein „gleichgültiger Eotenprinz", sondern ein Erbe von Finn ist, so wird dieser Name sich irgendwann einmal mit Friðulf berührt haben, wobei er schließlich — sei es zuerst in der Form Gefwulf oder Garulf — gesiegt haben muß. Welcher der beiden letzteren ist der ältere? H. Schneider meinte, das *Ger*-Motiv in *Garulf* habe das unkriegerische Aussehen des Namens *Friðulf* korrigieren sollen, habe also den Vorrang. Ich halte mich an die oben gewonnene Einsicht, daß der *Vidsið* eine ältere *Finnsburg*-Fassung gekannt haben dürfte als die unsere: danach ist es wahrscheinlicher, daß *Gefwulf* der ältere Name in der Rolle jenes jungen Finn-Sohnes war, der beim Versuch des Erstürmens der Halle sein Leben verliert. Da nun der erste Finn-Dichter bei der sonstigen Umlegung auf die friesische F-Sippe deren *Friðulf*-Namen nur in seinem zweiten Teil *-ulf* beibehielt[1], muß an dem ersten Teil Gef- irgendein besonderer Wert gehangen haben. So läßt sich vorerst aus der bloßen Wahrscheinlichkeit heraus sagen: dieser Wert des Namens Gef- wird darin bestanden haben, daß er in der Quelle des Finnsburgdichters stand.

Von dieser Vermutung bis zu einer fundierten Ausschau auf *Krimhildlied I* zu gelangen, ermöglichen die folgenden Feststellungen:

1. Der Name Gef-, bisher auf hypothetischer Grundlage gewonnen, erinnert an den Namen Chaba-Kewe, von dem wir nachwiesen, daß er mit dem nordgermanischen Geva des *Högna-Táttur* identisch ist, der seinerseits — der Nachweis ist hier nicht noch einmal zu wiederholen — später durch den Namen des Markgrafen *Iring* ersetzt wurde.

2. Dieser Chaba-Geva-Iring ist ein Sohn, welchen Kerka-Herkja dem Attila geschenkt hatte. Gefwulf seinerseits ist (nachdem die „Guðlaf"-Stelle einhellig als Versehen angesprochen wurde) nach H. Schneiders These ein Sohn Finns.

3. Beide fallen beim Angriff auf die im Saal verschanzten Fremden.

4. Der Angreifer wird getötet von einem der beiden berühmten Türhüter der Saalgäste.

5. Den entscheidenden Ausschlag für eine Identifizierung von Geva und Gefwulf aber gibt eine unverwechselbare Einzelheit, die parallel auftritt.

---

[1] Es ist nicht undenkbar, daß der Konflikt mit dem *Friðulf*-Namen noch in eine Zeit zurückreichte, in der man bewußt blieb, daß dem Finn-Sohn eigentlich ein Attila-Sohn zugrunde lag. Ob in der unerklärlichen Angabe der *Kaiserchronik*, Attila habe zwei Söhne Plôdele und Frîtele besessen (ed. Ed. Schröder, V. 13880), doch nicht bloß — woran schon J. Bleyer zweifelte (Beiträge 31, 1906, 461) — fabulöser Irrtum enthalten wäre? Abgesehen vom Harlungen-Waffenmeister führt den Namen Vridelo ein Neffe des Ditmarus Veronensis (und des Emelricus=Ermenrich), ein Sohn des Theodemerbruders Herlibo (nach einem Zeugnis bei W. Grimm, *Deutsche Heldens.*, p. 400).

Zunächst auf der Seite von Geva-Iring: Bevor Iring in den Kampf eingreifen darf, muß er fußfällig sein Gefolge bitten, daß es ihn den Saal-Sturm unternehmen lasse; wir schlossen bereits daraus, daß ein solches Verhalten nur zu einem König, nicht zu einem Markgrafen passe. Der Dichter variiert sogar sehr gewichtig in einer Doppelstrophe: Ze vüezen bôt sich Irinc mâgen unde man, / daz si in eine liezen den recken bestân. / daz tâten si ungerne, wan in was wol bekant / der übermüete Hagene ûzer Burgonden lant. // Doch bat er si sô lange daz ez sît geschach. / dô daz ingesinde den sînen willen sach, / daz er warp nâch êren dô liezen si in gân". Der Grund, weshalb man den Helden nicht kämpfen lassen will, ist also der allzu starke Türhüter. Nun ersehe man daneben die vollkommene, wenn auch karg vereinfachte Dublette beim *Finnsburg*dichter: „Da warnte den Garulf (= Gefwulf) Gúđere, daß er sein so frisches Leben nicht gleich beim ersten Mal gegen die Hallentür mit Angriffswaffen aufs Spiel setze, jetzt, da ihn deren ein harter Gegner berauben wolle." Der junge Fürst – Gefwulf-Garulf – kümmert sich indessen nicht darum, stürmt gegen die beiden Türverteidiger Sigeferđ und Eaha und wird von einem der beiden erschlagen. Nach alledem wird man für den Angreifer Gefwulf-Garulf annehmen dürfen, daß er mit Geva-Iring in *einer* Linie steht.

Nun die andere Frage: Durch wen fiel dieser Angreifer? Schauen wir uns dazu vorerst die Iring-Aventiure des NL genauer durch, als wir bisher taten.

Den Anfang macht, daß Iring gewappnet gegen die Stiege heranzieht, wo ihn Hagen mit spöttischem Wort erwartet. „Dô sach der videlaere ein vil grôzes schar / die mit Iringe gewâfent kômen dar. / si truogen ûf gebunden manegen helm guot, / dô wart der küene Volkêr ein teil vil zornec gemuot."

Also nachdem vier Aventiuren sich dazwischen legten, befindet sich der Hörer zu Beginn der *35. Aventiure* wieder genau soweit wie am Ende der *30.:* (a) Hagen und Volker hüten, nachdem alle Feinde vertrieben sind, ganz wie in der Nacht zuvor die Tür; (b) wiederum ist es Volker — in der Zwischenzeit sagte und tat er nur Belangloses —, der plötzlich an Stelle von Hagen in Wort und Tat die Führung zu übernehmen Anstalten macht. (c) Und wiederum taucht vielleicht nicht zufällig das poetische Motiv der *30. Aventiure* auf, daß eigens auf die *Helme* der sich nähernden und durch Volker zuerst bemerkten Feinde das Augenmerk gezogen wird.

Den Herangenahten gegenüber ist es Volker, der zuerst das Wort ergreift — *wie der junge Torwächter König Sigeferđ dem Eotenkönig Gefwulf gegenüber*. In einer Reizrede bezeichnet Volker Irings Vorsatz, im Zweikampf sich mit Hagen zu messen *(der Vorsatz ist zum Schaden der Straffung vor die ganze Szene gelegt)*, als leere Prahlerei. Iring aber schlägt sich zunächst überlegen gegen Hagen und wendet sich dann gegen Volker, dessen Hieb in ungleich kräftigerer Weise trifft. (Es folgen plänklerische Angriffe Irings auf sieben andere Burgunder. *Dann, in dublettenartigem Neuaufgreifen:*) Nachdem offenbar im Innern des Saales gekämpft wurde — *vielleicht Reminiszenz an einige Nebenpersonen, von deren Tötung Finnsburg nichts mehr weiß* — und nachdem Iring den Saal wieder verlassen hat, greift er den die Tür hütenden Hagen draußen an und spaltet ihm den Helm, so daß sich Hagens Gewand mit Blut bedeckt *(noch erheblicher in ThS)*[1], zieht sich eilig die Stiege hinab zurück und kehrt drunten, zum andern Mal gerüstet, zu einem dritten Schwertkampf zurück, bei dem er den Tod findet, als Hagen ihm einen herumliegenden Wurfspieß ins Haupt schleudert. Daran schließt sich ein Angriff Irnfrits[2] gegen Volker. Volker schickt diesen mit zerspaltenem Helm und Panzer in den Tod. Wiederum ist Volker der Stratege: er läßt eine Anzahl Hunnen — tausendundvier — in den Saal hineindringen; dort entrinnt keiner dem Tod. Auch den Schluß der Aventiure beherrscht Volker. Während die andern ausruhen, hütet er die Tür. Erst nach vierzig Strophen wird Volker dann wieder genannt: als er abermals mit Hagen eine nächtliche Türwache übernimmt. Als Volker die beiden nächsten Male erwähnt wird, ist es, damit er wieder herannahende Helme melde: diejenigen der Rüdiger-Schar, später diejenigen der Amelungen. Obwohl gewarnt *(iuwer übermüeten mag ich mit êren niht vertragen)*, zahlt Volker schließlich seine hoffärtige Zunge — ihretwegen kam es zum Kampf gegen die Amelunge — mit dem Leben (durch Hildebrand). „Dô sach von Troneje Hagene Volkêren tôt: / daz was zêr hôhgezite sîn aller meistiu nôt, / die er da hete gewunnen an mage und ouch an man." Volkers Tod ist für Hagen „mîniu leit". *Man darf in Volkers Tod eine verdunkelte, verwischte Fassung des tragischen Vorgangs vermuten, den wir aus Sigmunds Zornestat gegen seinen geliebten Sinfjötli und aus der Schilderung des letzten Hagenkampfes in der ThS kennen: dort ist das erhalten*[3], *was das NL nur noch ahnen läßt.*

Stellen wir nun diese Schilderung neben diejenige des *Finnsburgfragments*, so erhalten wir

a) als erstes eine Bestätigung, daß unsere Identifizierung der nächtlichen Schildwächter mit Sigeferđ und Eaha keine bloße Hypothese war. Volker, der die herausfordernden Reden gegen die nahenden Hunnen bzw. Iring führt, ist der gleiche, der die Beobachtung wegen des scheinenden *Helmes* weitergibt. Durch diesen Parallelismus wird Sigeferđ, der seinerseits die Trutzrede gegen Garulf führt, als gleichzeitiger Künder des Feindesnahens

[1] Nach Kéza siegten Chaba und sein Heer über Aladarius beim ersten Treffen. Eine spätere ungarische Chronik (PB Beiträge 31, 1906, 538, n. 8) machte daraus: „Deuicerat enim primibus Chaba fratrem suum, sed tandem in ultimo est deuictus". Im 16. Jahrhundert Nicolaus Oláh (nach Bleyer, PBB 31, 568 junge Erfindung): „Aladaricus in proelio cecidit. Victor primum Chaba". — Nach ThS geriet Gunnar (Hnæf?) an dem andern, dem westlichen, dem nicht von Iring berannten Tor (des Gartens) in die Gewalt der Feinde; wäre Hagen wirklich, wie die ThS will, am gleichen Tor gewesen, so hätte er gewiß die Gefangennahme Gunthers zu verhindern gesucht. Der Widerspruch zum Hagen-Iring-Kampf erklärt sich aus der erzählerischen Szenen-Verdoppelung.

[2] Schon im Altsächsischen (Widukind) mit Iring unzertrennlich. Ich nehme Aufspaltung des einen Gegners Geva in die Doppelheit Irinc-Irnfrit an.

[3] Im *Mabinogi* und den Atliliedern fanden wir es mit der Tötung des jüngsten Attila-Sohnes verknüpft: an diese dachte Boer in seiner *Finnsburg*-Deutung und verknüpfte gleichfalls beides irrtümlich: „Alt ist, daß der junge Mann während (im Anfang?) des Kampfes fällt." Treffender fährt Boer fort: „und die Finnsage lehrt, daß die deutsche Tradition darin auf einem älteren Standpunkte steht als die skandinavische, welche den Tod der (beiden) Knaben nach einem andern Zeitpunkt verschoben hat. Daraus folgt, daß Ortliebs Tod nicht etwa eine andern Verhältnissen angepaßte Umbildung der Ermordung Erps und Eitils ist" (ZfdA 47, 154).

und des leuchtenden Helmes bestätigt. Wir sind jetzt sicher: Sigeferđ ist „der kampfjunge König", der Sohn Finns und Hildburgs, dessen Platz bei seinem Oheim Hnæf (= Gunther, Bruder von Hagen-Eaha) ist.

(b) Dazu stimmt, daß das Rosengarten-Epos und seine altertümliche Nibelungenquelle Volker als Hagens Schwestersohn kennt!

c) Während die Identifizierung der Namen mit vorsichtigem Vorbehalt durchführbar ist, ist es leichter, für die Identität der Rollen Gewähr zu übernehmen. Den Türhüter-Ruf vom Nahen leuchtender Helme hat der *Finnsburg*dichter, der sonst so knapp und karg ist, ausdrücklich behalten, und der NL-Dichter, wie wir sahen, wird gar nicht satt, diese tatsächliche Schablone der Volkerrolle zu variieren.

d) Dem Untergang Aldrians (s. o.) ähnelt das Ende Volkers durch das Motiv des „Übermutes", auch dadurch, daß der Held zuvor halb mutwillig den aufreizt, der ihn alsbald in der Wut erschlägt.

e) Am wichtigsten aber ist der Zweikampf selbst. Wir wissen, wer der Angreifer ist. Folgendes ist die Auskunft der Texte. *Finnsburg:* Der junge (König ?) Gefwulf fällt gegen den jungen König Sigeferđ (= Volker), vermutlich seinen Halbbruder. — *Kéza:* die beiden Attila-Söhne, der Halbgermane Aladarius und der Halbgrieche Kewe liegen im Kampf. — *Fär.:* der Hunne Geva fällt gegen Hagen. — *NL:* Iring, ein Kämpfer Attilas, an paralleler Stelle zu Geva, fällt gegen Hagen. Demnach stünde also *Finnsburg* in Gegensatz zu *NL* und *Fär.*, die beide Hagen und nicht Volker als den Töter Geva-Irings kennen ? Nun sind aber beide zeitlich viel später überliefert als die Stabreimverse des 8. Jahrhunderts. Es wäre also durchaus legitim zu vermuten, Hagen sei als Töter Kewes erst nachträglich an die Stelle der Volker-Rolle (*Fär.* weiß von einem Volker überhaupt nichts) eingerückt. Daß diese Vermutung das Richtige trifft, läßt sich, glaube ich, erweisen.

Betrachten wir zunächst das NL, so ergibt sich zumindest eine gewisse Wahrscheinlichkeit, daß der Vertreter der Iring-Rolle ursprünglich nicht durch Hagen fiel, sondern durch Volker. (Das würde bedeuten, daß damit für die Vorlage der *Finnsburg*-Version, für *Krimhild IIa*, die am meisten tragische Version anzusetzen wäre, nämlich die Tötung des griechischen Halbbruders durch den germanischen.) Die ursprüngliche Rolle Hagens gegenüber Geva-Iring hätte sich dann darauf beschränkt, daß Hagen ursprünglich nur derjenige war, der von dem tapferen jungen Angreifer — wie zunächst im NL — eine blutende Wunde empfing. Es muß nämlich bei genauerem Zusehen auffallen, wie unmotiviert jeweils das Vortreten Volkers und sein ebenso jähes jeweiliges Zurücktreten gegenüber Hagen erfolgt. Es erklärt sich nur, wenn man eine einstmalige aktivere Rolle für ihn voraussetzt, und diese weist in eine Zeit, als er weder das versöhnungsrednerische Gegenstück zum grimmen Evnissyen-Hagen war, noch ein Fiedler; das *Daurel*-Epos und andere zeigen, wie gern die spielmännischen Verfasser einen Helden aus einer älteren Erzählung verdrängten, um ihn durch einen eigenen Berufskollegen zu ersetzen.

Daß der Träger der Volker-Rolle und nicht Hagen die Tat vollbrachte, ergibt sich aber, ungleich deutlicher als aus dem NL, aus einer *anderen* Fassung, von der man längst weiß, daß sie z. T. altertümlichere Züge aufweist als das NL: aus den Fassungen der dänischen Ballade *Grimilds Haevn*. Für die dortige Iring-Szene erhellt in zwei von den drei Fassungen, in B und C, Volker als der Überwinder Irings. „Folkers Gegenäußerung, ‚ich will dir's schon eintränken' (C 32, vgl. B 25,1) klingt auch in A 29 nach, ist aber hier Hagen zugeteilt"[1].

Mit einigem Zögern setze ich diesen Schlußstein zur Rekonstruktion von Krimhild Stufe I, aber doch mit der Überzeugung, daß auch diese Erschließung der ältesten Kewe-Tötung, deren Täter — noch vor der Umbenennung *Gevas* (Fär.) zu *Iring* — Hagen geworden sein muß, zwingend genug ist, um dem Zweifel standzuhalten. *Krimhild III* wird sich in bezug auf diese Szene von *Krimhild I* und *II a* zunächst noch schwerlich unterschieden haben; nur *II b* war seine eigenen Wege gegangen, und ebenso tat es der jüngere Zweig von *Krimhild III* („Proto-Mabinogi-Fassung"), der kymrische. In vielen Einzelheiten jedoch, wir sahen es, stehen *Finnsburg* und das *Mabinogi* einander so nahe wie keine dritte Version. Dadurch lösen sich Zweifel derer, die sich an der Unbekanntheit des Weges vom Germanischen ins Kymrische stoßen. Es ist hier nun nicht nötig, wie bei späteren Mabinogion an eine französische Quelle zu denken[2], vielmehr hat eindeutig die (breite) verlorene Vorlage der knappen *Finnsburg*-Verse dem kymrischen Erzähler als Vorlage gedient; ob deren Heldin noch Krimhild hieß oder bereits *Hild*burg (nach Finns*burg*?), wird sich schwerlich entscheiden lassen.

Wie demnach die Szene in der *Proto-Mabinogi-Fassung* ausgesehen haben wird, welcher, neben *Mabinogi*, *Fär.*, *Grimilds Haevn*, *NL*, das *Finnsburg-Bruchstück* nahestand, läßt sich auf solche Weise einigermaßen rekonstruieren. Im Kursivdruck drücke ich diejenigen Züge aus, welche die vermutlichen Reste aus *Krimhildlied Stufe I* sind, das nach Attilas Tod spielte. Die übrigen kamen durch *Krimhild Stufe II* (Gunther, Attila) herein. Die Vermengungsarbeit des Dichters von *Krimhild II* läßt sich an diesem Einzelausschnitt der Handlung wie in *Inf.* deutlich zeigen. Als Abschluß ziehe ich die noch nicht besprochenen Schlußverse des *Finnsburg-Bruchstücks* heran, durch die erneut die Nähe zum *Mabinogi*, und nun zur Wiederbelebungs-Szene und zum Opfertod der Hagen-Gestalt, hervortritt.

[1] H. Hempel, *Nibelungenstudien*, I 68. Hempel fährt fort: „Was mit Rücksicht auf NL 2079 wohl ursprünglicher ist." Diese Vermutung verliert an Kraft bei Auswertung des *Finnsburg*-Liedes usw.

[2] An eine Szene aus einer verlorenen Chanson de Geste unbekannten Inhalts hatte S. Singer gedacht, als ihm — worauf ich durch Hempels Buch erst während der Drucklegung aufmerksam werde — die nibelungische Parallele zur Gelage-Szene des *Branwen*-Mabinogi auffiel (Privatdruck: Harry Maync zum 6. 9. 1924, Bern).

Als vorausgeschickt nehmen wir die Durchsetzung von Etzelburg (Finnsburg, Iwerddon) *mit vielen germanischen Stammes-Fürsten an*[1]; die Ankunft der Burgunderschwäger Attilas zu Schiff; *die Aufhetzung des jüngeren Helche-Sohnes durch Krimhild, Hagen zu schlagen; und dessen Enthauptung durch Hagen beim Gelage* (15). *Die sechzig Germanen*[2] *legten sich für die Nacht zur Ruhe in der Halle, und Hagen* (Eaha, nach Holthausen Eawa; Evnissyen) *übernahm die Wacht an den Stufen zur Hallentür. Der junge König Aladarius, Krimhilds Sohn, bot sich ihm als Gefährte an* (Volker; Saeferđ = Sigeferđ, der Sycgen-König). *Um Mitternacht bemerkte der junge König das Aufleuchten eines Helmes und verglich es dem Aufleuchten eines Feuerbrandes. Der Hunnenführer war Kewe* (Geva, Gefwulf), *der ältere Helche-Sohn, dem man die Kunde vom Tod seines Bruders überbracht hatte. Im Namen seiner Hunnen-Mannen bat ihn einer* (Gúđere), *sein junges Leben nicht aufs Spiel zu setzen, indem er ihn an den starken Gegner* (*Hagen* = Eaha) *erinnerte. Fußfällig aber erbat sich der junge König die Erlaubnis und erlangte sie schließlich. Er erkannte jemanden, der im Dunkel neben Hagen die Tür hütete; als er von ihm seinen Namen zu wissen erbat, tönte ihm derjenige seines Halbbruders, des Attila-Sohnes Aladarius* (Sigeferđ, Volker) *entgegen: „Viel Unheil habe ich durchlitten. Was du mir zudenkst, das ist dir selbst bestimmt“* (Finnsb., übers. H. Schneider) „. . . . *ich will es dir schon eintränken“* (Dän. GH). *Alsbald entbrannte der Kampf; Hagen erhielt eine blutige Wunde durch den jungen Helden, aber Kewe fiel schließlich durch die Hand von Aladarius*[3]. *Tagelang tobte nun der Kampf, zahlreiche Tote häuften sich, und die Schwerter blinkten, als stünde der Saal in Flammen. Nach fünf Tagen jedoch stand es* (? zu ergänzen: beim Gegner) *so, daß nicht ein Mann tot blieb* (= sie standen alle wieder auf). „Dennoch hielten sie (die Gäste) die Tür“ (Finnsb.). Da ging der Held (Name ungenannt; Eaha = Hagen?), schon schwer verwundet, für eine Weile weg. (Als er zurückkam?) „sagte er (28, 28a), daß seine Brünne zerbrochen wäre, sein Kampfzeug kraftlos und auch sein Helm durchbohrt (29a, 30). Ihn fragte der Volkshirt

[1] Vgl. die spätmittelalterliche Chronik des Ungarn Johann Turóczi über *Etzelburg*-Buda (lat. Sicambria): „Erant tunc Sicambriae principes Germaniae multi, ob metum illius (Attilae), coacta seruitute alligati, inter quos Detricus de Verona excellentiam habebat non ultimam.“ Vgl. auch oben S. 66. n. 1.

[2] Diese durch das *Finnsburg-Fragment* bezeugte Zahl der sechzig Edelinge in der Halle stimmt eigenartig zu der Angabe einer mittelalterlichen ungarischen Chronik, die später ist als Kéza (abgedruckt durch Bleyer, PB Beiträge 31, 1906, 538f.), es seien im „prelium Crimiheld“ des Detricus von Verona nur sechzig hunnische Edelinge mit dem Leben davongekommen: „Deuictus itaque Chaba et germani sui, filii Atile regis, qui ei assisterant ex aduerso, numero sexaginta, cum quindecim milibus Hunorum ad Honorium auunculum suum fugisse perhibentur.“ Nach den vorangehenden Sätzen würde man annehmen, daß Chaba gefallen sei. Bei Kéza hieß es: „Perpauci filii Ethele Hunique remanerent“, und es folgte, in Anlehnung an Ernacs Wegzug nach Scythien, als „spezifisch ungarische Sage“ (Bleyer: Beiträge 31, 1906, 583), die Angabe eines ebensolchen Wegzuges des Chaba und der Herleitung der ungarischen Aba-Dynastie von Chabas Söhnen. Die Gründe sind also jung. „Die ungarische Sage verlegte sich mehr und mehr auf die Ausgestaltung der Csaba-Episode, die infolge der Identifizierung der Hunnen mit den Ungarn vom nationalen Standpunkt der allerwichtigste Teil der Sage war.“ Sie enthält „die Rechtfertigung der ungarischen Landnahme. Eben deshalb ist die selbständige Weiterbildung der german. Überlieferung durch die Ungarn hier am weitesten gediehen“ (ebd. p. 551, 576). — Vgl. in *Infantes* die sechzig Überläufer, die als einzige neben den Bedrängten kämpfen und vor ihnen fallen!! Das stimmt sehr zur Hervorhebung der sechzig Hunnen bei dem Ungarn!

[3] Daß „der Gepitzen künig Hardreich“ den ältesten Sohn Attilas, „Hellach“, erschlug, ist ohne jeden Zweifel freie Erfindung Aventins auf Grund von Jordanes·

(Hnæf=Gunther? im NL fragen so, durch Verwechslung des Dichters, die Hunnen), wie es komme, daß die Krieger von ihren Wunden wieder auferstanden seien? Oder ob von der Jugend ..." (hū þā wīgend hyra wunda genǣson. / odđe hwaeđer þǣra hyssa ..)

An dieser uns durch ihre Parallelität wohlbekannten Stelle der Erzählung verläßt uns der *Finnsburg*dichter. Anschließend folgte entweder Hagen-Evnissyens Erzählung, wie dieser das Zaubergeheimnis jener Wiederbelebung entdeckte, und was es mit seiner zerbrochenen Brünne auf sich habe. Oder, falls ihm seine Opfertat erst bevorstand, wird er sich aufgemacht haben, um dem Frager Bescheid geben zu können. Wären ein paar Verse mehr bewahrt, so wüßten wir, ob auf der *Finnsburg*-Stufe der *Krimhidlied*-Dichtung bereits der Zauberkessel vorhanden war und ob unser *Finnsburg*-text etwa bereits ein Mißverstehen zeigt, wenn er seine Mitteilung von „Nichtfallen" nach fünftägigem Kampf nicht näher präzisiert; oder ob vielleicht aus der handgreiflich–märchenhaften Ausspinnung einiger Verse — so wie beim Vergleich des Schwerterfunkelns mit einem Saalbrand — das Kesselmotiv in seinem Entstehen hätte beobachtet werden können.

Aus dieser Rekonstruktion ist jetzt ersichtlich, welche Änderung ein deutscher Dichter vornahm, dem es um epischen Zeitgewinn, um Hinauszögern des Geschehens zu tun war. Er spaltete die straffe Szene des nächtlichen Angriffs (1) in die Nacht der Türwache, bei der es im NL — wohl immer etwas befremdlich wirkend — nicht zum Kampf kommt, im Gegenteil tags darauf noch zu einem friedlichen Kirchgang usw. (dem hatte man schon von jeher mißtraut). (2) Der zweite Teil der Szene ist abgespalten als *Iring*-Aventiure. Sie spielt jetzt nicht mehr bei Nacht; aber durch ihren Beginn, das Wiederauftreten der Doppel-Türwacht von Volker und Hagen, stellt sie ganz unverkennbar die abgerissene Situation erneut wieder her. Noch läßt das *NL* und *Dän.GH* erkennen, daß ursprünglich nicht Hagen (wie in *NL* und *Högnatáttur*), sondern sein jüngerer Begleiter den Anstürmenden tötete.

So kurz und karg das *Finnsburg-Fragment* ist, so läßt es doch noch gerade den eigentlichen klaffenden und auf die Dauer unerträglichen Widerstreit innerhalb der *Proto-Mabinogi-Fassung* erfassen. Der Widerspruch zwischen dem Kampf der hunnischen Halbbrüder und dem von Attilas Hinterhalt gegen Gunther ließ sich nicht überbrücken. Den Einwand des Unmöglichen, das darin liegt, zwei so widerstreitende Erzählungen zu verschmelzen, wird jeder Leser dieses Buches mit sich tragen; nun, der erste, der diesen Widerstreit auszukosten hatte, war der Dichter von *Krimhild IIa*, der ihn selber veranlaßt hatte. Wie sein unmittelbarer Nachfolger, der Dichter in Nordwesteuropa, dem Dilemma begegnete, zeigt gerade das *Finnsburg-Fragment* am besten, welches hier wie in vielem konservativer ist als das *Mabinogi*. Jener Dichter fand sich geneigt, die Rollen Attilas (=Finns) und Gunthers (=Hnǣfs) verkümmern zu lassen. Mit Recht hat H. Schneider gefragt, ob denn Finn, der Herr von Finnsburg (= Etzelburg), über den Angriff seines

Sohnes im Bilde war, und mit Recht hat er vermutet, daß Finn „friedlich zu Hause saß"; oder mit Klaebers Worten: „Is it possible, that Finn has been asleep all those days?"[1] Es ist die Frage, die jeder sich in Bezug auf Attila (= die Vorlage zu Maltholwch-Finn) wird stellen müssen. Wollte der Dichter seine, des Hinterhalt-Stellers Rolle, noch retten, so mußte er entweder den Halbbruder-Zweikampf bis fast zur Unkenntlichkeit verstümmeln — das taten der Dichter von *Krimhild IIb* und in anderer Weise die kymrische Erzählung — oder man mußte beide, sowohl diesen Zweikampf, als auch den Attila-Gunther-Konflikt, abschwächen zugunsten einer neuen, einheitlich treibenden Gestalt — und das war es, was der Deutsche tat, welcher zuerst die Sigfrid-Witwe einführte und sie mit Zügen aus *Krimhild Stufe I*, den feindseligen Attila-Witwen, versah. Aus alledem erhellt abermals, daß es sich die heutige Nibelungentheorie zu leicht macht, wenn sie die eddischen Lieder *(= Krimhild IIb)* weiterhin als älteste, angeblich achthundert Jahre lang im wesentlichen unerschütterte Gestalt postuliert.

Nachdem das *Finnsburg*-Fragment sich als letzter der beizuziehenden Nibelungen-Ausläufer auswerten ließ, wäre es möglich, aus der Gesamtüberschau vor allem die genetische Gabelung genauer zu beobachten, von der schon mehrfach die Rede war. Auf der einen Seite steht, als eigenständige Sondergruppe, die von uns so genannte „*Krimhild Stufe IIb*", auf der anderen Seite der von *Krimhild IIa* unmittelbar zu *III/IV* weiterführende Hauptstrang.

Als Beispiel wähle ich die Typen-Gruppierung, die sich für den Abschluß der *Hallenverteidigung* ergibt.

(a) *Kéza=NL=3. Gudrunlied:* Außer Dietrich bleibt niemand übrig; der überlebende Attila (= ursprünglicher Abschluß des Guntherliedes?) wird — im Rahmen einer noch oberflächlichen Verschweißung? — aufrechterhalten. — (b) *Finnesburh-Mabinogi:* einige der Gäste bleiben übrig und kehren, nachdem sie — einige Zeit später (fehlt im *Mabinogi*) — die restlichen Feinde getötet haben, unter Mitnahme ihrer Schwester in die Heimat zurück. — (c) „Krimhild IIb", als eine Art Synthese: Dietrich bleibt übrig, und in seiner Obhut wächst der Sohn heran, welchen die Schwester mit ihrem sterbenden (ältesten?) Bruder für die Rache zeugte. Der tötet die restlichen Feinde.

Daß die dritte Fassung eine nachträgliche ist, bedarf keiner Worte. Vielleicht gelingt es einmal, einen Beweis zu finden, ob in a oder b der Abschluß von *Krimhild I* nachlebt. Denn es ist ja keineswegs so, daß Kéza

[1] Der Ausweg, daß Gefwulf-Garulfs *Eoten* auf eigene Rechnung gehandelt hätten, ohne Finns *Friesen* zu fragen, konnte H. Schneider nicht bleibend befriedigen. „Wenn hier eine Unklarheit bleibt, so haben wir doch den kleinen Vorteil gewonnen: alle Schwierigkeiten drängen sich für uns in einen Punkt zusammen, in die Vorgeschichte. Wie kam Hnæf nach Finnsburg, und wie entbrannte der Streit?" (*GHS*, III 62).

immer die älteste uns faßbare Version enthalten müßte. Vorläufig wird es demjenigen, der in b den einleuchtendsten Abschluß sieht, schwer fallen, breite Zustimmung zu finden, da es natürlich widerstrebt, sich auf Versionen zu verlassen, deren Helden andere Namen als die nibelungischen tragen. —

Wenn ich ein zweites Beispiel einer solchen historischen Motiv-Typologie hinzufüge, dann vor allem, um für die unumgängliche Überprüfung der vorliegenden Ergebnisse eine Methode der Nachprüfung zu erschließen. Es seien die Schicksale der Helche-Gestalt herausgegriffen, der Krimhild-Nebenbuhlerin, welche seit *Krimhild IIa* überflüssig wurde und überdies einer mit hunnischer Polygamie unvertrauten Denkweise beschwerlich geworden sein mochte.

(a) *Kéza:* Helche als eine der zwei Hauptfrauen Attilas und als Mutter von Söhnen, die im Kampf um den Vorrang mit dem Sohn der andern Hauptfrau, Krimhild, liegen. — (b) *Infantes = 3. Gudrunlied = Völs. S.:* Helche als Gegenspielerin Krimhilds. (b_1) *Infantes:* Helche als kinderlose Gattin Attilas und Verleumderin Krimhilds, während diese zu Helches „Schwägerin" wird; die Attila-Gattin ist eifersüchtig auf den Vorrang ihres „Neffen" vor dem Krimhild-Sohn bedacht. (b_2) *3. Gudrunlied:* Helche als kinderlose Kebse[1] (auch *Völs. S.)* und Verleumderin Krimhilds, während diese als legitime, wenngleich schlecht behandelte (auch *Mabinogi-Finnsburg)* Gattin Attilas erhalten ist. —

(c) *NL, ThS:* Helche als Mutter von zwei Söhnen wird zur verstorbenen edlen Gattin Attilas aus erster Ehe. Ihr „Vetter" fällt. —

Der Vergleich zeigt, daß die Dichtergruppe b die Handlung beibehielt, Helche aber zuerst zur Kinderlosigkeit erniedrigte, dann zum Kebsentum; Typus c bewahrte die Gattenschaft und die beiden Söhne, räumte aber, bis auf spärliche Spuren, die Helche-Handlung ab.

Wie in den beiden hier konfrontierten Analysen — vergleiche z. B. das jedesmalige Zusammengehen von *Mabinogi* und *Finnsburg* — so kehren in den unzähligen andern, die sich anstellen lassen, immer wieder ganz bestimmte Gruppenbildungen wieder. Sie erlauben nicht nur, die Stichhaltigkeit der ganzen Rekonstruktion zu verifizieren, — sie werden zugleich als eine stete Ermunterung dienen können, in der Erschließung eines ebenso umfassenden wie gewissenhaft durchforschten Stammbaumes der nibelungischen Entwicklungsgeschichte nicht zu erlahmen.

---

[1] Dies kann man, wie es auch Heusler in den Anmerkungen zu F. Genzmers Übers. tat (1923), I, 86, ohne weiteres aus dem Zusammenhang ablesen.

X. Gunthers Sippe im Brünhildlied
(BRÜNHILD-LIED STUFE IIa).

Obwohl die Untersuchungen dieses Bandes sich in erster Linie mit dem Hallenkampf befassen, soll als Abschluß doch auch die Geschichte des *Brünhildliedes* vorläufig ein Stück weiter auf ihrem Entwicklungsweg begleitet werden.

Fassen wir zusammen, was die ersten Seiten dieser Untersuchung über das Aussehen des frühesten Brünhildliedes (Stufe I) ergaben. Es wird an dieser Stelle erlaubt sein, eine an sich nicht völlig gesicherte Annahme mit einzubeziehen: nämlich daß die im ersten Kapitel nachgewiesene Anleihe beim *Girart de Roussillon* (= „Stufe Ia") bereits vor Beginn der II. Entwicklungsstufe vollzogen worden sei.

Wir gewannen ein Lied ungefähr folgenden Aussehens, wobei freilich das Wertvollste, die Zufügungen und Kombinationen individueller Dichter, erst für den Mord-Abschnitt erkennbar ist.

Es war (in Burgund?) ein edler jagdfroher Fürst Sigebert. Der war in großer Liebe der Fürstentochter Brünhild zugetan, doch mußte er die Verlobung mit ihr auf Verlangen des Nachbarkönigs lösen. Ja, er hielt aus Freundlichkeit sogar als dessen Werber um ihre Hand an. Dafür vermählte der König ihm selber seine Schwester. Festlich beging man die Doppelhochzeit. Brünhild, die der Ruf begleitete, das Leben einer Kebse geführt zu haben, ließ Sigebert den Bruch seines Wortes bitter büßen, indem sie ihn mangelnder Erfüllung seiner — in Wirklichkeit gar nicht echten — Dienstmannsverpflichtung beschuldigte oder Anstoß daran nahm, mit einem so niedrig gestellten Schwager verwandt zu sein. Als sie einstmals geringschätzig sowohl ihm wie ihrer Schwägerin den fürstlichen Wesensschlag absprach, antwortete diese im Zorn: „Wer nahm dir das Magdtum?" Über diese Anspielung auf ihre Vergangenheit tödlich gekränkt, warb Brünhild Mörder und ließ Sigebert — sei es daß sie in ihrer Verlobungszeit seine Kebse gewesen war oder nicht — auf einer Eberjagd töten. Vor dem Aufbruch zur Jagd suchte Sigeberts ahnungsvolle Gattin ihren Gemahl vergebens zu warnen. Als diesen der Speer des Schergen traf, bat er darum, daß seine Witwe und sein Sohn gütig behandelt werden sollten. Einer der Beteiligten beschuldigte den Täter und erwartete wenig Ruhm von dieser Tat. Die Leiche wurde sogleich heimgebracht. Ein Eber habe Sigebert getötet, berichtete der Mörder der Witwe; diese aber sagte sogleich: Der Eber warst du, und „es hat geraten Brünhild". Brünhild ließ auch Sigeberts dreijähriges Söhnchen töten. In wort- und leblosem, starrem Schmerz saß und saß die Witwe an der Bahre Sigeberts. Trost von seiten eines Mitschuldigen vermochte nicht, sie ihrem schauerlichen Zustand zu entreißen. Da bewirkte die Schwester der Witwe (ältere Fassung vielleicht: eine fürsorglich listige Anordnung Sigeberts unmittelbar vor seinem Tode?), daß das Tuch von den Wunden der Leiche weggenommen wurde. Damit scheiterte die hexenhafte Rache-Hoffnung Brünhilds, und sie sprach einen Fluch auf den, der diesen rettenden Gedanken hatte. Denn beim Anblick der Wunden löste sich der Schmerz der Witwe zu Tränen und einem weithin hallenden gewaltigen Schrei der Klage. Als er ertönte, fiel dem Gatten Brünhilds auf, wie sein Weib plötzlich erbleichte, und er erkannte, daß das Leben dieser Untäterin an seinem Ende angelangt war. Brünhilds Tod wird man sich in der frühesten Zeit nicht als einen reuigen Selbstmord vorstellen dürfen (Hans Kuhn, Zs. f. d. Alt. 82, 1948/50, 191f.). Hennegauer Ortssage über den Haltepunkt des Rosses, durch welches man Brunehaut zutotschleifte: P. Sébillot, *Le Folklore de France*, III.

Für das Jahr 1131 liest man bei dem Dänen Saxo bezeugt ein Lied über „notissimam Grimildae erga fratres perfidiam". Das ist das früheste hochbedeutsame Zeugnis für den Abschluß eines mächtigen Wandlungsprozesses. Die Heldin des alten gotischen Krimhildliedes rächt von nun an den Gatten aus erster Ehe, Sigfrid, an den Brüdern. Sie, die Heldin des Erbstreits, ist also nunmehr in die Rolle der Sigibert-Gattin eingerückt, und Gunther, der Held des Hortstreits[1], in die Rolle des Brünhild-Gemahls. Es liegt nahe, sich diesen Vorgang so vorzustellen, daß ein Dichter, begeistert für die Bruder-Rächerin Krimhild, plötzlich auf den Gedanken gekommen wäre, sie zur Sigfrid-Gattin zu machen; um die Härte ihres Hasses gegen Attila zur Abwechslung an andern Gestalten, denen der Brüder zu erproben. Vor einer Erklärung, die das „Gesetz der Trägheit" außer acht lasse, warnte bereits Heusler, der die Verschmelzung übrigens bereits für die Zeit um 680 vermuten wollte. Krimhild wurde „gleichgesetzt der Gattin Sigfrids; ihre drei Brüder sind gleichgesetzt den Schwägern Sigfrids. Dies erst hat die geschichtlich burgundischen Namen der Gibichunge samt dem mittelrheinischen Schauplatz in die *Brünhild*dichtung gebracht. Andererseits hat Hagen von Hause aus dem *Sigfrid*kreis angehört[2] und ist von dort in den

---

[1] Ein Sigfrid-Hort ist zu dieser Zeit noch nicht vorhanden, da er den Drachenkampf voraussetzt. Heusler dagegen wollte ihn — schon im *Guntherlied* des 5./6. Jahrhunderts — für identisch mit Gunthers im Rhein versenktem Königsgold halten (ebenso Baesecke); obwohl Heusler sonst für Sigfrid im ersten *Guntherlied* keinerlei Verwendung hat (*Nibel.s.* ³, 45). An eine Rächung von Sigfrids Ermordung hatte, nach Heuslers Meinung, Sigfrids Witwe damals noch nicht gedacht, im Gegenteil, sie habe in diesem ältesten *Burgunderlied* um die Mörder gebangt, warnend vor Etzels Arglist, und habe sie gerächt, indem sie ihre eigenen beiden Söhne umbrachte (46f.)! Für diese unmögliche Vorstellung suchte als hoffentlich Letzter Baesecke zu plädieren: es sei innerhalb des ältesten *Burgunder-Untergangs* die „Pflicht der Rache für Sigfrid . . absichtlich zurückgeschoben, und jedenfalls hindert sie nicht die Rache für die Brüder, die doch Mörder Sigfrids waren" (*V. u. F.*, I 274). Entsprechend glaubt Baesecke auch, daß Gunther von jeher der Gemahl Brünhilds gewesen sei (I 252). Dann wieder scheint Heusler das höhere Alter des *Burgunderliedes* zu empfinden: „Denkbar, daß der Unterschied auf ungleichem Alter beruht: die Brünhildendichtung könnte um drei, vier Geschlechter jünger sein. Wir wissen zu wenig vom merowingischen Heldengesang, um über seine Entwicklung auszusagen!" (53) An dieser Stelle (54) des gleichen Buches erst gestand sich Heusler ein, daß der durch Brünhild angestiftete Sigfrid-Mord ursprünglich nichts mit Gunther und seinem Schatzbesitz zu schaffen hatte: nunmehr sprach Heusler den Anschluß an die Tötung des Drachenhort-Besitzers als „eine bedeutsame Neuerung" des *Gunther*-Dichters an: „Grimhild, die Mörderin Attilas . . ist gleichgesetzt der Gattin Sigfrids" usw.

[2] Heuslers Neigung zum Apodiktischen geht hier (*Nibelungensage* ³, 54) reichlich weit. Wer der Scherge Brünhilds war, weiß niemand, so wenig wie in *Brünhildlied*

Burgundenfall gelangt. Aneinandergerückt, nicht innerlich verbunden, waren die zwei Heldensagen. Jede ruhte noch in sich selbst. Die zweite Sage war keine Fortsetzung der ersten; sie konnte genau so verlaufen, wenn Grimhild nie das Weib Sigfrids gewesen war[1]. . . Möglich wäre zum Beispiel. . . daß. . . die zwei Lieder *[um 680]* gegenseitig ihre Namen entlehnten. Ihre Handlung wurde dadurch nicht angetastet".

Gegen eine gewalttätige Entstehung habe auch ich Bedenken zu äußern. Bei der Beliebtheit und Bekanntheit des Gegenstandes hätte sich ein Dichter mit einer völligen Umkehrung des Stoffes vor seinem Publikum schwerlich sehen lassen dürfen. Überdies: wann und in welcher geographischen Breite lagen ihm das Lied von der Bruderrächerin und das Lied von Sigfrids Tod jemals so säuberlich zuhanden, daß er nur noch die Hauptpersonen umzubenennen brauchte? Ich meine zu sehen, daß das niemals und nirgendwo der Fall war; schon das verschiedene Verbreitungsfeld der Namen Gudrun und Krimhild erweckt Bedenken. Schließlich was geschah eigentlich mit Brünhild? Über ihre nordische Rolle ist die Ratlosigkeit total. War sie von vorneherein, wie zuletzt Baesecke annahm, eine unhistorische, mythische Gestalt?[2] War das nicht der Fall, — und für diese Gegenmeinung treten

---

Stufe I „Schwäger Sigfrids" beweisbar oder widerlegbar sind. Warum mir eine ursprüngliche Zugehörigkeit des *Hagen*-Namens zum „*Sigfridkreis*" widerstrebt, habe ich oben S. 40 n. 1 dargelegt. Daß der Drachenkämpferhort erst in *Brünhildlied Stufe IIb* hereinkam, wird noch zu zeigen sein; für *Stufe IIa*, beim Eindringen der burgundischen Nibelungen, scheint mir also Heuslers These verfrüht: „Ferner sehen wir den Hort, diese Achse unserer Sage, gleichgesetzt dem umfabelten Nibelungenhort, der einst Sigfrid gehörte. Diese Gleichung mag ein Anstoß gewesen sein, die zwei einst unabhängigen Liedstoffe zu verknüpfen" (54). Höchst anerkennenswert ist, daß Heusler hier jede Vorstellung von einem *Fluch*, der an dem Hort gehaftet hätte, scharf ablehnte. Dagegen rechnete v. Kralik diesen *Fluch* zum Bestand der ältesten Notdichtung (*Von deutscher Art in Sprache und D.*, Stuttg. Bln 1941, II 225 f.): sogar der Giselher-Rüdiger-Konflikt habe sich „als eine Folge des auf dem Horte haftenden dämonischen Fluches" ergeben (227)!!

[1] Heusler fährt unnötigerweise fort: „. . nur daß die Namen Nibelungen und Nibelungenhort dann zu streichen wären" (56), — auf Grund seiner irrigen Alben-Theorie, wonach in frühester Zeit Nibelungen und Sigfrid zusammengehört hätten. Dabei fällt doch schon dem oberflächlichsten Leser des NL auf, wie der Name Nibelungen erst in Zusammenhang mit den Hunnenkämpfen auftritt.

[2] Heusler hatte sich nicht entscheiden wollen und einen wenig einleuchtenden Kompromiß vorgeschlagen: Die älteste Nibelungenfabel, zu welcher er die Erweckung der in einem Flammenwall eingeschlossenen Schildmaid durch den hürnenen Drachenkämpfer rechnete, zählte für ihn einerseits „nicht zu den lebenstreuen Abbildern der Kriegerwelt, wie etwa die von Hildebrands Kampf mit seinem Sohne. Aber ebensowenig gehört sie zu den heroischen Abenteuern, die wie gesteigerte Märchen wirken (man denke an die Drachensagen und ähnliches) . . kein halbgöttliches Weib, keine Walküre . . Sigfrid und Brünhild . . ragen wie Wesen aus einem Zauberreich in die Gesellschaft der Wormser Könige herein". (*Nibelungensage*[3], 14f.). Aber wäre denn ein Beginn mit Waberlohe-Burg und Drachenkampf nicht ein „gesteigertes Märchen"?

die Beiträge dieses Bandes ein — so bleibt die Frage zu beantworten, wie sie zu ihren mythischen Zügen kam.

Mit der Beantwortung dieser letzten Frage (Stufe IIb) soll sich der nächste Band befassen. Hier genüge es, den Beginn der Wandlung, den Beginn der II. Stufe kurz zu umreißen, der nach meiner Vermutung zögernd und schrittweise sich vollzog.

Der erste Schritt war der Einfall eines Brünhild-Sängers, seinem Gegenstand durch Hinweise auf den — vielleicht erfolgreicheren — „Burgunden-Untergang" aufzuhelfen. Dieser Dichter dachte noch schwerlich an eine Abänderung des Problems und der Charaktere. Brünhild sollte jetzt die Schwester Attilas sein; das hat sich im Norden erhalten. Und Gudrun — denn von Krimhild wußte er nichts — sollte nunmehr mit der Sigebert-Gattin identifiziert werden (deren Namen verschwand jetzt, sofern sie nicht etwa ihrerseits zufällig Gudrun geheißen hatte). Auf der frühesten Verschmelzungsstufe taucht eine spätere Hochzeit zwischen Attila und Gudrun zunächst noch in der bescheidenen Form auf wie in *Sigurđarkviđa en skamma* (abgekürzt „*S. skamma*"), nämlich als bloße Vorschau. Jener Dichter dachte nicht daran, den Bereich des Sigfrid-Liedes zu verlassen und etwa beide Lieder hintereinander zu erzählen. Der Nexus hätte ihn wahrscheinlich in Verlegenheit gebracht. Nur als eine allgemeine Vergeltung für den Sigfrid-Mord war es gedacht, wenn er den Mord in eine frühe Meintat der durch ihren späteren Untergang bei Attila berühmten Gibika-Sippe verwandelte. Ein exemplarischer Untergang war eben recht als Abschluß für ein exemplarisches Verbrechen. Die eddischen Sigurdlieder geben dieses Stadium getreu wieder. Im Sigurdlied *en forna* (abgekürzt *S. forna*) etwa krächzt ein Rabe: „Mit eurem Blut wird Atli Eisen röten". Damit hatte es dichterisch sein Bewenden.

Von einer Gudrun, die an Attila Rache vollzog, wußte der Dichter entweder nichts oder ließ ihre Härte beiseite, nachdem er sie mit Sigfrids sanfter Gattin[1] verschmolzen hatte. Nochmals: die verwitwete Gunther-Schwester als Rächerin tritt erst in Krimhildlied Stufe IIb sicher auf, wohl in einem geographisch beschränkten Raum des östlichen Germanentums und wahrscheinlich zunächst an den Namen der harten Krimhild vom Attila-Hof gebunden. Daß damals im Westen die Krimhild der gotischen Lieder zunächst kein bedeutendes Prestige besaß, erweist sich am besten daraus, daß beim ersten Dichter des fränkischen *Brünhildliedes Stufe II* auch die Mutter Gundruns ihren angestammten Namen Grimhild weiter-

[1] So wenigstens erscheint sie in den uns erhaltenen dichterischen Texten; im *Daurel* baut sie nur auf eine dereinstige Rache von seiten ihres Söhnchens; mehrfach wird ihr früher Tod, am Kummer, berichtet. Anderes würde man nach den Nachrichten über die historische Sigibert-Gattin erwarten, auf welche oben Hugo Kuhn verweist.

führt[1]. Erst später, als der Siegeslauf des Krimhild-Namens und der Krimhild-Härte sich nicht mehr aufhalten ließ, wurde der Name der Mutter Grimhild durch Ute ersetzt und der ihrer Tochter zugunsten Krimhilds preisgegeben.

Zunächst also: Einschmelzung der bloßen Namen des westlichen *Untergang-Liedes* (Gundrun usw.) in das *Brünhild-Lied.* Das isolierte „Gunther-Lied“ im Zustand vor seiner Einschmelzung in das *Erbstreit-Lied* hat keine bessere Stütze für seine vermutliche Existenz als jene frühesten Spuren in der Sigfrid-Dichtung.

Diese Einschmelzung nun übte keineswegs eine belebende Wirkung auf das *Brünhildlied* aus. Zwar nicht Brünhild, aber Gundrun, die neue Sigfrid-Gattin, verlor an Farbe. Ihre früheren jagdfrohen Züge verschwanden. Ihr künftiges Witwentum warf seinen Schatten über sie; wir kennen sie nur mehr in den bangenden, klagenden Zügen, die uns der Norden überlieferte und von denen sich vermuten läßt, daß sie aus dem ältesten Gunther-Lied mitgebracht worden waren. Auch der sorgende und kluge Gunther des Gunther-Liedes verkümmerte in der neuen Umgebung; vom früheren Brünhild-Gatten, falls es ihn gab, scheint nicht viel zu erben gewesen zu sein.

Eindeutig bezeugen das alte Sigurdlied (Brot) und S. en skamma, daß Hagen=Högni als Gegenspieler der Brünhild in das *Brünhildlied* eingeführt worden war. Er stimmt im Rat gegen den Mord[2]. Im übrigen trieb er ziemlich beschäftigungslos in der neuen Umgebung, belebte sie aber wohl durch sarkastische Bemerkungen, etwa wenn er zum Sterbenswunsch der mordgierigen Brünhild meint, niemand solle sie von ihrer Reise abhalten *(S. skamma; Völs.S. 2.Teil).*

Schwerlich eine Stärkung also gewann das Brünhildlied aus dem Anschluß an das Gunther-Lied. Die Funktion dieses Anschlusses ist vielmehr eher gewesen, das Brünhildlied so zu schwächen, daß es widerstandslos

[1] Ich folge hier Baesecke (s. oben S. 37). Heusler glaubt noch an einen zufälligen Namenwechsel bei der Grenzüberschreitung nach Skandinavien. „Der Name Grîmhild ging über auf die Mutter, und die Tochter hieß nun, mit Anklang an Gunther, Gudrûn“ (*Nibelungensage*, ³1929, 24).

[2] So ist es bezeugt. Heusler, *Nib.s.* ³, 192 wurde hier seiner Bevorzugung der eddischen Tradition untreu. Er erwähnt „zwei Eddadichter“, aber ohne anzugeben, wem diese die Entlarvung Brünhilds und den Gegenrat in den Mund legen. Offenbar war ihm die Position Hagens ein Rätsel. Vielen erschien sie unfaßbar. Sollte nicht, so meinte man, Hagen nachträglich an die Stelle Giselhers (Heusler, *Nibelungensage* ³1929, 12) oder Gernots (v. Kralik: *Von deutscher Art in Sprache und Dichtung*, Stuttg. 1941, II) gerückt worden sein? Ob für ihren Mordanschlag Brünhild bereits auf *Stufe I* einen Gatten — etwa im Gespräch unter vier Augen (diese Szene hält Heusler, *ebd.* 37, für älter als die Beiziehung Hagens) — heranzuziehen hatte, ist unbeweisbar; der merovingische Historiker schreibt die gesamte Durchführung der Königin allein zu. Ist der am Mordrat beteiligte rätselvolle Ortwin von Metz *(NL*, Str. 865) ein Rest aus *Brünhild I* und Vorläufer der „Burgunder“? (eine Beziehung zum altfranzösischen Epenhelden Hervis de Metz kann ich nicht sehen.)

wurde. Widerstandslos gegen den Anschluß an *Sigmundlied Stufe II*, an welchem sich der Dichter von *Brünhild Stufe IIb* versuchte und dessen Handlung uns im germanischen Bereich nur in rätselvollen, oft unverständlichen Trümmern erhalten ist. Dieser Stoff erst, von dessen Wiedergewinnung das Verständnis der jüngeren Nibelungen-Genesis abhängt, hatte es in sich, grundlegende Wandlungen der Charaktere aufzuzwingen. Der äußere Erfolg der Wandlung war gewaltig, besonders im Norden. Aber eine innere Zerrüttung des *Brünhild-Liedes* durch Phantastik drohte. Nur dadurch war ihm aufzuhelfen, daß dieses nun allen Verlockungen verfallene westliche Lied — als Vorgeschichte — an dem immer noch wuchtig und archaisch hart gebliebenen östlichen Ausläufer des *Gunther*-Themas einen Halt fand. Diese letzte Verknüpfung ist recht eigentlich das Verdienst jenes Dichters, auf dem *Thidreksaga* und *NL* beruhen und welchen A. Heusler vorschlug, den Dichter der „Älteren Not" zu nennen.

Exkurs zu R. C. Boer's Tryggvason-Parallele

Bis zu diesem Punkt unserer Untersuchung, bis zum Beginn von *Brünhild Stufe IIb*, den die eddischen Brünhildlieder kennzeichnen, war unsere Rekonstruktion des *Brünhild*liedes im wesentlichen auf die Subtraktionsmethode angewiesen. Diese ist als Methode durchaus legitim, doch wohnt ihr notwendigerweise etwas Lebloses inne, da sie gleichsam mit einer Art von photographischem Negativ-Bild arbeiten muß. Umso erwünschter waren daher die drei Fragmente von „Positiv-Bildern" aus diesem Entwicklungsgang, die uns zugänglich sind: Hugo Kuhns Darstellung der geschichtlichen Grundlage, sodann unsere Parallele des *Girart de Roussillon* und schließlich der *Daurel*.

Wäre es möglich, aus dieser frühen Zeitstufe eine weiteres „Positiv-Bild" aufzufinden, etwa aus der Zeit der Wende zu *Brünhildlied Stufe IIb* — ein Zeugnis, welches, wenn auch mit abgeänderten Namen, Rückschlüsse auf den Entwicklungszustand zu diesem Zeitpunkt zuließe, und an dem sich unsere bisherigen Ergebnisse weiterhin auf ihre Richtigkeit überprüfen ließen?

Es ist möglich, daß es ein solches viertes Positiv-Bild gibt. Zwar werde ich meine Beweisführung vorsichtshalber nicht darauf gründen, da eine skeptische Grundeinstellung lieber mit bloß scheinbaren Ähnlichkeiten rechnet, wie sie unabhängig voneinander zustandekommen können. Vor einer endgültigen Entscheidung über den „Roman von Olaf Tryggvason und Sigrid" wird es wohl noch mancherlei Diskussion geben müssen. Den vermutlich nicht zahlreichen Benutzern eines durch seine mythenfreundliche Phantastik in Mißkredit geratenen Buches, der *Untersuchungen über den Ursprung und die Entwicklung der Nibelungensage* von R. C. Boer (3. Band, Halle 1909) ist ja dieser Roman von Sigrid bekannt, von welchem der Entdecker schrieb: „Ihr *[Sigrids]* Lebensroman ist dem der Brynhildr so vollständig gleich, daß man nahezu von Identität sprechen kann. Die Möglichkeit, daß diese Gleichheit ganz auf Zufall beruhen sollte, scheint mir ausgeschlossen zu sein. . . Wir brauchen an dieser Erzählung wahrlich nicht viel zu ändern, um Zug für Zug Brynhilds Geschichte zurückzufinden" *(Unters. III* 147, 149*)*.

Wenn trotz dieser in heiliger Überzeugung niedergelegten Worte in keiner der späteren Nibelungenforschungen die Entdeckung Boers meiner Erinnerung nach auch nur erwähnt wurde, dann wohl darum, weil Boer durch eine abwegige Theorie seine immerhin erwägenswerte Entdeckung diskreditiert hat. Es genügt ja nicht, eine Entdeckung gemacht zu haben, man muß sie auch richtig deuten; und es ist freilich stets ein Glücksfall, wenn beides zusammengeht. Bei Boer sind die elf wie mir scheint wesentlichen Seiten in rund siebenhundert vielfach abwegigen oder nichtssagenden ertränkt.

Betrachten wir den aufgewiesenen Sachverhalt, zunächst unter Beiseitelassung von Boers Wahngespinst, welches auf dem Glauben beruht, die im nachfolgenden aufgeführten Punkte I und II hätten etwas mit dem *Brünhildlied* zu schaffen.

(I) *Der* — geschichtliche — *Hinterhalt, dem ein König zum Opfer fiel* (= Boer 162: „a: die historische Überlieferung").

Als der Dänenkönig Harald Gormsson starb, stieg bei den Norwegern, zu deren Oberherrn er sich gemacht hatte, die Hoffnung, das dänische Joch abzuschütteln. Der Norweger Olaf Tryggvason verwarf alle Ansprüche von Haralds Sohn und Nachfolger Sveinn. „Als Oláfr einmal mit einer kleinen Flotte nach Vindland gesegelt ist, wo er seine Freunde besucht, lauern Sveinn und seine Verbündeten ihm bei Svǫldr auf, überfallen ihn und töten ihn" (Boer). Allgemein werden die Zeitgenossen nach einem Grund gefragt haben, wie Olaf sich mit so wenigen Schiffen auf See begeben konnte. Die älteste Erklärung scheint gewesen zu sein: er hatte nach Wendenland fahren wollen, um sich dort bei einem fürstlichen Bekannten eine starke Flotte auszubitten.

(II) *Ausschmückung von „Olaf Tryggvasons Tötung" durch die älteren Geschichtsschreiber* (= Boer 162, „Stufe b: Oláfr zürnt, weil Sveinn ihm einen Schatz vorenthält"). Die ältesten Quellen sind die *Historia Norvegiae* (Mon. Hist. Norw. p. 116ff.), die ihrerseits auf schriftlichen Zeugnissen zu fußen behauptet. Ihr folgt die Chronik des Agrip nach. Aus dem Bruchstück einer dritten Quelle, Theodorus Monachus — Boer 163 vermutet, daß dort der Sachverhalt von I erzählt worden sei — erfährt man wenigstens, wer dem Bund gegen Tryggvason angehörte: außer dem Dänen Sveinn der Schwedenkönig Olaf und ein Jarl Eirik. Die patriotisch-norwegische *Historia Norvegiae* berichtet:

Die Ermordung Olaf Tryggvasons hatte mit seiner Gattin Thyri zu schaffen, einer Schwester des Sveinn von Dänemark, die von ihrem Bruder niederträchtig behandelt worden war. Sveinn hatte sie vorher gegen ihren Willen mit einem slavischen Fürsten (Boreslav) verheiratet, dann hatte er ihr im Heiratsvertrag mit Olaf eine reiche Mitgift mit der Insel Seeland ausgesetzt, verweigerte aber nachher die Auslieferung. Olaf war es daher, der nun mit einer gewaltigen Flotte gegen ihn zu Feld zog; weiteren Zuzug an Schiffen erwartete er noch. In der Meinung, seine übrigen Schiffe seien hinter ihm, fuhr Olaf mit wenigen voraus, drehte aber vor den dänischen Gewässern ab. Er entschloß sich, bei den Slaven Hilfe zu suchen, unterwegs aber verlor er bei Seeland durch den Angriff Sveinns und seiner Verbündeten das Leben.

Man kann mit Boer vermuten, daß hier bereits die Sage ihr Werk begann. Daß Thyri, die durchaus eine geschichtliche Gestalt gewesen sein mag, zumindest nicht der primäre Anlaß des Krieges gewesen sein kann, ergibt sich aus I. Von der möglichen Ehe einer Sveinn-Schwester mit Olaf schreibt Boer: „Es ließe sich sogar denken, daß sie tatsächlich gegen Sveinns Willen zustande gekommen wäre, da man nicht versteht, wie dieser, der doch von vornherein dem Oláfr feindlich gesinnt war, seine Zustimmung geben konnte“ (169).

(III) Die übrigen Zeugnisse sind z. T. zweihundert Jahre jünger als die Seeschlacht von Svöld. Sie führen nicht nur eine bisher nie genannte Gattin des Dänen Sveinn ein, Sigrid, sondern zugleich jene ganz neuartige Handlung, die vom *Brünhildlied* her unsere Aufmerksamkeit erregt. Der Kriegsanlaß von I (Olaf hatte sich Norwegens bemächtigt) ist durchaus, der von II noch einigermaßen erhalten (Boer: es „ist Sveinn, der zürnt, weil Olaf Thyri geheiratet hat“); daneben steht nun aber ein dritter, ohne daß es irgendwie zwingend ist, warum die durch I und II gegebenenen Kriegsanlässe nicht hätten genügen können, . . . der neue Grund für den Überfall[1] ist die Feindschaft der Sigrid gegen Olaf.

Dieser „Roman“ — ich folge bereitwillig der von Boer selbst gewählten Bezeichnung p. 161 — wurde in mehreren, leicht unterschiedlichen Aufzeichnungen nacherzählt, wobei die Ehe zwischen Olaf und der Sveinn-Schwester Thyri „auf die Dauer sehr romantisch ausgeschmückt worden“ ist (Boer), und auch die Sigrid-Geschichte, wie sich Boer zurückhaltend ausdrückt, „danach aussieht, als enthalte sie mehrere poetische Züge“ (150).

A: Verlorenes lateinisches Buch des Mönches Odd, welches außer I und II nach Boers Nachweis auch Züge der Tradition Snorris (C) mit einbezog. Es ist erhalten in altnordischen Bearbeitungen:

Aa: Stockholmer Hs., ed. Christiania 1853.

Ab: Arnamagnaeische Hs., ed. *Formannasögur* 10, 216ff. (breitere, frömmelnde Darstellung).

B: *Fagrskinna*, ed. 1847.

---

[1] Es ist nun nicht mehr wie in II Olaf, der den Krieg erklärt, obwohl III sonst von II ausgeht. Boer 162 nahm an, Sveinns Angreiferschaft sei ein irgendwie erhaltener Zug aus I.

C: Snorri, *Heimskringla* I 338ff.

(**D**: Lange *Oláfs saga Tryggvasonar: Flateyjarbók*, Bd. I; *Fornm. Sögur.* I—III).

(**E**: Legendäre *Oláfs saga helga*, Christiania 1849).

Meine nachfolgende Nacherzählung hält sich an die Fassung Aa, obwohl C häufig ursprünglichere Einzelheiten bewahrt hat. In Klammern gebe ich wichtigere Abweichungen von C und anderen Fassungen, ohne einer genaueren vergleichenden Durchforschung sämtlicher Belege vorgreifen zu wollen. Die gegenüber I und II neu auftauchenden Züge, um die es mir ausschließlich geht (für I und II bestreite ich gegenüber Boer jeden Zusammenhang mit der *Brünhild*-Dichtung), gebe ich in Kursivdruck wieder.

In Schweden lebte eine stolze heidnische Königin Sigrid, geschiedene Frau des greisen Eirik hinn sigrsæli, von dem sie sich vor seinem Tod selber getrennt hatte. Sie führte den Beinamen en stórráđa (Ab C E: diese Hervorhebung ihrer männlich großen Willensentscheidungen erhielt sie[1]*, nachdem sie zwei — in E: sieben — der Fürsten, die sie zur Frau begehrten, im Feuer umkommen ließ . . sie verbrannte diese und ihr Gefolge in den Sälen oder Zimmern, in denen sie wohnten . . [C: weil sie sich auf andere Weise nicht abweisen ließen]). Dann warb Olaf Tryggvason um sie. Sein Ring aber — sein Bote überbrachte ihn zugleich mit der Werbung — erwies sich als kupfern [C: unecht; er stammte aus dem Tempel in Hlađir; Ab: aus dem Tempel des Jarl Hakon]. Als Sigrid das entdeckte, glaubte sie zornig, er treibe seinen Spott mit ihr: so gelangte Olaf wieder in den Besitz des Ringes, . . sie sandte ihn ihm zurück [fehlt in C]. Olaf selber, als sie einander später [C: im Frühjahr darauf, in Konungahella] gegenübertraten, beteuerte seine Unschuld an dem Vorkommnis. Die Heirat zwischen ihnen beiden, auf welche sie sich nun in einem Verlöbnis einigten, kam nicht zustande . . als sie, die Heidin, von ihm, dem frommen Christen, verlangte, sein Christentum abzulegen [Ab C: als sie seine Forderung, ihr Heidentum abzulegen*[2]*, ausschlug], sprach er eine Beschimpfung aus — hrokinun [Ab: gamla hrockinskinna, C: hundheiđna] — und schlug sie mit seinem Handschuh [C: ins Antlitz]. So war ihr Verlöbnis gelöst; seither brütete sie Rache gegen ihn [C: sie sagte ihm sogleich: das müsse dein Tod werden*[3]].

Olaf nahm eine andere zur Gattin. Er begehrte Thyri (sie fehlt in E), die Schwester des Dänenkönigs Sveinn. *Sveinns Gattin, eine Tochter des Wenden Burizlav*[4]*, hatte diesen beredet*, seine Schwester ihrem Vater zur Gattin zu geben; nachdem aber Thyri, *die neun Nächte lang Burizlavs Lager teilte*, seit der Hochzeit elf (B: sieben) Tage lang Trank und Speise verweigerte, kam sie frei. Sie kehrte *zunächst auf ihre*

---

[1] Boer 169: „Etwas muß sie getan haben, um den Namen zu verdienen"; er nimmt an, daß der Tod der Freier den Anstoß dazu gab. C: „Sigrid war eine sehr weise Frau und sah manche zukünftigen Dinge voraus".

[2] Nach Boers Vermutung ist dies der spätere Zustand. „Die Frömmigkeit des Königs soll ins Licht gerückt werden" (161).

[3] Für das Archaische dieses Wortes *þetta mœtti verđa þinn bani* ließe sich anführen, daß *verđa* — wie es Ladislaus Mittner in seiner sprachgeschichtlichen Deutung des Wortes nachwies — ziemlich regelmäßig verwendet wird, wenn es um eine Todesankündigung und um kommendes Verhängnis geht.

[4] Sie mag historisch gewesen sein, denn sie steht in Widerspruch zu der Ehe Sveinns mit Sigrid. Der Erzähler läßt diese erste Gattin Sveinns sterben, bevor Sveinn Sigrid gewinnt. — Auch der geschichtliche Chilperich (s. S. 12) hatte eine erste Gattin, Gailswinth.

Güter in Falstr zurück, *schickte ihren Ziehvater*[1] *Aki zu Olaf* und suchte dann diesen selbst auf (C: *sofort* nach Auflösung ihrer Ehe *floh sie* nach Norwegen zu ihm). Sie verlobten sich *in Falstr*, dann zog sie mit Olaf in dessen Königreich, *wo sie ihm einen Sohn Harald gebar, der nur ein Jahr alt wurde.* Sveinn ergrimmte, *weil man ihn nicht um Erlaubnis gefragt hatte.*

Nach dem Tod von Sveinns Gattin, der Tochter Burizlavs (C: ein Jahr nach dem Vorfall zwischen Olaf und Sigrid in Konungahella, und gleichzeitig mit der Hochzeit zwischen Olaf und der Schwester Sveinns, Thyri), hatte Sveinn Sigrid geheiratet, die bis dahin für Freier so Unzugängliche. (B: sie schenkte Sveinn eine Tochter, Astrid). Oft (fehlt in Ab) gab sie ihm zu verstehen, er müsse sich am Gatten seiner Schwester rächen (C: obwohl ihr wirklicher Grund der Bruch der Vorverlobung und der Schlag ins Gesicht war, gab sie, um ihren Gatten zum Anschlag gegen Olaf aufzuhetzen, wiederholt eine andere als die echte Begründung: Olaf „hatte mit Thyri Beischlaf gehalten .. mit Nicht-Erlaubnis von eurer Seite“[2]). Während eines Gesprächs, in welchem Sigrid dem Gatten ihre falsche Begründung gab, indem sie statt der Schmach, die Olaf ihr — vermeintlich — angetan hatte, diejenige vorbrachte, die er ihrem Gatten angetan haben sollte, äußerte Sveinn die Befürchtung, es werde nicht leicht sein, mit Olaf fertigzuwerden (B: im übrigen grollte er ihm, weil Olaf Tryggvason Norwegen in Besitz nahm). *Darauf ging Sigrid bis zu der Drohung* (fehlt in C), *sie werde ihn verlassen, wenn er sich nicht zu rächen wage*[3]. *Aus ihrem Kopf* (C: nicht aus ihrem Kopf) stammte der Plan, den Schwager auf die folgende Weise in den Hinterhalt zu locken: *unter der Vorspiegelung, daß* der Schwedenkönig Olaf, ein Heide — *Sigrid hatte ihn einst dem Eirik geboren, und er hatte als guter Sohn den Verlöbnisbruch und den Handschuh-Schlag zu rächen — zum Christentum übertreten wolle, luden die Dänen durch den Boten Jarl Sigvaldi ihren frommen norwegischen Schwager an die schwedische Landesgrenze* (fehlt in BC: dort wird Olaf während eines Besuchs in Wendenland *durch den doppelzüngigen Dänenboten Sigvaldi aufgesucht, der ihm einredet,*

---

[1] fóstri; Ab erwähnt zuerst Sigrids varnađarmáđr, später ihren — in Norwegen ansässigen! — fóstrfađir. Wie Boer schon durch die neun — in ihrer Keuschheit diskutierten — Beilagernächte Thyris erinnert wurde an die acht keuschen Beilagernächte Brynhilds, so entging ihm auch eine andere Parallele nicht: die Reisen Brynhilds zu ihrem Pflegevater Heimir; unmittelbar vor Brynhilds Hochzeit mit Gunnar heißt es etwa: „Denselben Tag begab sich Brynhild zu ihrem Pflegevater“ usw. (*Völsungasaga*). Boer zog den, wie mir scheint, glaubhaften Schluß, daß hier die Thyri-Gestalt einiges von (der sonst mit Sigrid parallelen) Brynhild geerbt habe.

[2] Dazu schreibt Boer p. 173: „So stachelt Brynhild in der *Sig. yngri* Gunnar durch die Behauptung, daß Sigurđr sie entehrt habe, auf“, — betont dann aber, er sei geneigt, diese Berührung „für zufällig zu halten .. höchstens eine sekundäre Rolle ..“ (147). Gerade hier aber ist das Auseinandergehen beider Werke eher ein Beweis für ihre Zusammengehörigkeit. Denn diese Denunziation „hafđi lagz hjá þyri“ ist absurd, wenn sie, wie hier, auf das Beilager des Schwagers mit dessen eigener Gattin bezogen ist. In C fügt Sigrid hinzu: „Eure Vorfahren würden solches nicht geduldet haben“. „Sigrid war die allergrößte Feindin König Olaf Tryggvasons, und der Grund war, daß König Olaf den Vertrag mit ihr gebrochen und ihr ins Angesicht geschlagen hatte“.

[3] Boer 154 verwies auf *Sig. en skamma*, Str. 11: „Will heimfahren / woher ich kam, / zu nahen Verwandten / wieder ziehen, — / dort sitz ich traurig, / verträume das Leben — / wenn du Sigurd / nicht sinken läßt / und aller Herrscher / höchster wirst“. Vgl. *Völs.-Saga:* „‚ich will zurückkehren zu meinen Verwandten und betrübt dort sitzen, wenn du Sigurd nicht erschlägst und seinen Sohn — zieh nicht den jungen Wolf auf!‘ ... Das erschien Gunnar als die größte Schmach, wenn seine Frau von ihm ginge“. Auch verweigert sie ihm so lange das Beilager.

von seinem Schwager Sveinn habe er nichts zu fürchten; Sigvaldi bietet ihm trügerisch Hilfe und hält Olaf Tryggvason listig so lang bei den Wenden zurück, bis dieser seine Flotte hatte vorausfahren lassen). *Vor dem Aufbruch wandte sich Thyri an ihren Gemahl: wenn er schon fahre*, so solle er doch beim Vorüberfahren in Dänemark[1] *(B: bei Burizlav)* ihr Schatzgut abholen *(C: daß er trotz ihrer Bitte nicht an der dänischen Küste vorbeisegeln will, brachte sie zum Schelten . . . auf seine Feigheit). Olaf wurde gewarnt. Aber* er brach doch auf, *zunächst an die Schwedengrenze, wohin man ihn absichtlich-irrtümlich bestellt hatte — er fand dort niemand, —* dann ins Wendenland *zu Burizlav*[2] (C: als Sveinn im Frühjahr von der Wendenreise seines Schwagers erfuhr, *lud er durch Boten* seine beiden Verbündeten zu dem im Sommer zu legenden Hinterhalt ein.) Unbedacht ließ Olaf einige seiner Schiffe abfahren (*C: erst nach der durch Sigvaldis List erfolgten Vorausfahrt der Schiffe brach dieser selbst auf und hinter ihm* segelte Olaf). Überfall und Tötung Olafs erfolgte auf hoher See. *Zu seiner Frau Thyri* (fehlt in BC), *die um ihn war, sagte er: nun wolle er ihr die Mitgift beschaffen. Die Witwe* (fehlt in BC) *beweinte den Toten, wies trotz des Zuredens eines der drei Mitverschworenen — Jarl Eirik — Speise und Trank von sich und starb neun Tage später.*

(IV) *Die erste These R. C. Boers.*

Der Beitrag Boers zum Tryggvason-Problem läßt sich in zwei Thesen aufgliedern.

Die erste, welche mir mehr Beachtung zu verdienen scheint als ihr bisher zuteil wurde, besagt: Der *Sigrid*-Stoff und der *Brünhild*-Stoff sind identisch, und zwar ist es im besonderen der ungefähre Gehalt des isländischen Liedes *Sig. en skamma*[3], der — nach Boer: mit einer Vorwegnahme um nur ganz

[1] Dieses aus II abgeblaßt wiederkehrende Mitgiftmotiv sollte bald mit der aus I stammenden Wendenfahrt verknüpft werden: „Die Reise nach Wendland, die in a zufällig war, wird durch einen zweiten Schatz, den der König dort abholen will, — nur eine Wiederholung des ersten Schatzes, — motiviert. Natürlich wird der wendische Schatz, da Oláfr mit den wendischen Fürsten befreundet ist, ihm ausgeliefert" (Boer, III 163).

[2] Dort holte er (ebenso in BC) nun den Schatz ab, den Burizlav seiner ihm vormals angetrauten Gattin Thyri seltsamerweise schuldete. Boer 163f. schreibt über B: „An zwei Stellen hat *Fagrsk.* die Darstellung bedeutend vereinfacht. Daß Oláfr zwei Schätze zu holen habe, kam dem Verfasser ungereimt vor. Er erzählt nun, daß bei der Doppel-Ehe Sveins mit Gunnhildr, Burizleifs mit Thyri, Gunnhilds und Thyris Besitztümer getauscht wurden. Oláfr hatte demnach nun in Vindland einen Schatz zu holen; — und so erklärt der Verf. es sich auch, daß in seiner Quelle von zwei Schätzen die Rede war . . . Ferner schließt der Verf., daß, wenn Oláfr auf die Reise geht, um einen Schatz aus dem Wendenlande zu holen, er nicht zugleich sich aufmacht, um dem Schwedenkönig zu begegnen. Die List, wodurch Oláfr aus dem Lande herausgelockt wird, läßt er demnach fort".

[3] Das Lied *Brynhilds Helfahrt* zieht Boer nur für die Stelle des keuschen Beilagers heran. Diese Berührung ist aber nicht die einzige. Das *Helritt*-Lied, das Heusler möglichst spät ansetzen wollte, dürfte in unmittelbare Nachbarschaft von *Sig. en skamma* zu rücken sein. Die subtile Unterscheidung, daß in der *Völs.S.* Brünhild zwar wie ein „Schwan auf der Woge" dasitze, aber doch noch nicht, wie im *Helritt*, Walküre im Schwanenkleid sei, ist zwar lobenswert präzis, genügt aber schwerlich als Beweis für die herrschende Theorie, wonach sie zuerst Schildmaid in der Waberlohe und erst durch „neue Zudichtung" (*Thule* II 21, p. 100) Schwanenjungfrau geworden sei.

wenige Jahre — hier in Norwegen erhalten ist. An Einwänden gegen Boer wird man dreierlei vorbringen müssen, nämlich daß doch gerade die drei einprägsamsten Züge der *Brünhild*-Dichtung fehlen: (a) der Zank der Frauen nebst dem Vorweisen des von Sigfrid zum Verlöbnis geschenkten und dann wieder zurückgewonnenen Ringes, (b) die verleumderische Erfindung der gekränkten Königin, ihr jetziger Schwager habe unter Nichtbeachtung der Genehmigung ihres Gatten das Beilager mit ihr mißbraucht; und schließlich (c) der Mordanschlag in seinen einprägsamen Umständen.

(a) Auf den ersten Einwand würde Boer erwidern können, daß der Zank der Frauen (mit Ring) auch in den erhaltenen eddischen Liedern fehlt. In *Sig. en skamma* genügt für Brünhilds Racheanstiftung ihre unerfüllte Liebe und der kurze Vers „Sein Weib ist Gudrun, / doch ich Gunnars". Es ist auch die Motivierung der *Völsungasaga*, die den Frauenzank ohne Ring und zunächst sogar ohne die Brautnacht-Anspielung hat: Gudrun fragt: „'Was wirfst du mir vor?' Brynhild antwortete: ‚Das sollst du entgelten, daß du Sigurd hast; ich gönne dir nicht, sein zu genießen noch des vielen Goldes'". Dort hat der Zorn der Brünhild seinen Ursprung darin, daß man sie nicht gefragt hatte, als Sigurd sich verheiratete; denn in der Zankszene folgt als Gudruns Antwort der dunkle Satz: „Mein Vater hätte wohl eine Heirat für mich ausersehen können, ohne daß du dabei gefragt wurdest". Boer ließ sich einen wesentlichen Beweis für seine These entgehen, als er diese Stelle nicht beizog. Der Mordbeschluß gegen Olaf kommt ja gleichfalls ausdrücklich darum zustande, weil die Tatsache, daß der Hochzeiter-Held vor seiner Eheschließung nicht gefragt hatte, eine Kränkung bedeutete — hier ausgebildet als eine Kränkung des historischen Olaf-Töters Sveinn. Der Tryggvason-Roman führt demnach mitten in den Bereich nordgermanischer Motivierungen zum Frauenzank. Und vielleicht beschenkt uns die norwegische Fassung mit einem kostbaren, bisher verschollenen Verbindungsglied zwischen kontinentaler und nordgermanischer Brünhilddichtung. Denn als einzige ältere nordische Fassung hat sie den Ring im richtigen — bei den Isländern verloren gegangenen — Zusammenhang (in *Sig. meiri* hat er seinen Sinn eingebüßt)! Von diesen Zusammenhängen hat Boer soviel erfaßt, als er in folgendem Satz ausdrückt: „Die Bedeutung des Ringes ist von Hause aus genau dieselbe: er soll ein Pfand der Treue sein, wird aber zum Zeichen der Untreue. Bei der Verlobung wird er gegeben, bei der darauf folgenden Begegnung wird die Verlobung aufgehoben" (173). Der erste der drei Einwände kann damit als erledigt gelten[1].

[1] Diese beiden Ringe hielt Symons für eine verderbte Nachricht (Beiträge 3, 281). *Tryggvason III* scheint von Wert für den Widerspruch zwischen *Völs. S.* und *Snorra Edda:* in der ersten nahm Sigurd während der Betrugsnacht den Andvaranaut und gab ihn Gudrun; in der *Snorra Edda* gab er den Andvaranaut in dieser Nacht an Brünhild, die ihn dann beim Zank trägt (Symons a. a..o. 280 hatte das zweite für das Ursprüngliche gehalten).

(b) Daß der zweite Einwand in Wahrheit nicht berechtigt ist, wird nach meiner Meinung durch die Stelle „hafđi lagz hjá þyri . . . at ólofi yđru" bezeugt. Ich verweise auf Boers und meine Stellungnahme dazu in der Fußnote[2] oben S. 197.

(c) Daß der Hinterhalt, in welchem Olaf Tryggvason erschlagen wird, anders aussieht als derjenige, in welchen Sigfrid gelockt wird, wird als Einwand niemanden beschweren, der an die Abschnitte I und II unseres Exkurses denkt. Wenn man schon an den geschichtlichen Olaf Tryggvason Fabeln anknüpfte, so konnte man ja schließlich doch nicht so weit gehen, ihm sein Ende in der Seeschlacht von Svöld und das Unbedachtsame seiner Wendenland-Fahrt abzusprechen! Im übrigen scheint mir möglich, daß sogar noch in der Schilderung dieses Meeres-Hinterhaltes, — welcher als Hinterhalt den Nexus zur Assimilation des Sigfrid-Todes gebildet haben dürfte — einzelne Züge dieses Todes fortleben (Todbringende Aufforderung seines Gegners an den Meisterschützen Finn; Sage von einer geheimnisvollen Rettung Olafs aus dem Meer bei Svöld durch eine Frau — in C: Astrid; als Säugling rettete ihn die Mutter Astrid nach dem Meuchelmord am Vater auf eine einsame Insel usw.).

Ich hoffe, daß diese Ausführungen einen Beitrag bilden, Boers These einer Identität der beiden Stoffe zu untermauern.

(V) *Boers zweite These.*

Boers andere These besagt, daß der gesamte Tryggvason-Komplex I—III ohne alle fremde Beimischung entstanden und gegen Anfang des 11. Jahrhunderts aufgezeichnet worden sei. Ein Norweger, der von einer auf einem Felsen erlösten „Märchenprinzessin" wußte — diese sei bis dahin „eine Gestalt ohne Inhalt "gewesen (III 171) — habe das Märchen in die Sigrid-Geschichte eingefügt, und so sei das älteste Brünhildlied, identisch mit *Sig. en skamma*, „bald nach dem Jahre 1000" zustande gekommen (III 169). Es habe sich dann südwärts nach Deutschland ausgebreitet.

Eine Widerlegung ist überflüssig. Boer sah sich genötigt, selber einen partiellen Einfluß des *Brünhildlieds* auf den Tryggvason-Roman anzunehmen, da ihm nicht entging, wie zwingend das keusche acht- oder dreimalige Beilager Brünhilds ist („Unser keiner / konnt' um den andern / in acht Nächten / den Arm legen" usw.: *Helritt*, Str. 13), und wie wenig zwingend die neun Nächte Thyris, bei denen doch nach Boer „ein Zusammenhang wohl unleugbar" ist (III 174). Aber: „danach sieht es nicht aus", meinte Boer gegenüber der Erwägung, ein *Brünhildlied* könne auch sonst gewirkt haben; denn sonst wäre über Sigrid „nicht so kurz, so nüchtern und so wenig zusammenhängend" erzählt worden. Sollte ihm wirklich entgangen sein, daß das zur Felsenerlösung gehörende Waberlohemotiv anklingt im Feuertod jener zwei oder sieben ersten Freier Sigrids, welche nicht so glücklich gewesen waren wie der Vorverlobte Olaf und der Gatte Sveinn?

(VI) *Das Verhältnis von Tryggvason Stufe III zu Brünhildlied Stufe II*

Wem meine Annahme, daß durch den norwegischen Erzähler von *Tryggvason Stufe III* der Umriß eines verlorenen „norwegischen Brünhildliedes" erhalten ist, annehmbar erscheint, der wird bereit sein, noch einen weiteren Schritt zu tun. Es gilt die Frage zu stellen, welche Stelle innerhalb der Entwicklung von *Brünhildlied II* für jene norwegische Fassung anzusetzen sei. Nun läßt sich schwerlich verkennen, daß mit dem norwegischen Fund bereits die Schwelle von *Brünhildlied Stufe IIb* überschritten wäre. Zahlreiche Einzelheiten, deren geschichtlicher Zusammenhang im nächsten Band zu untersuchen sein wird, bedeuten eine Art Vorgriff über das für den ersten Band abgegrenzte Gebiet hinaus. So begnüge ich mich damit, vorläufig diejenigen Motive kommentarlos auszusondern, von denen ich zu sehen meine, daß sie erst auf Stufe IIb sich an Brünhild zu heften begannen.

1. Sigrids Vorgeschichte, ihre Scheidung von dem greisen (gautischen?) Schwedenkönig Eirik en sigrsæli, von welchem sie weiß, daß ihm der Tod bestimmt ist (Vgl. *Helreið Brynhildar*, Str. 9 über Brünhilds Sieg-Zuteilung: *Da ließ ich den Greis / im Gautenvolk, / Helm-Gunnar, bald / zur Hel ziehen*).

2. Der Anklang des Namens Sigrid (en stórráða) an die gewappnete Sigrdrifa auf dem Feuerschein-Berg, die von Sigurd aufgesuchte Sieg-Verweigererin gegenüber dem greisen Helm-Gunnar.

3. Das Ende der zwei oder sieben Freier-Vorgänger im Feuer. Daß Sigrid selber deren Töterin ist, erinnert an Brünhilds Worte zu Sigfrid, nachdem er die Waberlohe durchritt: „meine Waffen waren gefärbt mit Männerblut" (*Völsungasaga*) und an das Töten von Freiern durch die Brünhild des NL.

4. Vor ihren wichtigen Entscheidungen begibt sich Brünhild, solange sie noch nicht verheiratet ist, zu ihrem Pflegevater, um sich beraten zu lassen; über die Parallele zu Thyri s. o. S. 197, n. 1.

5. Vor dem Tode Olafs spielt eine durch seine Feinde veranlaßte absichtlich-irrtümliche Fehlbestellung — an die Schwedengrenze — eine Rolle; Olaf durchschaut sie nicht. Sie erinnert an die absichtlich-irrtümliche Fehl-Entsendung der Getränke während der Eberjagd im NL: dadurch wird dort der Trunk an der Quelle heimtückisch vorbereitet, der seinerseits nötig ist, um den hürnenen Helden zu veranlassen, sich niederzubeugen. Davon weiß die Brünhilddichtung nicht früher als auf Stufe IIb.

6. Zu den bisher am wenigsten aufgeklärten Rätseln der Nibelungen-Genesis gehört, warum in *Sig. skamma* und in der *Völs. saga* Sigurd nicht im Wald ermordet wird, sondern zu Haus. Hierzu vorerst nur so viel: die beiden genannten Fassungen haben mit *Tryggvason III* gemeinsam, daß den Helden der Tod in unmittelbarer Nähe seiner Gattin und vor deren Augen ereilt. Das ist dem älteren *Brünhildlied* fremd, widerspricht ja auch dem altbezeugten Versuch, der Witwe einen bloßen Jagd-Unfall einzureden.

Woher *Brünhild IIb* diesen fremden Typus erhielt, wird unser zweiter Band zu zeigen haben.

Subtrahiert man nun diesen Zuwachs aus *Brünhildlied IIb*, desgleichen die Fremdbestandteile *Tryggvason Stufe I/II*, so bleibt eine fragmentarische Erzählung, welche aus zwei Gründen von hohem Wert für die Geschichte von *Brünhildlied I/IIa* sein kann. (a) Erstens als „Positiv-Bild", als eine Möglichkeit, unsere oben gewonnenen Ergebnisse zu überprüfen. Darum rückte ich den *Tryggvason*-Exkurs an diese Stelle.— (b) Zweitens weil einige Züge auftauchen, die uns bisher unbekannt sind. Mit ihnen kann vorläufig nichts geschehen, als sie zur schärferen Beobachtung aufs Eis zu legen: sie können jung sein, in *Brünhild IIb* etwa aufgetaucht sein; sie können auch aus dem nur umrißhaft bekannten Komplex *Tryggvason I/II* stammen. Einige können aber, und das macht sie uns kostbar, Scherben aus dem ältesten Brünhildgedicht sein, dessen Spur sich sonst verloren hat.

(a) Als „Positiv-Bild" zunächst läßt sich etwa das nachfolgende Handlungsgerüst aus dem „norwegischen Brünhildlied" herauslösen, — im Hinblick darauf, den durch die vorliegende Untersuchung erschlossenen Bestand zu überprüfen.

König Olaf warb um die männisch-stolze Sigrid, hinter der offenbar alles andere als eine zahme Vergangenheit lag. Ohne daß den König eine Schuld traf, erfolgte eine Auflösung des Verlöbnisses zwischen beiden. Bei einer späteren Wiederbegegnung kam es zu Schroffheit auf seiner und Rachsucht auf ihrer Seite. Beide nahmen sich einen anderen Ehepartner. Der Nachbarkönig Sveinn, der Sigrid zur Frau gewann, hatte eine Schwester Thyri, in welcher Olaf eine hingebungsvoll liebende Gattin fand. Die Hochzeit beider Paare fand gleichzeitig statt. Sigrid ließ Olaf den Bruch seines Wortes und daß er sie vor seiner Eheschließung nicht um Erlaubnis gefragt hatte, bitter büßen. Ihrem Gatten redete sie ein, eine in der Öffentlichkeit umlaufende Kunde von einem Kebsen-Verhältnis, an dem sein Schwager die Schuld trage, bringe ihm, Sveinn, Schande; der Schwager sei schuldig geworden, da er ohne Genehmigung Sveinns gehandelt habe. Als Sveinn vor der Unternehmung gegen den Schwager, welche Sigrid verlangte, zurückschreckte, drohte sie, ihn zu verlassen. So gab Sveinn nach. Durch eine arglistige Einladung — auch das heimtückische Vorausschicken von Olafs Mannen spielt eine Rolle und das schlaue Verzögern von dessen Aufbruch — lockten Sveinn und die beiden Helfer, mit denen er sich verbündet hatte, den Helden in einen Hinterhalt. Olaf wurde vor dem Aufbruch gewarnt. Vor diesem Aufbruch äußerte Olafs Gattin eine Bitte in bezug auf die Fahrt und schalt den Gemahl, weil dieser auf ihre Bitte nicht eingehen wollte. Über den Tod Olafs war Thyri trostlos, und obwohl einer der an der Tötung Beteiligten sie zu trösten versuchte, starb sie nach neun Tagen. Beider Sohn wurde nicht älter als ein Jahr.

(b) Fragen wir schließlich nach den bisher unbekannten Einzelheiten aus *Tryggvason III*. Sie könnten besagen, daß

1. Brünhild einen — austrasischen? — König (Vissivaldr Austrvegs konungr), einen Fürsten (Harald grenski) und einen standesmäßig unbekannten Mann (Thorir, Vater des Thorir hundr) töten ließ, bevor dann auch Sigebert-Sigfrid ihr zum Opfer fiel. — 2. Daß Brünhild nicht mehr zu den Jüngsten zählte, wenn Sigfrid durch eine kränkende Erwähnung ihres Alters die „heidnische Hündin" beschimpfen konnte. —

3. Der später so verhängnisvolle Ring, welchen der junge Sigfrid an Brünhild schenkte, mag ein geweihter Ring gewesen sein und auf außergewöhnliche Weise wird er aus einem Tempel in Sigfrids Hand gelangt sein (also von Haus aus nicht dem Drachenhort zugehörig?). Die *Völs.-Saga* kennt zwei Ringe, einen bedeutsamen und einen offenbar falschen, als Sigurd in Gunnars Gestalt die Waberlohe durchschreitet: „da nahm er den Ring Andvaranaut von ihr und gab ihr einen andern Ring aus dem Erbe Fafnirs". Diesen Ring, den nächsten Verwandten zum unechten Ring Olafs, über welchen Sigrid sich empört, hätte Boer sich nicht entgehen lassen dürfen. Und wie hier als Zeichen der Trennung Sigrid den Ring an Olaf sendet, so ist die Ringgabe Elissents an Girart de Roussillon das Zeichen des Abschieds, — ja es ist denkbar, daß von dieser ergreifenden Szene aus das Ringmotiv erstmals ins *Brünhildlied* gelangte.

Elissent (offenbar die historische Girart-Schwägerin Aelis) wurde von König Karl begehrt. Ihr Verlobter Girart hatte nun zwei Unterredungen mit ihr. In der ersten fragte er sie, wen sie vorziehe. Als sie seinen Namen nannte, sagte er ihr: hätte sie Karl genannt, so würde er nie auf sie verzichtet haben. Seine „Domina" blieb sie, und er blieb bereit, sie gegen Ungerechtigkeiten ihres Gatten zu schützen, *V.* 528*f.* In Gegenwart seiner Frau Berthe, die er inzwischen liebgewann, holte er später Elissent unter einen Baum und fragte sie, ob sie ihn verachte. Sie gab ihm ihren Ring, sprach aus, daß sie ihn mehr als ihren Vater und ihren Gatten liebe, und ging weinend weg. —

4. Daß für Brünhilds Haß gegen Sigfrid ein religiöser Gegensatz — arianisch und römisch? — und ein Schlag ins Gesicht, den er ihr mit seinem Handschuh versetzte, einstmals eine Rolle gespielt haben können.

5. Ganz allgemein läßt sich mit einiger Wahrscheinlichkeit ein Schluß ziehen, auf welchen winzige Reste in den Brünhildtexten hinweisen: irgendeinen Auftritt zwischen einerseits Sigfrid nach seiner Verheiratung und andererseits Brünhild hat es gegeben. Dabei dürfte sie, die von ihm Rechenschaft forderte, ihm zuletzt entgegengerufen haben: Das müsse dein Tod werden! Diese Unterredung verlief offenbar einigermaßen stürmisch, was durch den rätselvollen Satz der *Völs.-Saga* nicht widerlegt, vielleicht aber indirekt bestätigt wird: „Als die Hochzeit beendigt war, da erst erinnerte sich Sigurd aller Eide, die er Brynhild geschworen hatte, verhielt sich aber ruhig". Der Sigebert-Sigfrid der ältesten Schicht war ganz gewiß nicht so unproblematisch vertrauensselig, um nicht zu sagen dumm, wie man ihn aus den späteren und nachmittelalterlichen Texten kennt. Zum Drachentöter und strahlenden Wundermann wandelte man ihn, wie wir wissen, erst später. Wer war er dann aber früher? Man wird jetzt annehmen dürfen, daß seine Physiognomie durch Skepsis und vielleicht sogar Grobheit gegenüber der Merovingerin Brünhild geprägt sein konnte. In den Texten ist nur ein einziger souveräner Satz von Sigfrid überliefert, und der weist in dieselbe Richtung. Als seine Gemahlin — noch vor dem Frauenstreit — sich über Brünhilds Unzufriedenheit bei so viel Glanz verwundert, ant-

wortet er ihr mit einer geistvollen Gegenfrage — und ich würde dieser Äußerung ein hohes Alter zusprechen: „Wo war sie, als sie das sagte, daß sie glaubte, den berühmtesten Mann zu besitzen oder den, den sie am liebsten haben wollte?" *(Völs.-Saga)*. Der eigentliche Sigfrid ist noch ebenso verschüttet wie es der ursprüngliche Gunther und der ursprüngliche Attila waren.

6. Es bleibt zu erwägen, ob auch außerhalb der *Völs. S.* von einer wirklichen Ehe zwischen Sigfrid und Brünhild erzählt worden ist. An dem Widerspruch, daß gleichzeitig der in Gunnars Gestalt auftretende Sigurd dort mit seiner eigenen einstigen Gemahlin ein keusches Beilager hält[1], gab man der genealogischen Aslaug-Anknüpfung die Schuld. Bevor die Brünhild der *Völs.-Saga* Hochzeit mit König Gunnar feiert, gibt sie eine Tochter Aslaug, die sie dem Sigurd geboren hatte, dem Heimir zur Erziehung. Der Norweger nun erzählt ausdrücklich zu Beginn von Sigrids Ehe, sie habe eine Tochter — von Sveinn — gehabt, namens Astrid. Das sieht wenig nach zufälliger Parallele aus, und sollte veranlassen, jener Angabe der *Völsunga-Saga* einiges Augenmerk zu schenken. —

7. Daß zusammen mit Olaf viele seiner Freunde fallen, ergab sich zwanglos aus der geschichtlichen Seeschlacht bei Svöld. Etwas Ähnliches dürfte aber auch beim älteren Sigfrid-Tod vorgelegen haben. Brynhilds Sterberede in *Völs.-Saga* ordnet an, daß auf dem Scheiterhaufen „auch die mit verbrennen, die mit Sigurd erschlagen wurden". Dazu gehörte eindeutig Sigfrids dreijähriges Knäblein, von dem die *Völs. Saga* hier beiläufig erwähnt, daß es auf Brünhilds Befehl getötet worden sei. Ähnlich erzählt der Norweger, Olafs und Thyris Sohn Harald sei nicht älter als ein Jahr geworden; war auch hier Olafs Feindin Sigrid die Mörderin? Was Sigfrids Gattin betrifft, so wird sie, bevor ein Dichter den Hunnenkönig Attila zu ihrem zweiten Gemahl machte, den Ermordeten (vermutlich so wie Thyri) nicht lange überlebt haben; auch darin könnte die norwegische Quelle archaischer sein als die sonst erhaltenen. Die vergeblichen Bemühungen, sie vom Tod zurückzuhalten — in der *Völs.-Saga* werden sie an Brünhild gewendet, im *Daurel* aber gelten sie ganz parallel der Witwe — waren, wie man vermuten kann, ursprünglich ihr zugekommen.

Diese sieben Punkte sind Vermutungen auf weithin hypothetischer Grundlage, mithin erst verwendbar, falls neue Belege auftauchen, durch die sie bekräftigt und in das Reich der Wirklichkeit eingeführt werden. Mir sind solche Belege nicht oder nur in verschwommenen Umrissen bekannt geworden; aber als Hinweis für künftiges Forschen wird Einzelnes noch nützlich werden können.

---

[1] Wie Sigurd („ich war kein allzu naher Freund seiner Frau"), so weist dort auch Brünhild in ihrer Sterberede noch einmal ausdrücklich darauf hin. Vorher „sagte Gunnar, das wäre ein gültiger Grund, ihn zu erschlagen, weil er Brynhild das Magdtum genommen hat".

XI. Zusammenfassung

(Untergang der Attila-Söhne und der Burgunderbrüder)

Die Ergebnisse unserer Untersuchung teilen mit den bisherigen das Schicksal, daß notwendigerweise die Sicht undeutlicher wird, je weiter man in die früheste Vergangenheit zurückzuschauen sucht. Für denjenigen, der die zahlreichen und über das alte Europa weit ausgreifenden Fassungen der älteren Krimhilddichtung in ihrem Verknüpftsein und damit als Ganzes zu überschauen bereit ist, wird gleichwohl die Rechnung aufgehen. Mag der und jener zunächst den Bericht Kézas und die lange Reihenfolge der Parallelen zwischen deutschem *Nibelungenlied*, *Infantes* oder *Mabinogi* voller Bedenken an sich vorüberziehen lassen, so wird er sich leichter dafür gewinnnen lassen, die von frühen Forschern wenigstens peripher anerkannte Beziehung zwischen Nibelungendichtung und *Völsungensaga* weiter zu verfolgen. Dabei wiederum wird er keinesfalls umhin können, vor der Identität von Szenen hier und dort, etwa für die Mehlsack-Geschichte im *Mabinogi*, die Skepsis aufzugeben. Alsbald wird er sich dem zusammenhängenden Bild einer archaischen Nibelungendichtung gegenüber finden, deren Übereinstimmung mit den bisher kaum beachteten und nicht erklärten ungarischen Krimhild-Dietrich-Zeugnissen des 13. Jahrhunderts sich auf die Dauer niemand wird verhehlen können.

Nach aller Mühe des Überprüfens und nach dem Erdbeben unter den nur gewohnheitsmäßig mitgeschleppten Begriffen bleibt im übrigen doch bestehen, daß auch für die neugewonnene alte Schicht der Nibelungendichtung Gunther und Attila weiterhin als die eigentlichen Hauptpersonen zu gelten haben, im Gegenteil sogar in einem höheren Sinn als bisher. Ihnen stand das dumpfere Sich-Verstricken der beiden andern gegenüber, der Frau und des Halbbruders, des vermutlichen Bastards. In ihnen beiden, Krimhild und Hagen, wirkt spürbarer der geschichtliche Rahmen mit, Erbstreit und Untergang der Attila-Söhne, oder, wie die Sage zu wissen behauptete, das Blutbad am Hunnenhof um die Thronnachfolge, bei dem — im verwandtenmörderischen Kampf der germanischen und hunnischen Höflinge untereinander, unter ungarischer Hervorhebung von sechzig Hunnen (sechzig Überläufern nach dem Spanier, sechzig Hallenkämpfern nach dem Angelsachsen), — die Prätendenten hinsanken (Kéza).

Die Hildico-Krimhild, die jedenfalls als Attilas Witwe und irgendwann einmal auch als seine Mörderin bekannt war, ist bisher der Forschung als eine untätige, oder höchstens (*Atli-L.*) warnende Gestalt vorgeschwebt, die erst nach dem Untergang ihrer Brüder sozusagen erwacht wäre, um deren Tod zu rächen. Für diese Rache ist es seit Kézas *Chronica Hungarorum*, seit dem Nachweis der Altertümlichkeit von *Gúðrúnarkviða III* und der Hunnenbekämpfung durch Dietrich unerläßlich, die Wahrscheinlichkeit darin zu sehen, daß das frühe Lied lediglich von Krimhilds Mitbeteiligtsein im Söhnestreit gewußt habe, lediglich vom Gegensatz der ersten und der zweiten Attila-Ehe, noch nichts dagegen von einer Auseinandersetzung mit Attila und von dessen Ermordung durch seine Gattin. Das so erschlossene *Ungarische Krimhildlied*, das von Geschehnissen nach Attilas Tod erzählte, ließ sich nicht allein aus ungarischen Aufzeichnungen erschließen, sondern vor allem durch seine Nachwirkung, die noch in die spätesten Nibelungentexte hereinreicht. Was in diesen — als Tötung der Thronfolger Attilas durch den Krimhild-Bruder oder Halbbruder — auf eine bescheidene Szene zusammengeschmolzen ist, nahm in den bisher unbekannten Vorstufen des Nibelungenliedes einen ungleich breiteren Raum ein. Die erwähnte Szene der Sohnestötung, von der bisher allgemein geglaubt wurde, sie müsse jener späteren Zeit angehören, als die Rächerin der Brüder zur Rächerin des Gatten umgedeutet gewesen war, konnte durch diese neuen Quellen als ältester Bestandteil des Werkes erwiesen werden.

Krimhild, für die es vor dem Verrat Attilas an ihren Brüdern keine ersichtliche dramatische Rolle gegeben zu haben schien, war als Mitbeteiligte des Erbstreites in viel älteren Zusammenhängen eine Hauptperson. Die Attila-Witwe scheint um ihres eigenen Sohnes willen die Tötung von dessen Stiefbrüdern zu betreiben; wie umgekehrt ihre Nebenbuhlerin Helche gleichfalls zum Kampf hetzt und bis zum Versuch eines Giftmordes geht. Ein ins Unmenschliche entstellter, vergröberter und unkenntlicher Rest von Krimhilds Gegnerschaft gegen die Helche-Söhne blieb im Atreusmahl der eddischen Atli-Lieder übrig; die Helche-Söhne sind also ursprünglich nicht durch Witeges Hand gefallen (aufzuzeigen war ihre späte Übernahme ins *Rabenschlacht*-Epos). So ist für die Frühschicht als Hauptergebnis gewonnen: es ließ sich nachweisen, daß am Anfang der Krimhild-Epik nicht der Hortstreit sondern der Erbstreit wirke. Dahinter stand letztlich wohl der Widerstreit zwischen dem hunnischen eingewurzelten Prinzip des Doppelkönigtums und dem germanisch-europäisch feststehenden des Einzelkönigtums. Dietrich der Ostgote, der (nach Kézas Angabe) sich für die Doppelherrschaft des Kreka- und des Krimhildsohnes einsetzte und der nach unserem Nachweis der ältesten Schicht des Liedes angehörte, wollte in die Speichen des Rades der Geschichte greifen und geriet hier zum ersten Mal in seine spätere Situation zwischen den Fronten, — auch durch seine (literarhistorisch weitwirkende) Klage um gefallene, ihm nahestehende Hunnen-Helden. Allein schon der Bericht Kézas und die übrigen bisher rätselhaften Dichtungszeugnisse zum Hunnenhof erlaubten uns die Rekonstruktion eines

Liedes (S. 80f, 127f, 146f, 163, 184f), das mit seinem Reichtum an Kampfszenen nur mit dem NL vergleichbar ist; nicht nur dieses, sondern eine ziemliche Anzahl der märchenhaften Epen des Dietrich-Kreises (Blödel, Ecke, Helches Vetter, oft zu Riesen vermummt) beuteten diesen alten Reichtum aus. Diese provisorische Rekonstruktion konnte entscheidend ergänzt werden vor allem dank der nunmehr erschlossenen *Proto-Völsungen-Fassung*, in welcher die tragischen Auftritte der Selbstzerfleischung unter den germanischen Kämpfern bewahrt blieben; es ist das Thema, welches sich sowohl den Ungarn von 1284 einprägte wie den nordischen Skalden des 9. Jahrhunderts, die noch mit den Nibelungen eindeutig den Begriff eines Erbstreits verbanden und nichts vom Hortstreit hinzufügten. Tragik und Stolz waren in diesem frühesten, zweifellos gotischen Lied vom Untergang der Attila-Söhne, das nach Attilas Tod spielte, ineinander verschlungen. Die Nedao-Schlacht des Jahres 454, welche König Ardarich der Gepide, indem er den offenbar versöhnlich gestimmten Ostgotenkönig Theodemer mit hereinriß, gegen den Attila-Sprossen (Kewe?) lieferte, bedeutete das welthistorische Auseinanderbrechen eines großartigen Planes, der aber wohl das Ende der europäischen Kultur bedeutet haben würde. Diese Schlacht zerbrach die angebahnte germanisch-mongolische Verschwägerung. Es wäre überraschend, wenn die ostgotische Heldendichtung daran vorbeigegangen wäre. Nicht minder müßte es überraschen, wäre ein Sänger, welcher nur das Ereignis des Jahres 436 — die Tötung der Burgunderfürsten durch Attila und eine spätere Rache dafür — hätte darstellen wollen, ganz aus freier Erfindung fähig gewesen, das unheimliche Schwelen, Aufhetzen und verwandtenmörderische Wüten an dem von germanischen Gefolgsfürsten übersetzten Etzelhof zu erschaffen.

Das rückgewonnene Krimhildlied der I. Stufe fanden wir aufgebaut auf einer fast fatalistisch strengen, zerschmetternden Heimzahlung durch das Geschick: „Hagen" will seinem jungen Neffen den Thron erkämpfen und macht selber diesen Kampf nachträglich sinnlos, als ihn das prinzliche Gehaben des Jungen zur Jähzornstat hinreißt. Und Krimhild, welche den Sohn der Erka (-Kerka) offenbar — mit feindseligem Auftrag — dem berüchtigten Streithahn entgegenschickt, muß erleben, daß nicht nur gegen ihren Stiefsohn, sondern auch gegen ihren Sohn diese Streitsucht sich entlädt. — Historische und halbhistorische Persönlichkeiten des Hunnenhofes, Attilas Frauen Kerka und Krimhild, der letzteren Sohn Aladarius, Attilas Bruder Bledla in seinem freund-feindlichen Gegenüber zu Theoderich dem Ostgoten, gehörten im Zusammenhang mit dem historischen Blutbad um Etzels Söhne zum ursprünglichen Personal, mit ebensoviel Gewicht wie der bisher einseitig betonte Gunther-Tod oder gar das Totenbett Attilas. Ihre Bedeutung mußte zu kurz kommen in den bisherigen Erklärungen zu Helche und Blödelin und vollends im Fehlen von Erklärungen zu den jetzt identifizierten drei feindlichen Attila-Söhnen, König Chaba-Kewe (dem

Geva des *Högnatáttur* und umbenannten Iring), König Ort (König Ottelîn, künec ortlieb) und König Aladarius (dem Aldrian der *ThS*). Durch diesen Halbbruderstreit wird erst die archaische Bedeutung des Streits der Mütter und die bösartige Aufhetzerin Helche (eines Dietrich-Epos) spürbar. König Attila hatte am Ausbruch der Kampfhandlungen weder historisch noch in irgendeinem unserer Liedertexte einen aktiven Anteil; daran, wie später an seiner unhistorischen Abdankung zugunsten seiner Nachkommenschaft wird die Naht sichtbar.

Für den Charakter von Krimhilds Bruder wird früh ein überaus reizbares Ehrgefühl faßlich; es erscheint bei Auftauchen greifbarerer Quellen verschärft durch sein Halbbruder- oder Bastardtum. Eine Anspielung auf seine Nicht-Gleichwertigkeit — und schon kennt sein Grimm keine Rücksicht gegenüber dem liebsten Waffenbruder, dem eigenen Neffen. Die gleiche Rolle fällt Hagen dann auch innerhalb des Hort-Konfliktes zwischen Attila und Gunther zu. Und zwar wurde dieser Konflikt erst auf der zweiten Stufe des *Krimhildliedes* durch persönliches Auftreten Attilas sicher erkennbar, und er errang bald das Übergewicht über Erbstreit und Stiefbrüder-Spannung, — nicht zum wenigsten darum, weil der Untergang der beiden älteren Etzelsöhne, mit Dietrich von Bern verknüpft, nunmehr durch das erfolgreiche *Rabenschlachtlied* annektiert wurde. Mit dem Übrigbleiben nur eines einzigen Attila-Sohnes ist einer ganzen Anzahl von Szenen der Lebensnerv abgeschnitten; wie einen Naturprozeß kann man das dorrende Absterben etwa des „Neffenprobe"-Auftritts beobachten, der zuletzt nur noch in grotesk erstarrten leichenhaften Trümmern weiterspukt.

Für das Burgunderlied der alten Schicht darf als gesichert gelten, daß die drei entscheidenden Anstöße der Handlung — Rosse-Provokation, Tötung des Attila-Sohnes aus erster und desjenigen aus zweiter Ehe — Hagen vollzog. Während Hagen nur aus der stürmischen Leidenschaft heraus tragisch war, trug die Forderung der Ehre bei den beiden andern Helden, Gunther und Attila, durch ein schmerzliches, klar überdachtes und inneres Dilemma zur Katastrophe bei. Den ersten treibt seine Sippenverpflichtung gegenüber dem vulkanischen Halbbruder, den zweiten seine Königsehre als Herrscher seines Volkes zu einem Zusammenstoß hin, den beide durch die Beschwörung der Eide auszuschließen hofften. Nicht den Hort in seinem Goldwert, wie man bisher annahm, machte der Dichter zum Problem des Liedes, sondern die kränkende und die hunnische Reiterehre verletzende Art, in der er verweigert wurde.

Daß die vierhäuptige, in feinster Individualität ausgeprägte Tragik verarmte, sich verwischte, sich uniformierte, war bei der mündlichen Verbreitung unvermeidlich.

Ohne allzuviele dunkle Reste ließ sich durch vergleichende Literaturbetrachtung eine fast ganz unzerstörte Fassung aus der Mittelschicht erschließen, und zwar, wie ich glaube, in ganzer Ausdehnung und mit lückenloser Auffindung der Einzelheiten. Diese Fassung, die in einer anspruchslosen kymrischen Bearbeitung aufzudecken war, erlaubt erst zu erkennen, worin zahlreiche, oft rätselhaft auseinandergehende Stellen in den erhaltenen Nibelungentexten ihren gemeinsamen Ausgangspunkt nahmen. Durch die *Proto-Mabinogi-Fassung* rundet sich die Vorstellung eines Ganzen, das auch durch das altspanische Epos der *Infantes de Lara* und durch das angelsächsische Stabreimlied von *Finnesburh* bezeugt ist; entsprechend dem im *Daurel* und vielleicht im *Girart de Vienne* nachwirkenden „westeuropäischen Brünhildlied" wird man fortan von der „*westeuropäischen Nibelungendichtung*" reden können, ohne dadurch die Gemeinsamkeit vieler Züge mit den gleichzeitig in Ungarn und Skandinavien nachgewiesenen Fassungen zu verkennen. Der Dichter der Mittelschicht *(Krimhildlied Stufe III)* hatte das Bedürfnis, dem Bastard Hagen Gerechtigkeit angedeihen zu lassen. Die intellektuelle Tragik Gunthers und Attilas, die einstige Heiligkeit der Eide, verstand er immer weniger. Wie das Bild Gunthers schon im 9. Jahrhundert zugunsten von Hagen getrübt war, zeigt höchst bezeichnend der *Waltharius* des Ekkehard. — Hagen, so will es die Mittelschicht, sollte durch einen heldischen Opfertod im Feuer gutmachen dürfen, was er an Schuld durch das Wort und durch die Tat auf sich geladen hatte. Das Gunther-Lied hatte ihm zwar einen tapferen Endkampf, aber nur ein klägliches Ende zugestanden. Der älteste Dichter hatte ihn andererseits insofern weniger fürchterlich erscheinen lassen, als er in bewußter Gegnerschaft nur gegen Attilas Nachkommenschaft aus erster Ehe wütete, und als dieser Haß noch nicht den Sohn seiner eigenen Halbschwester traf. Vom neuen Stabreimlied, dem der Mittelschicht, das nach Westeuropa gelangte und in welchem ein robuster Dichter nunmehr dem Grimmigen die Tötung des Schwestersohnes ohne viel psychologische Motivierung und ohne Einbuße an Geltung aufbürdete, ist mindestens eine Verszeile wörtlich erhalten, der Sterbevers Hagens (in *Thidrekssaga* und *Grimilds Haevn*): „nu brinn ek af minum brynja ringum". Das angelsächsische und namentlich das kymrische Zeugnis erweisen die Ausbreitung dieses Typus.

Neben dem neuen phantastischeren Lied blieb aber nach wie vor die vorhergehende Stufe erhalten, die, gegabelt in zwei Abzweigungen, noch erschließbar ist *(Krimhildlied Stufe II)*. Deren eine *(IIb : Burgunder-Sohn)* setzte sich in einem kaum abgeänderten, aber schlimm verkürzten Aussehen bis zu den uns erhaltenen *Atli-Liedern* fort. Eine ungleich bessere Fassung indessen war dem genialen Dichter bekannt, der vor 1131 (nach Zeugnis Saxos) durch Verschmelzung mit dem Sigfrid-Stoff das Lied von der burgundischen Sigfrid-Witwe schuf, die frühest bezeugte Fassung der Spätschicht. Hagen fiel jetzt durch die rächende Gattin des Drachenhort-Besitzers Sigfrid. Aber weder wollte der Bearbeiter darum die Horterfragung des alten Liedes preisgeben, noch das, was er aus seiner Hauptquelle, einer lückenlosen Fassung der Mittelschicht, kannte. Von der Reue und dem Opfer-

Ethos Hagens war zwar an Unmittelbarem nichts zu retten. Wohl aber allerlei äußere Umstände des Kessel- und Feuertodes der Mittelschicht: wir konnten sie aus ihrer fünfmaligen Umdeutung zu Kampfszenen wieder entziffern.

Diese höchst bewahrungsfreudige Vermengung von widerstreitenden Elementen aus drei genetischen Stufen zu verdecken, ist sodann dem jüngsten Dichter der Spätschicht in einer staunenerregenden Weise gelungen. Welch ein Meisterwerk das erhaltene deutsche Nibelungenwerk ist, läßt sich ja gerade an der Schilderung des Burgunden-Unterganges erkennen; wogegen die außerhalb des Nibelungenliedes erhaltenen Fassungen allenthalben die heterogenen Teile störrisch heraustreten ließen und damit der späteren Forschung kein geringes Kopfzerbrechen bereiteten. Ein Hauptergebnis unserer Arbeit ist der Nachweis, daß in sehr viel mehr Szenen, als bisher auf Grund der Atli-Lieder geahnt werden konnte, das NL den Bestand nicht nur der verlorenen Mittelschicht, sondern sogar der fast ganz verschütteten ältesten Schicht mit sich geführt hat, — in den nachträglichen Motivierungen einfallreich: aus Konservativismus.

Fünf bisher unerschlossen gebliebene Fassungen des Burgunder-Untergangs sind uns so wiedergegeben. Trümmerhaft die *ungarische*, deren Nähe an den geschichtlichen Tatsachen sich nicht als spätes Leihgut aus Historikern erweist: sie stimmt mit der für die älteste Fassung unumgänglich anzusetzenden „Stiefbrüder-Spannung" zusammen, mit dem Erbstreit. Kühn in die Umwelt geschichtlicher Maurenkämpfe eingepaßt die *altspanische*, in der noch am schönsten das Gleichgewicht der beiden verschmolzenen Epen, des einen von den Attila-Söhnen und des anderen von den Burgunder-Brüdern, bewahrt blieb, samt allerlei spürbaren Notbehelfen aus dem Prozeß des Verschweißens. Die *angelsächsische*, wenn auch lediglich für einen zufällig erhaltenen und bereits sehr abgekürzten Ausschnitt aus dem Hallenkampf, dürfte die beste Vorstellung vermitteln, auf welche Weise die Stabreimlieder der älteren Nibelungen-Schicht erzählten, welchen die preziös verkrampfte Knappheit des Isländerstils noch fern lag. Die *nordgermanische* sodann, die Quelle des *Völsungen*dichters, mit unschätzbarenResten, die den psychologisch-dramatischen Sinn von künftig unverständlichen Szenen ein letztes Mal sinnvoll begreifen. Die *kymrische* schließlich ist hinter einer trockenen undichterischen Inhaltsangabe der hohen älteren Seelenkunde nicht mehr gewachsen, aber in ihrer Nüchternheit für die Wiedergewinnung des psychologischen und des Handlungs-Zusammenhangs keinesfalls entbehrlich.

Nicht alle, wohl aber die wesentlichen Unklarheiten über die Geschichte des Nibelungenstoffes sind damit beseitigt. Es wird so der volle Werdegang dieser edelsten Dichtung der germanischen Vergangenheit faßbar.

Bemerkung: Auf der von *Sigmund I* zu *Sigmund II* geführten Linie ist kein Zwischenglied anzunehmen (die Angaben „Girart A“ „Girart B“ sind durch ein technisches Versehen zu weit nach rechts gerückt). Nachzutragen sind ferner: eine durchlaufende (nicht gestrichelte) Linie von „Brünhild IIa“ zu „Daurel“; eine ebensolche von „Krimhild IIb“ zu der versehentlich weggebliebenen Bezeichnung „Infantes de Lara“; eine gestrichelte Linie von „Brünhild IIb“ zu „Tryggvason III“.

kursiv = Erschlossene Dichtungen — — — = Ungesichertes

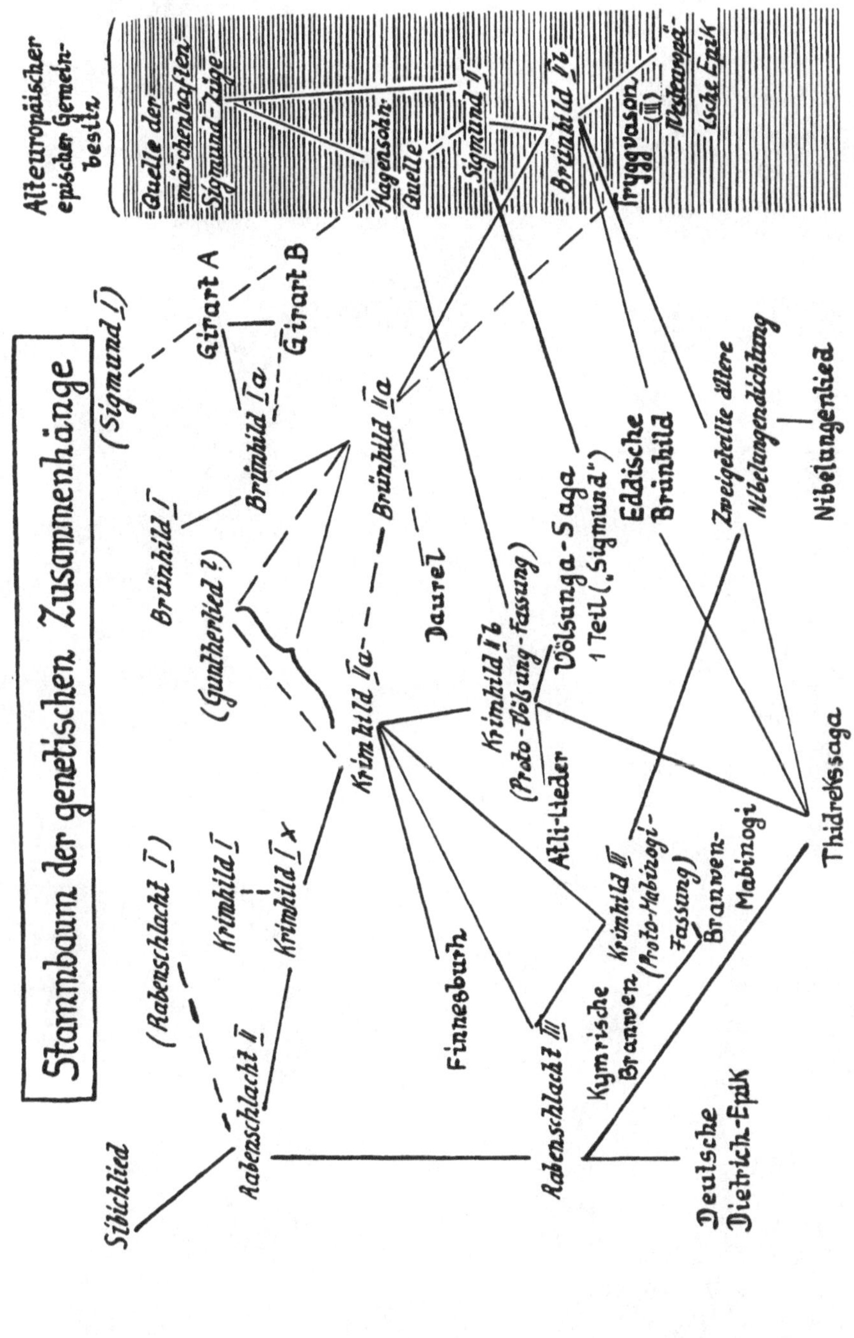

FSC
www.fsc.org
MIX
Papier | Fördert gute Waldnutzung
FSC® C083411

Kolibri 360 GmbH
Ferdinand-Jühlke-Straße 7
99095 Erfurt, Deutschland
produktsicherheit@kolibri360.de